著 江夏正晃
ENATSU MASAAKI

DAWではじめる自宅マスタリング

ミックス段階から「楽曲タイプ」別に徹底解説！

Rittor Music

はじめに

　ここ数年、音楽制作の環境が大きく変わり、アーティスト自身がマスタリングまで行うことがめずらしくなくなりました。少し前では考えられないことです。そしてマスタリングは特別な知識やノウハウが必要とされ、「自分には無理！」と思う人もたくさんいらっしゃるかと思います。

　ただ、DAWが発展した今、自宅マスタリングでハイクオリティな作品を作ることも決して難しいことではなくなりました。パソコンやオーディオ・インターフェースの能力が上がり、プラグインの質が上がり、ついにはマスタリング・ワークが、DAW内で完結できるようになったのです。

　時代は作曲、プロデュース、レコーディング、ミックス、マスタリングとすべてをこなせるアーティストを求めているように思います。今となってはCDを制作、プレスすることも決してハードルの高いことではありませんし、ネットを通じて自分の楽曲を発表することは、今すぐにでもできます。そして話題のハイレゾ音源もアマチュアの人でもすぐに始められる環境は既に整っています。

　そんな時代だからこそ、求められているのはアマチュアであれ仕上がりのクオリティはある程度高くなければならないということです。どんなに素晴らしい楽曲を作っても、それが素人っぽい音の仕上がりだと、聴いてもらう人の印象も大きく変わります。

　この本はできるだけわかりやすく、誰にでもマスタリングを実践してもらえるように目的別に書いたつもりです。「マスタリングは難しい」「どうしたらいいか分からない」と思っている人はぜひ一度、固定概念を捨ててこの本を読んでもらえたら幸いです。

2016年9月　江夏正晃

はじめに　P003
ダウンロード素材について　P008

PART 1 マスタリングの基礎知識　P009

chapter 01　マスタリングは音を良くする魔法の粉ではない
マスタリングの真の目的を理解しよう P010
現代におけるマスタリングの意義 P014

chapter 02　レコーディングとミックスがマスタリングにとって重要な理由
レコーディングが最終音質を左右する P018
最終形を見据えたミックスを心掛けよう P020

chapter 03　自宅マスタリングのためのシステム構築法
必要な機材とは？ P022
モニタリング環境を整えよう P028

chapter 04　オーディオ・フォーマットの適切な設定方法
デジタルの音声を理解しよう P038

chapter 05　周波数の感覚を身に付けてバランス上手になろう
音にはさまざまな周波数が含まれている P040
周波数エクササイズ①〜高域編 P042
周波数エクササイズ②〜低域編 P044
周波数エクササイズ③〜中域編 P046

chapter 06　音圧の感覚を体得しダイナミクス豊かな音楽に
コンプレッサー的発想による"音圧アップ" P048
RMSメーターを使おう P050
音圧のカラクリを体感する P052

PART 2 マスタリングのためのミックス技法　P055

chapter 07　ミックスを見つめ直すための重要チェック・ポイント
楽曲の方向性を4タイプにカテゴライズ P056
周波数バランスと定位の基本 P058
フェーダー・ワークの重要性 P060
ミックス時の音圧設定 P062
ステム・ミックスを作ろう P064

chapter 08　歌もの系ミックスのチェック・ポイント
コンセプト〜歌とバックのバランスを考える P066

　　　　　歌もの系ミックスの攻略法 P068
　　　　　歌もの系ミックスの素材解説 P070

chapter 09　**打ち込み系ミックスのチェック・ポイント**
　　　　　コンセプト〜低域重視のバランス P076
　　　　　打ち込み系ミックスの攻略法 P078
　　　　　打ち込み系ミックスの素材解説 P082

chapter 10　**生音系ミックスのチェック・ポイント**
　　　　　コンセプト〜ライブ感を尊重しよう P086
　　　　　生音系ミックスの攻略法 P088
　　　　　生音系ミックスの素材解説 P090

chapter 11　**インスト系ミックスのチェック・ポイント**
　　　　　コンセプト〜各楽器を同等に聴かせよう P094
　　　　　インスト系ミックスの攻略法 P096
　　　　　インスト系ミックスの素材解説 P098

chapter 12　**イコライザーのカット・ワーク**
　　　　　フェーダー・ワークで解決困難な場合の秘策 P104

chapter 13　**ミックスにおけるコンプレッサーのテクニック**
　　　　　動作原理を理解しよう P108
　　　　　ドラスティックな効果を求める場合 P112

chapter 14　**2ミックス・ファイルのバウンス方法**
　　　　　高音質ファイルを書き出すのが基本 P114
　　　　　リミッターの活用方法 P116

PART 3　楽曲タイプ別マスタリング　P119

chapter 15　**マスタリング用のDAWプロジェクトを作成**
　　　　　ミックスとマスタリングでプロジェクトを分ける P120

chapter 16　**音圧や音質を参照できるリファレンス曲を準備**
　　　　　明確なコンセプトを持つために P122

chapter 17　**スペアナを活用しよう**
　　　　　音の周波数特性を可視化する便利ツール P126

chapter 18　**最初は"おおまか"に音圧を稼いでいこう**
　　　　　リミッターで音圧アップ P130
　　　　　コンプレッサーで音圧アップ P136

	マルチバンド・コンプレッサーで音圧アップ	P138
chapter 19	**EQによる音質調整は低域と高域がポイント**	
	なぜイコライジングが必要なのか？	P140
	イコライジングを実践してみよう	P142
chapter 20	**定位の確認とステレオ音場の広げ方**	
	音圧を稼げないときは定位を再確認	P148
chapter 21	**マキシマイザーで最大RMS値－8dBを目指す**	
	マキシマイザー登場	P150
chapter 22	**MSも面白い！**	
	MidとSideでステレオ感をコントロール	P156

PART 4 用途別マスタリング　P161

chapter 23	**とにかく音圧が欲しい場合**	
	EQでの下ごしらえが大切	P162
chapter 24	**ハイレゾ等の高音質を最優先したい場合**	
	広いダイナミクスを確保することが大切	P168
chapter 25	**ミックスに戻れないときの対処法**	
	オートメーションで音量をコントロール	P172
chapter 26	**ライブ用のオケに使いたい場合**	
	ダイナミクスとヘッドルームに余裕を持たせよう	P176

PART 5 マスタリング用プラグインを活用　P179

chapter 27	**OZONEの魅力**	
	魅力的なプロセッサーを多数搭載したマスタリング・ソフト	P180
	主要プロセッサー紹介	P182
chapter 28	**OZONEで実践**	
	音圧重視のアプローチ	P186
	音質重視のアプローチ	P189
chapter 29	**その他のお薦めプラグイン**	
	ビギナーに使ってほしい9選	P192

PART 6 CD＆配信用ファイルの作り方 P199

chapter 30 **アルバム制作時における複数楽曲のマスタリング**
　１トラックに１曲ずつ読み込む..P200
　コンピレーション作品のマスタリング..P202

chapter 31 **マスタリング済みファイルのバウンス方法と曲間について**
　マスター・ファイルを作る...P206
　曲間の設定について P208

chapter 32 **CD用ファイルへのコンバートとライティング方法**
　16ビット／44.1kHzのファイルを作成..P212
　ディザーの効果を体験！..P214
　CDライティングの方法 P216
　DDPについて P218

chapter 33 **ネット配信について**
　配信サイトと配信フォーマット..P220

chapter 34 **商品として市場へ流通させるCD＆配信用ファイルの作り方**
　CDやファイルに各種情報を埋め込む..P224

chapter 35 **CDマスタリングが終了した後の作業**
　CDデータベースへの登録..P226

PART 7 マスタリング・エンジニア対談 P229

　森崎雅人×江夏正晃 P230

　本書で使用した楽曲　P239
　おわりに　P240

COLUMN

- "音圧"と"良い音"を考えさせられる１曲　P017
- 音圧リファレンス・ディスク・ガイド①　P054
- 音圧リファレンス・ディスク・ガイド②　P118
- 音圧リファレンス・ディスク・ガイド③　P178
- 音圧リファレンス・ディスク・ガイド④　P198
- 音圧リファレンス・ディスク・ガイド⑤　P228

ダウンロード素材について

　本書では、参照用の音源や実際にマスタリングを行ってみるためのデータをダウンロードにてご提供しています。下記の URL にアクセスの上、書名の頭文字「D」をクリックして検索してください。データは ZIP で圧縮していますので解凍の上、ご使用ください。

http://www.rittor-music.co.jp/e/furoku/index.html

　ダウンロード素材は「Cubase ユーザーの方」用と、「その他の DAW ユーザーの方」用の２種類をご用意しました。どちらも chapter 名のフォルダに必要なデータが収録されています。

▶ Cubase ユーザーの方へ

　「Cubase 用データ」をダウンロードしてください。試聴用のオーディオ・ファイルやミックス／マスタリング用のプロジェクト・ファイルを収録しています。プロジェクト・ファイルは Steinberg Cubase Pro 8.5 で作成されています。他のバージョン／グレードでは再現できない場合がありますのでご注意ください。また、その場合は「Cubase 以外の DAW 用データ」をご利用ください。

　項目によってはプロジェクト・ファイルではなく、オーディオ・ファイルのみの場合もあります。対応するページの「ダウンロード素材」欄にある「Cubase 用」でファイル名をご参照ください。拡張子「cpr」がプロジェクト・ファイル、「wav」がオーディオ・ファイルです。

▶ Cubase 以外の DAW ユーザーの方へ

　試聴用あるいはミックス／マスタリング用のオーディオ・ファイルを用意しました。「Cubase 以外の DAW 用データ」をダウンロードしてください。ミックスやマスタリングの項目ではオーディオ・ファイルを DAW に読み込み、解説を参照することで、それぞれの処理を実際に行ってみることが可能です。対応するページの「ダウンロード素材」欄にある「他の DAW 用」でファイル名をご参照の上、お使いください。

PART 1

マスタリングの基礎知識

　PART 1 では、"そもそもマスタリングとは何か？""どんな目的や意義があるのか？""自宅マスタリングにはどんなメリットがあるのか？"といった初歩的な知識から解説していきます。既にマスタリングの経験のある方は PART 2 や PART 3 から先に読み始めていただいてもよいのですが、できれば復習のつもりで読んでいただくことをお勧めします。自宅マスタリングに必要な機材、特にモニター環境については詳しく紹介していますので、きっとお役に立てることがあると思います。さらに、マスタリングにとって欠かせない周波数と音圧についても、それぞれたっぷりページを割いて解説しています。ここで述べていることは PART 2 や PART 3 を読み進める上でも必要不可欠なので、ぜひチェックしてみてください。それではページをめくって、マスタリングの世界への第一歩を踏み出しましょう。

chapter 01　マスタリングは音を良くする魔法の粉ではない P010
chapter 02　レコーディングとミックスがマスタリングにとって重要な理由 P018
chapter 03　自宅マスタリングのためのシステム構築法 P022
chapter 04　オーディオ・フォーマットの適切な設定方法 P038
chapter 05　周波数の感覚を身に付けてバランス上手になろう P040
chapter 06　音圧の感覚を体得しダイナミクス豊かな音楽に P048

chapter 01 マスタリングは音を良くする魔法の粉ではない

マスタリングの真の目的を理解しよう

"マスタリング"に含まれる2つの意味

"マスタリング"という言葉には実は2つの意味が含まれています。一つはレコードやCDを工場で生産するためのプレス用マスターを作るという意味、そしてもう一つはミックス・ダウン後の2ミックス化された楽曲の音質や音量、曲間の長さの調整を行うという意味です。もともとは前者の意味で使われていましたが、複数の曲を1枚のディスクに収める際、曲ごとに音量差や質感の差などがあると聴きづらいと感じたエンジニアが、それらを微調整するようになりました。これが後者の意味でのマスタリングの始まりと言われています。現代は後者の意味で使われることが多く、本書で取り上げているのもミックス・ダウンされた楽曲の音量や音質を調整するテクニックがメインです。また最近ではCDなどのディスク・メディアだけでなく、ネットを通じて音楽を発表することも多くなっていますが、ネット配信用のオーディオ・データを作る一連の工程も一種のマスタリングと言えるでしょう（図①）。

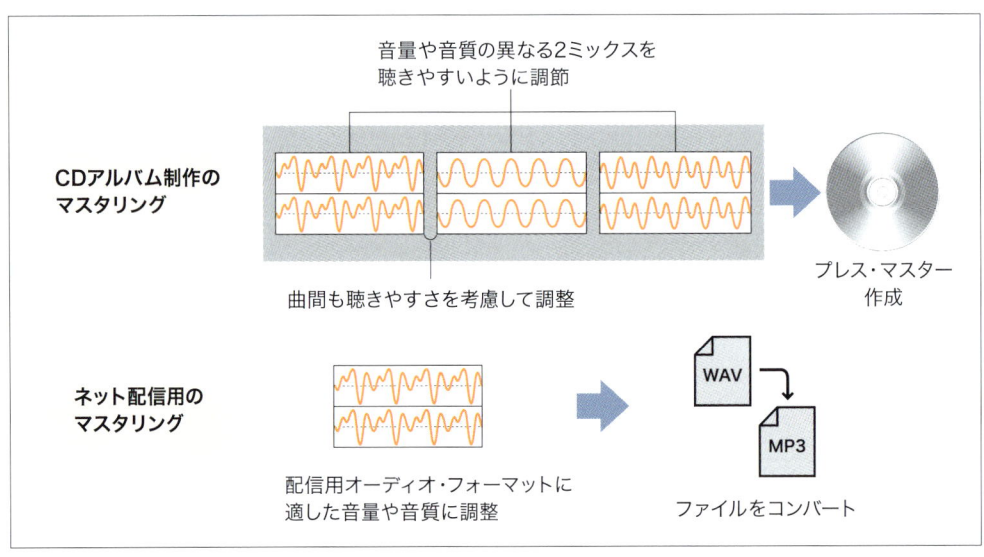

▲図① 現代における"マスタリング"という言葉は、最終的なメディアに合わせて2ミックスの音量や音質、曲間などを調整することを指す。配信用データの作成もまたマスタリングの一種

マスタリングの必要性

　では、あらためてマスタリングの必要性を考えてみましょう。作曲や編曲、レコーディングという工程を経てミックス・ダウンを行えば、基本的にその曲は完成したと言えるかもしれません。しかし、前述したように複数の曲を1枚のアルバムに収める場合、曲間の長さによって曲の印象は異なってきます。例えば、静かな曲の後にいきなり激しい曲が始まるとびっくりしてしまいます。逆に、なかなか次の曲が始まらないと"あれ？"と思ってしまうでしょう。このように曲間は"曲の聴かせ方"を左右する重要な要素なのです。

　また曲ごとの音量差が大きいと、極端に言えばリスナーがいちいちボリュームを操作しなければならなくなってしまいます。これではゆっくり音楽を楽しめません。そこで、マスタリングでは楽曲の雰囲気を壊さないように注意しながら音量差をそろえて聴きやすくするという作業を行います。さらに、音楽はいろんな環境で聴かれます。ある人は携帯音楽プレーヤーのイヤホンで聴くかもしれませんし、ある人は高級オーディオ・システムの大きなスピーカーで聴くかもしれません。そのため、マスタリングではどんな環境で聴いても作り手が意図した音楽性が同じように伝わるための音質調整も重要な作業となっています（図②）。

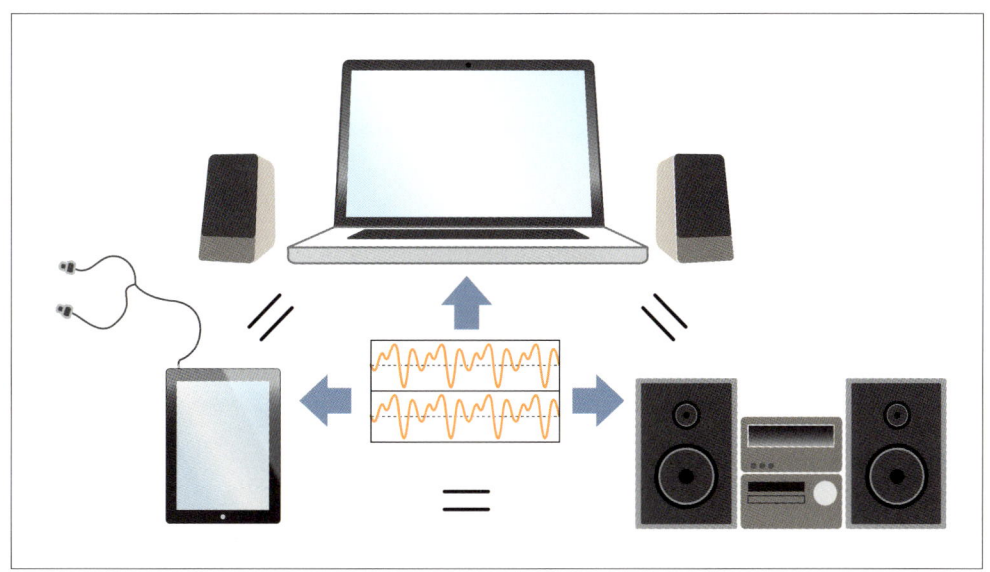

▲図② マスタリングの目的の一つは、どのような環境でも同じサウンドをリスナーへ提供することにある

chapter 01
マスタリングは音を良くする魔法の粉ではない

音圧について考える

　前ページではマスタリングにまつわる一般的な概要を記しましたが、もしかすると皆さんの中には、"マスタリングは音圧を上げる作業"と考えている方もいらっしゃるかもしれません。確かにここ数年、音楽業界では"音圧"という言葉が一つのキーワードになっています。そこで、ここではマスタリングと音圧について考えてみましょう（音圧についての詳細はP48からのchapter 06も参照してください）。

　マスタリングでは音圧を上げるという処理は頻繁に行われます。具体的には1曲の中での音量の強弱の差、いわゆるダイナミクスを少なくすることで全体的な音量の底上げを可能にし、迫力のある楽曲に仕立てていくのです（**図③**）。これ自体はごく一般的な手法です。ところが近年、この手法をほかの楽曲より目立たせるために過剰に用いるという風潮が生まれました。例えば、携帯音楽プレーヤーではランダムにいろんなアーティストの楽曲が再生されるので、その中で目立たせるために音圧を上げるというケースが増えてきたのです。これがいわゆる"音圧競争"です。なぜこのような現象が起こったかというと、それは、人間の耳が持つ不思議な特性に関係しているのではないかと思われます。

　人間は、同じエネルギーの音であれば中域よりも低域や高域を小さく感じる特性があります。逆に言うと、低域と高域の音圧を稼いだ曲は小音量でも広い周波数帯域の音が聴き取りやすい派手な音になり、場合によってはこれを"ワイドレンジな良い音"と認識してしまうこともあるのです。確かに、このような処理を施した曲はイヤホンやヘッドホンでは聴きやすくなるケースも多いので、現代のリスニング環境に適している場合もあると言えるのかもしれません。

　しかし、過剰に音圧を上げた曲をより大きな音、あるいはスピーカーで聴くと低域や高域が出過ぎていて、うるさく感じられる場合があります。またダイナミクスが無くなって微妙な演奏ニュアンスやミックス・バランスが失われてしまい、抑揚の無い平たんな印象の音楽になる恐れもあります。音圧の上げ方を間違うとせっかくの良い演奏やミックスを台無しにする危険があるのです。

　マスタリングには、どんな再生環境でも良い音で楽しめる作品に仕上げるという目的があります。その意味では音圧の高い曲が必ずしも"良い音"とは限りません。また、音圧が低くても"良い音"の作品は数多く存在します。特に90年代半ば以前に発表されたCDは音圧が低いものも多いのですが、パッと聴きは音が小さくて地味に

感じても、ボリュームを適切なところまで上げて聴くと非常に周波数のバランスが取れた作品であることに気付かされることが多々あるのです。

このように豊かな音作りと音圧調整は表裏一体の関係にあり、マスタリングではアーティストの意図に応じた適切な調整が求められます。音圧は"上げる"ことが主目的なのではなく、音量や音質のバランスを整えるための一つの手法としてとらえるとよいでしょう。音圧に関するまとめとして、以下にメリットとデメリットを記しておきます。

＜音圧が高いことのメリット＞
- 小型の再生システムでは、小音量でもワイドな周波数レンジに感じる
- 音圧の低い楽曲に比べると第一印象は音が良いと感じやすい
- ほかの楽曲よりも目立った印象になる

＜音圧が高いことのデメリット＞
- ダイナミクスが失われ抑揚が無くなる
- 音量を上げていくとうるさい印象になる
- 大型の再生システムや大きな音量で聴くとバランスが崩れることがある
- 長時間聴くと耳が疲れやすい

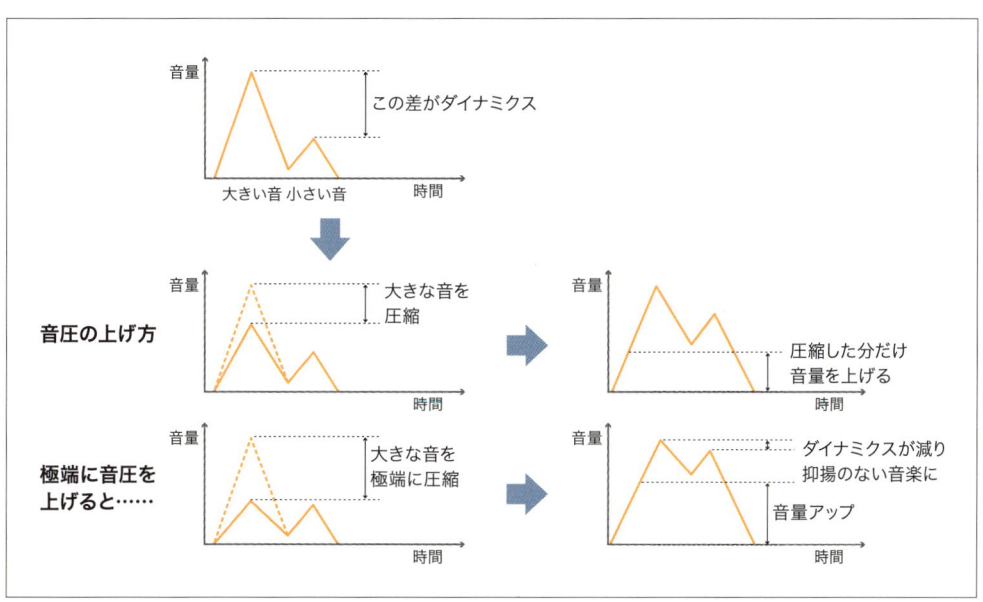

▲図③　音圧の調節にはダイナミクスのバランス感覚が必要になる。元のダイナミクスを失わずに、聴きやすい音圧を設定することが重要

chapter 01
マスタリングは音を良くする魔法の粉ではない

現代におけるマスタリングの意義

音圧競争は終わった!?

　前ページでも触れた音圧競争ですが、現在は沈静化したと考えてよいでしょう。携帯音楽プレーヤーなどでシャッフル再生する場合、個々の楽曲の音圧は違いすぎない方が聴きやすいことは確かです。またさまざまなネット上のサービスで音楽を試聴する際も、大きい音の方が最初の印象が良いことは否めません。しかし、マスタリング本来の目的は、どのような環境においてもアーティストが意図したサウンドを同じように伝えることですので、小さい音では聴きやすくても、大きな音でうるさく感じるような音圧の上げ方は適切とは言えないでしょう。実際、ダイナミクスが無く平たんで、うるさく聴こえるサウンドは嫌われる傾向にあります（**画面①**）。

　そのため現在のマスタリングでは、音圧を上げることよりも最終的な楽曲のバランスを整える作業に重点が置かれるようになりました。マスタリングではドラスティックに音質や音量を変化させるのではなく、ちょっとしたメリハリを付けてアーティストの意図したサウンドを引き出すことが求められているのです。

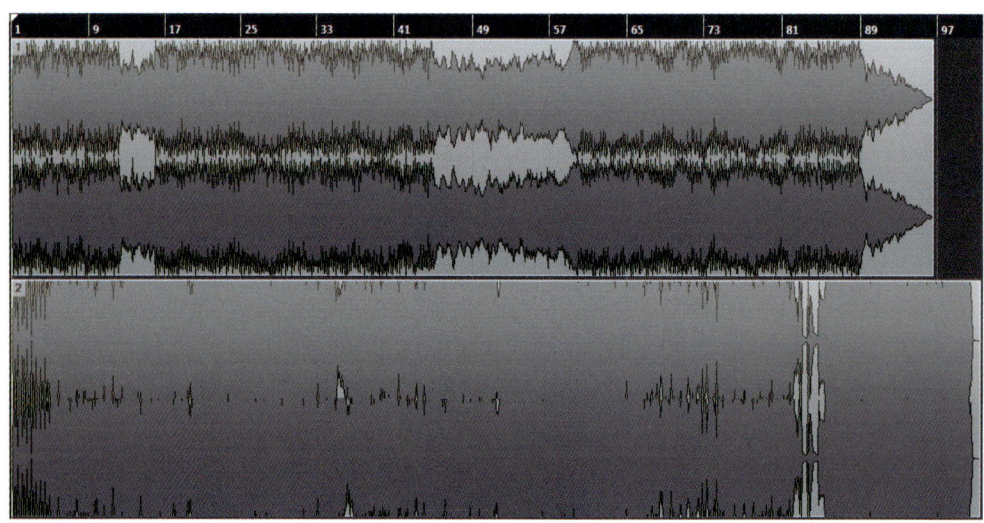

▲画面①　上が適切なマスタリングが施された波形、下が極端に音圧を上げてうるさくなってしまった波形。下の波形はその見た目から"海苔のような波形"と呼ばれる

マスタリングは万能ではない

　またマスタリングを行う上でぜひ覚えておいてほしいことがあります。それはマスタリングは"音を良くする"ための工程ではなく、万能でもないということです。よく"マスタリングで何とかなるのでは？"と考えている方もいますが、そうではありません。これはマスタリングが音楽制作の最終工程であることを踏まえればすぐに理解できると思います。簡単に言うと、適切なミックスが施されていなければ、マスタリングでいかに頑張っても良いサウンドにはならないのです。そもそもマスタリングで扱うのは2ミックスなので、できることには限界があります（**図①**）。マスタリングは魔法の粉ではなく、制作工程のクオリティによって左右される作業なのです。

　逆に、いくら素晴らしいミックスを行ったとしても不適切なマスタリングをしてしまうと、音を悪くしてしまう可能性もあります。これは既に音圧を上げることのデメリットなどで触れた通りです。場合によっては"マスタリングする前の方が良かった"なんてことにもなりかねません。そうならないためにも、"マスタリングは楽曲を完成させるための最後の微調整である"ことをアタマの片隅に必ず入れておいてください。

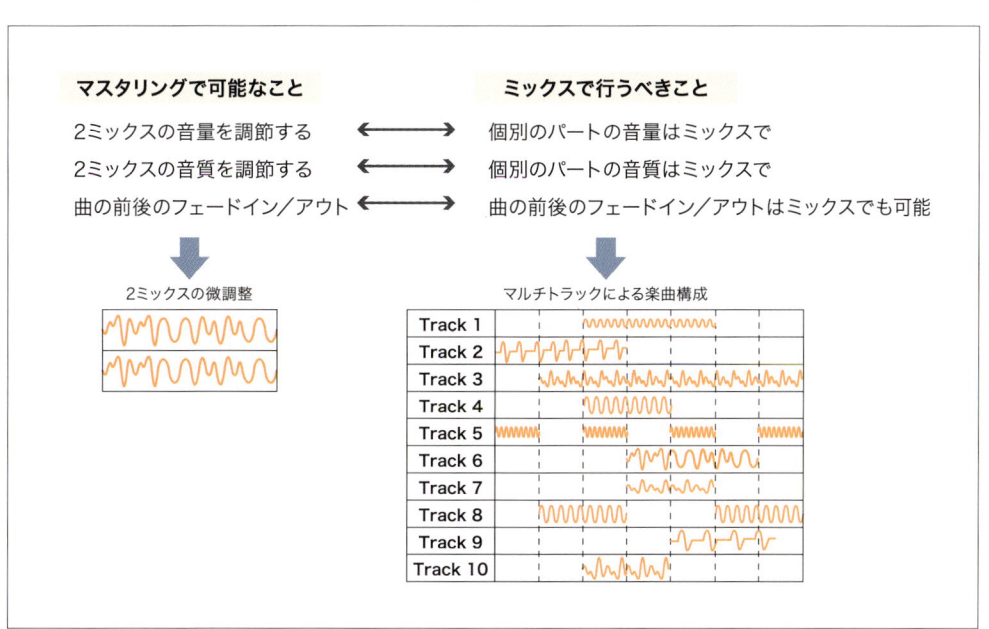

▲図①　マスタリングはあくまで最終的な微調整であることを念頭に置いておこう

chapter 01
マスタリングは音を良くする魔法の粉ではない

自宅マスタリングのメリット

　マスタリングだけで音を良くすることはできませんが、良いレコーディングと良いミックスを行い、それに対して適切なマスタリングを施せば良い音の作品を作れるのは確かです。しかも、現代のDAWソフトは非常に高性能なので、アマチュアの環境でもテクニックを磨けば相当なクオリティのマスタリングを行えます。

　その上、作曲や打ち込み、ミックス・ダウンなどを自分で手掛けている方なら、もしマスタリングで問題点に気づいた場合は、すぐにその問題が発生した時点に立ち戻ることが可能です。これこそDAW環境での自宅マスタリングにおける最大のメリットと言ってよいでしょう。マスタリングがうまくいかない原因がミックスにあれば、ミックスをやり直せばよいのです。そうした経験を積み重ねていくと、良いマスタリングを行うためにはどのようなミックスを施せばよいかも分かるようになっていきます。DAW環境を駆使して曲作りからマスタリングまで行いたい人は、このようなトータル・プロデュースの感覚が必要と言えるでしょう（**図②**）。もちろん、本書ではその感覚を身に付ける方法を解説していきます。意外かもしれませんが、本書を読み終わる頃には、皆さんの楽曲制作の方法そのものが変わっていることでしょう。

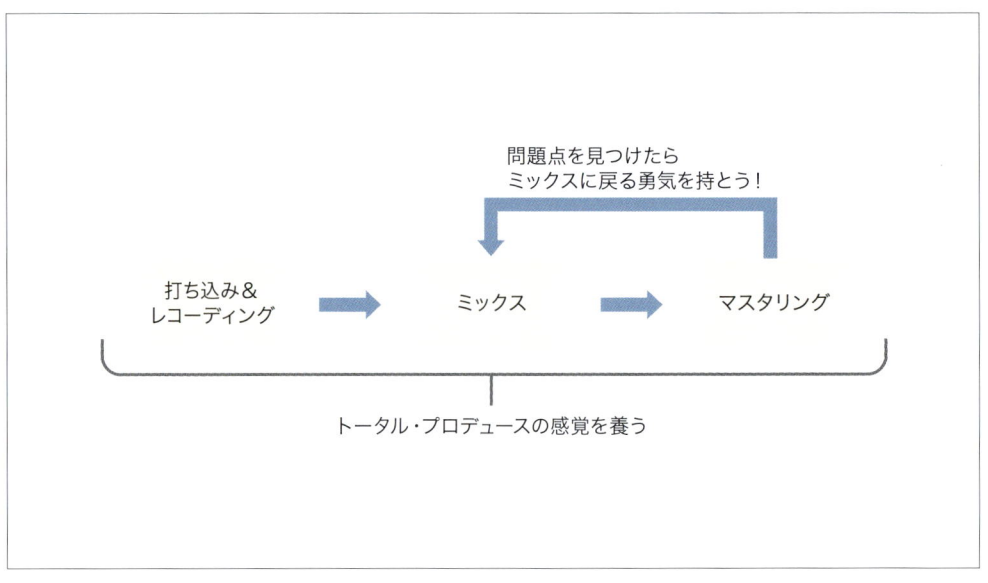

▲図② 良いマスタリングにはトータル・プロデュースの感覚が必要

● COLUMN

"音圧"と"良い音"を考えさせられる1曲

　筆者が個人的に素晴らしいミックスと思っている作品にインコグニートの「COLIBRI」という曲があります。これは1992年発表のアルバム『Tribes, Vibes and Scribes』のトップに収録されています。目をつぶるとすべての楽器の音像が浮かんでくるようなミックスなのですが、音圧はとても低いのです。そこで、筆者は実験的にCDを素材にリマスタリングしてみたのですが、どう頑張ってもオリジナルに勝てませんでした。CDの再生音量を単純にボリュームつまみで上げただけの方が良い音に感じるのです。

　インコグニートは編成の多いバンドで、たくさんの楽器が重なっています。一般的に、音数すなわち構成要素が多ければ多いほど、各楽器が占める空間が狭くなり、楽曲全体の印象も平たんになりがちなのですが、この曲は音圧こそ低いものの、それぞれの音がきちんと空間を作っていて、ダイナミクスもしっかりとあるんですね。SONORの乾いたスネアの音も、抜けが悪いと言われるビンテージ・エレピのRhodesサウンドも、ぷりぷりしたベースの音も、全部が生き生きと収録されていて、絶妙のミックス・バランスを感じます。そして、低域から高域まで素材がまんべんなく配置されているのです。

　そんな曲を、フルビットを使い切るような音圧でリマスタリングすると、突然バンドが狭い部屋で演奏しいてるかのような窮屈な印象に変わってしまいます。ところが、オリジナルは音量を上げていけば上げていくほど空間を感じるようになります。現代的なマスタリングのリファレンスにはならないかもしれませんが、音圧と音の良さの関係を考える意味では参考になると思います。特に、ミックスを勉強する上では素晴らしい楽曲だと思うので、皆さんもぜひ一度聴いてみてください。

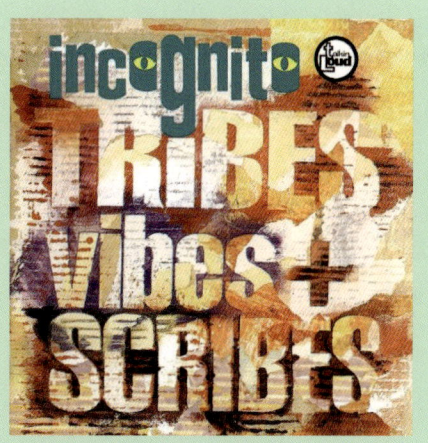

『Tribes, Vibes and Scribes』インコグニート

chapter 02 レコーディングとミックスが マスタリングにとって重要な理由

レコーディングが最終音質を左右する

録音レベルの重要性

　レコーディングは音のクオリティを左右する最初の工程であり、録音の良し悪しはマスタリングにまで影響を及ぼします。まずは十分に大きなレベルで、SN比の高い録音を行うことが大切です。SN比とは信号（signal）とノイズ（noise）の比を表すもので、"SN比が高い"とはノイズが少ないという意味です。DAW環境ではノイズを意識することはほとんど無いかもしれませんが、録音する楽器や録音機器によってはどうしてもノイズを避けられない場合があります。例えば、ギターをライン録音するときにもノイズは入りがちです。その際、ギターの音を小さい音量で録音し、ミックスなどの段階で音量を上げようとすると付随するノイズまで大きくなってしまいます。しかし、楽器の音を大きく録っておくとノイズは相対的に小さくなるのでSN比の良いミックスができるようになります（**図①**）。

　またマイクで録音する場合、マイクの音量はマイク・プリアンプ（マイクプリ）で

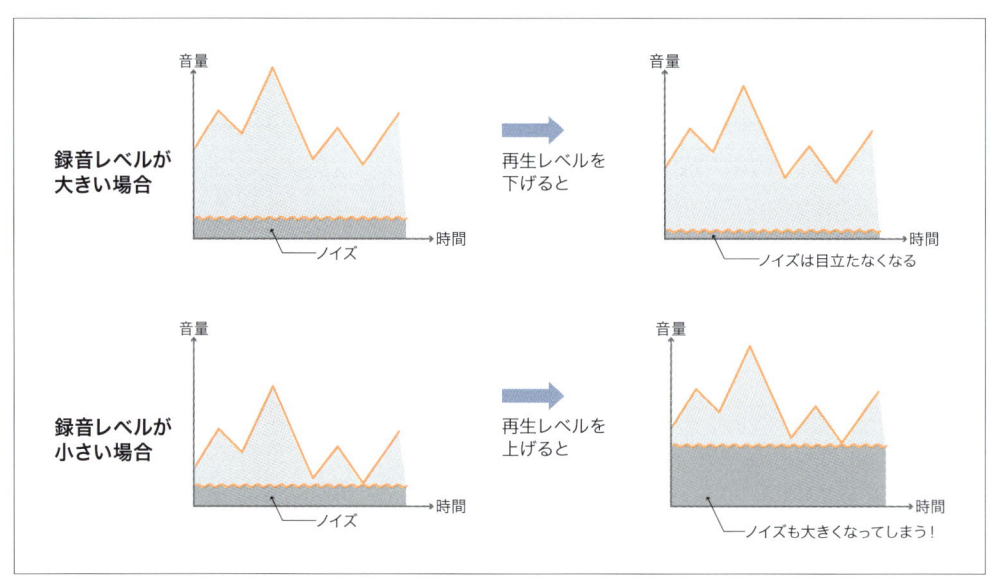

▲**図①**　ノイズのレベルが一定の場合、楽器の録音レベルを大きくしておけば、ノイズを目立たなくすることができる。録音レベルを上げるとノイズが大きくなってしまうケースもあるので、すべて図のようにうまくいくわけではないが、いずれにしろ、できるだけ楽器の音を大きく録っておくのが基本だ

増幅しますが、使用するマイクやマイクプリの性能、マイクの設置方法などで音のニュアンスは大きく変わってきます。特に大きな音量で取り込むとなると各機器の個性が出やすくなるので、さまざまなキャラクターのマイクやマイクプリを使い分けると最終的な音を立体的に仕上げられるでしょう。ですから、後から何とかするのではなく、録音時からこだわった音作りを心掛けることが大切です。一見、マスタリングとは関係ないように思えるかもしれませんが、これが楽曲のトータル・プロデュースということなのです。

ソフト音源も"録音"しよう

　ソフト音源を中心にDAW内だけで制作を完結する方は、録音など関係ないと思いがちですが、ソフト音源も楽曲が完成した時点でオーディオに書き出す（トラックに録音する）ことをお勧めします。ミックス中はプラグインなども多用するので、パソコンにも大きな負荷がかかります。最悪の場合はその負荷がノイズとして表れる場合があるので、あらかじめオーディオ化しておくことをお勧めします。また、その際はできるだけ大きな音量で書き出しましょう（図②）。ソフト音源なので、さほどSN比を気にすることはありませんが、常にこういった習慣をつけておくことが"良い音づくり"への第一歩となるかと思います。

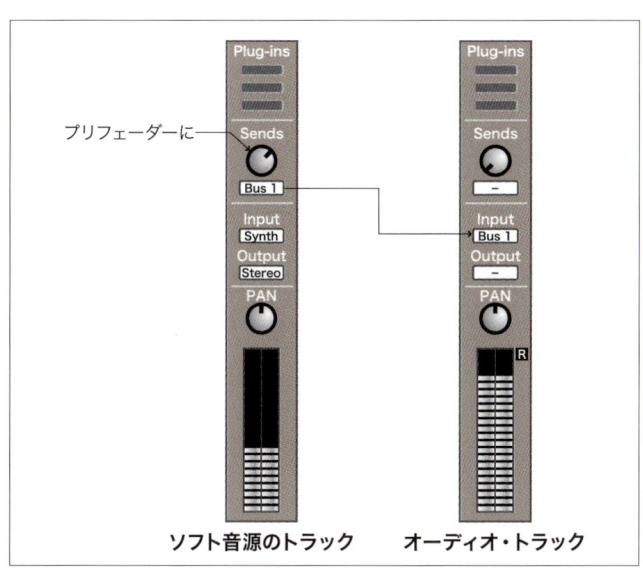

◀図② DAWソフトによってはバス経由でソフト音源の音をオーディオ・トラックに録音できるものもある。その際、プリフェーダーのセンドを使えば、再生中のボリュームに関係なく、センド量で録音レベルを決められるので便利だ

chapter 02
レコーディングとミックスがマスタリングにとって重要な理由

最終形を見据えたミックスを心掛けよう

ミックスは"引き算"で

　ミックスは楽曲の最終的な音質を左右する一番重要な工程です。ミックスがうまくいっていないと、マスタリングで音質や音圧を調整しようとしてもバランスが崩れてしまうことがあります。具体的なミックスの方法についてはPART 2（P55）で解説しますが、良い音作りのためにまず覚えておいていただきたいのは以下の2点です。
- できる限り音数は減らす。すなわちトラック数を減らす
- 基本的にフェーダーは下げる方向でミックスする

　これが大前提。つまり"ミックスは引き算が基本"ということになります。曲を作るときには、とかくいろいろなことをしようとアイディアを詰め込みがちです。そしてそのアイディアをすべて生かしたいと思うのはクリエイターとして当然のことでしょう。しかし、音数の多さはミックスにおける音のまとめやすさと相反してしまい、最終的にマスタリングで音圧感を得ようとする場合、非常に苦労することになります。

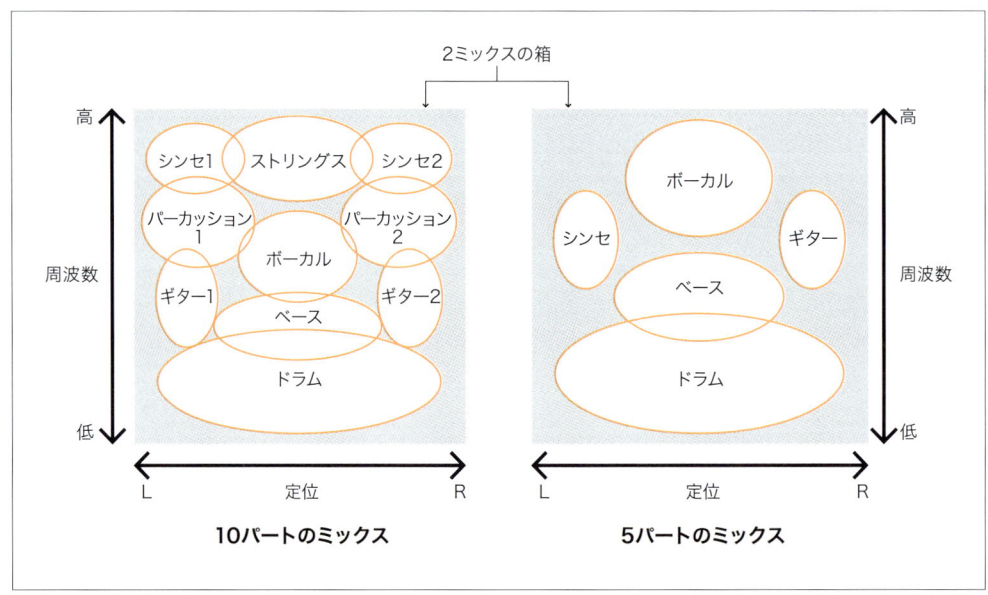

▲図① 2ミックスを箱に見立てて概念的に示した図。10パートを詰め込んだ方は楽器間の空間が無く、各パートが見えづらくなっている。一方、5パートの方は空間に余裕があり、各パートの音が見えやすくなる

音数を減らすと頭の中も整理できる

　ミックスはステレオ（2ch）という大きさが決められた箱の中に音を並べていく作業です。そこで10個の音を詰め込むのと、5個の音を詰め込むのとでは、どちらが個々の魅力を見せやすいかはすぐに理解できると思います（**図①**）。当然、5個の方が余裕を持って配置できるので、整理もしやすいということになります。また、少ないトラック数にすることで自分自身の頭の中も整理され集中してミックスを行えるというメリットもあります。音数を少なくすることはいろんな意味で功を奏することが多いのです。ただし、オーケストレーションやコーラスなどのように音を重ねることで厚みを出す素材は別です。これらはまとめて一つの素材として考えるとよいでしょう。どうしても音数を減らせないときは、素材同士をまとめる方向で考えるのも手です。例えばR&Bなどでよく使われる手法ですが、キックとベースのリズムを同じにするだけでも低域を整理することができます。

　また、十分な音量で録音されていればミックスではフェーダーを下げるだけでバランスが取れるはずです（**図②**）。そうすればノイズがある素材でも、その影響を最小限に抑えられます。今までマスタリングがうまくいかなかった方は、上記の2点を見直すだけでもかなり改善されるはずなので、ぜひ覚えておいてください。

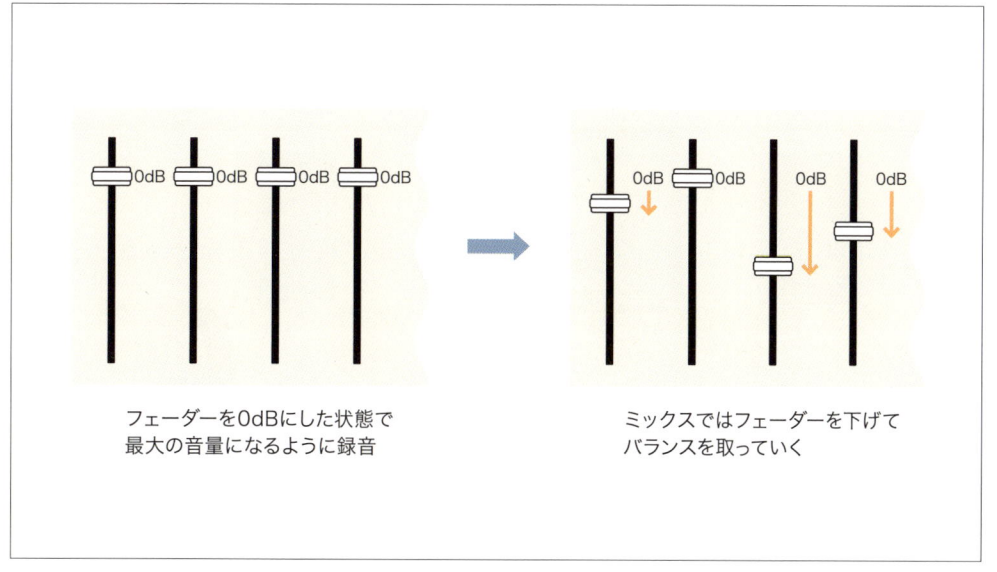

▲図② できるだけ大きな音量で録音しておけば、フェーダーは下げる方向でバランスを取っていける

chapter 03 自宅マスタリングのための システム構築法

必要な機材とは?

一般的なDAW環境でOK

　既にDAWで音楽制作されている方なら、マスタリング用機材はほぼそろっていると考えてよいと思いますが、念のために以下に列挙します（**図①**）。

- パソコン
- DAW
- マスタリング・ソフト
- マスタリング用プラグイン
- オーディオI/O（オーディオ・インターフェース）
- スピーカー（モニター・システム）
- ヘッドホン

　まず気になるのはDAWだと思いますが、何でもOKです。またマスタリング・ソフトとマスタリング用プラグインに関しては、"持ってないよ"という方もいるかもしれませんが、心配はご無用。マスタリング・ソフトは主にCDを焼く際に使用します。

▲図① DAW環境で音楽制作を行っている人であれば、すぐにマスタリングを始められる

音量や音質にかかわる処理はすべてDAW上で行いますので、"マスタリング・ソフト"と銘打たれたものでなくても、CDを焼けるソフトがあれば十分です。これに関してはP212からのchapter 32で紹介します。また、ファイルだけでCDを制作しないのであれば、マスタリング・ソフトも用意する必要はありません。プラグインはDAW付属のEQやコンプレッサー、マキシマイザー、リミッターなどでもかなり追い込むことが可能です。本書ではサードパーティ製のプラグインも紹介しますが、そうした製品はマスタリングに慣れてからそろえてもよいでしょう。

なお、これからDAWを含めて機材をそろえようという方によく質問を受けるのが、"パソコンはMacとWindowsのどちらが良いのか？"ということです。性能面で言えば、どちらを選んでも問題ありません。ただ、Windowsマシンの中には音楽制作に向かないものもあるので、お店の方などに相談してみてください。DAWがどちらに対応しているかも重要なポイントでしょう。また、DAW自体はマスタリングに関して向き不向きはありません。ただ操作性にはそれぞれ個性があるので身近なDAWユーザーに相談するのも良いかもしれません。

なお、一つだけ皆さんの環境で確認していただきたいことがあります。本書では音圧を客観的に判断するためにRMSメーター（P48からのchapter 06で解説します）を使用します（**画面①**）。DAW付属のプラグインの中に、RMS表示が可能なレベル・メーターが含まれているかどうか調べてみてください。

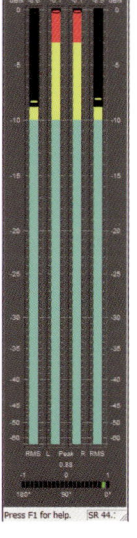

▲▶**画面①** 筆者が使用しているRMSメーターは2種類。左はUNIVERSAL AUDIO UADシリーズのリミッター、Precision Limiterに装備されているRMSメーターで、右はRMEのオーディオI/O付属のユーティリティ・ソフト、DIGICheckのメーターを利用している。DIGICheckのメーターは中央の2本がピーク・メーター、その左右がRMSメーターになっている

PART 1 マスタリングの基礎知識

chapter 03
自宅マスタリングのためのシステム構築法

オーディオI/Oの重要性

　録音などを一切行わずに、DAW内だけで楽曲制作を行っている場合は、オーディオI/Oすらも使っていないというケースも見受けられます。しかし、マスタリングではオーディオI/Oはぜひ用意したい機材です。その理由は、大抵のパソコン内蔵の音声出力よりも、オーディオI/Oを介してモニターした方が細かい音のニュアンスをつかみやすくなり、精度の高い作業ができるからです（**写真①**）。

　オーディオI/Oは価格も種類も豊富ですが、基本的には自分の制作スタイルに必要な入出力数の機種を選ぶとよいでしょう。例えば、前述のようにDAW内部だけで制作を完結するスタイルなら2chの出力があれば十分です。ただし、オーディオI/Oによって音質が異なることは覚えておいてください。オーディオI/Oはデジタル音声とアナログ音声を変換する装置なので、その品質や音の傾向は製品によってさまざまなのです。

　また、最近のオーディオI/Oの中にはマスタリングに便利な機能を備えているものもあります。例えば、RMEのオーディオI/Oシリーズにはユーティリティ・ソフトのDIGICheckが付属していて、RMSメーターを表示することも可能です。こうしたポイントも製品選びの際にはチェックしてみてください。

▲写真① コンソール・デスク内に収められた筆者が使用しているオーディオI/O、RME Fireface 800（手前から4番目）

モニター・スピーカーも必須

　マスタリングでは正確に音を聴き取ることが重要です。そのためにはスピーカーも楽器店で取り扱われているような音楽制作用のモニター・スピーカーを使うようにしましょう（**写真②**）。コンポやリスニング用のスピーカーは音楽を楽しく聴けるように音に"色付け"がされている場合が多く、ほかのスピーカーで聴いたときに全く違うサウンドになってしまう危険性があるので、マスタリング用のマスター・モニターとしてはあまり向きません。

　なお、モニター・スピーカーにも製品によって、それぞれに個性はありますが、いずれも正確にサウンドを聴き取れるように設計されているものがほとんどです。サイズ選びで迷うこともあると思いますが、自分の制作スペースや音量的な制限を考慮した上で、悩んだときは少し大きめの製品を選ぶことをお薦めします。というのも、スピーカーは基本的に大きいほど低音の再生能力が上がるからです。楽器店によっては、持ち込んだCDを再生して試聴させてくれる場合もあるので、聴き慣れたCDなどを持っていくのもよいでしょう。

　メインのモニター・スピーカーが用意できれば基本的にはOKですが、もし可能であれば、出来上がった曲が一般的なリスナーの環境でどのように聴こえるかを確認するためにCDラジカセ、マルチメディア・スピーカーなども用意できれば完ぺきです。

▲写真② 　モニター・スピーカーは音楽制作のかなめ

chapter 03
自宅マスタリングのためのシステム構築法

ヘッドホンも音楽制作用の製品を

　マスタリングでは、最終的なサウンドを確認するために、いろいろなモニター環境でチェックできることが望ましいと言えます。そのためにモニター・スピーカーやラジカセなど、用途の異なるスピーカーを用意するわけですが、もう一つ必ず用意したいのがヘッドホンです。

　ヘッドホンはスピーカー以上に製品によってサウンドが異なるため、選び方もなかなか難しいのも事実ですが、やはり色付けが無く、正確に音楽制作用に開発されているモニター用ヘッドホンがお勧めです。

　例えば、日本のレコーディング・スタジオで恐らく最も常備率が高いと思われるSONY MDR-CD900STは、マスタリングにおいても重宝します（**写真③**）。特に、細かいニュアンスを聴き取ったりしたいときなどは非常に明瞭なモニタリングが可能です。また音楽制作にかかわる多くの人が使っているので、同じサウンド感覚を共有しやすいというメリットもあります。

　なお、既にMDR-CD900STを長年使っているという方は、イアパッドなどが劣化していないかチェックしてみてください。劣化したパーツを交換するだけでも音質が向上する場合があります。

▲写真③　プロのレコーディング・スタジオでもよく見かけるモニター用ヘッドホン、SONY MDR-CD900ST

プラグインはDAW付属のものでOK

　前述の通り、DAWにはマスタリングに必要なプラグインが付属しています。本章の冒頭で述べたことの繰り返しになりますが、EQ、コンプレッサー（マルチバンド・コンプレッサー）、リミッター（マキシマイザー）といった一般的にダイナミクス・プロセッサーと呼ばれるものがあれば十分です（**画面②**）。

　付属のプラグインを使いこなせるようになったら、サードパーティ製のプラグインを導入してみるのも楽しいでしょう。一般的にプロの現場で使われているサードパーティ製のプラグインを参考までに幾つか挙げてみると、WAVES Silver/Gold/Platinum/Diamond/Mercuryなどの各バンドル・シリーズ、UNIVERSAL AUDIO UAD-2シリーズ、Sonnox Oxfordシリーズ、IK Multimedia T-RackSシリーズなどがあります。WAVES製品は豊富なラインナップが大きな魅力ですし、UNIVERSAL AUDIOはビンテージ機器のエミュレーションが秀逸で、個性を出したいユーザーには非常にお勧めです。IK Multimediaの製品はお手ごろな価格から多くのユーザーに支持を受けている上に、近年マスタリングの現場で高度な手法として用いられているMS処理（P156を参照）などができるので、追い込んだマスタリングが可能になります。

PART 1 マスタリングの基礎知識

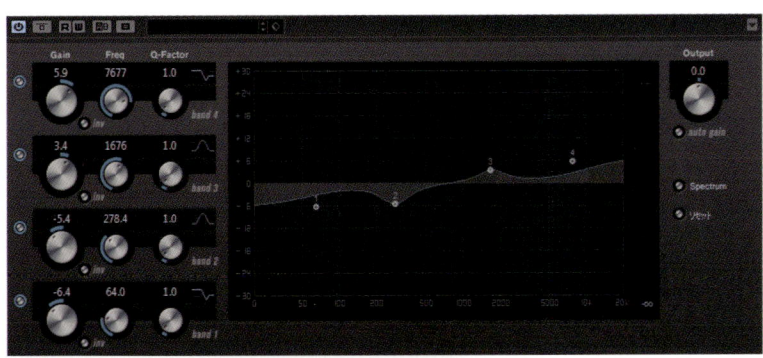

▲▲画面② 筆者が使用しているCubase Pro 8.5付属のダイナミクス・プロセッサー。左上がEQで、左下がコンプレッサー、右がリミッター

chapter 03
自宅マスタリングのためのシステム構築法

モニタリング環境を整えよう

システムの最重要ポイント

　機材をそろえてケーブルをつないだだけでは、システムの構築が終わったことにはなりません。マスタリング用のシステムで一番大切なのはモニタリング環境を整えることです。せっかく良いモニター・スピーカーを購入しても、モニタリング環境が悪ければマスタリングもうまくできません。この際にぜひ、スタジオ環境を見直してみてください。モニタリング環境は、お金をかけなくても改善できる方法がたくさんありますので、いろいろと工夫してみましょう。場合によってはびっくりするほど聴こえ方が変わってくることもあります。

部屋とスピーカーの置き場所を考えよう

　まず気を配りたいのはスピーカーの置き場所です。というのも、部屋のどこにスピーカーを置くかで音が変わってしまうことがあるからです。例えば、よくありがちなのは低域が聴こえづらかったり、逆に異常に大きくなってしまうというトラブル。これ

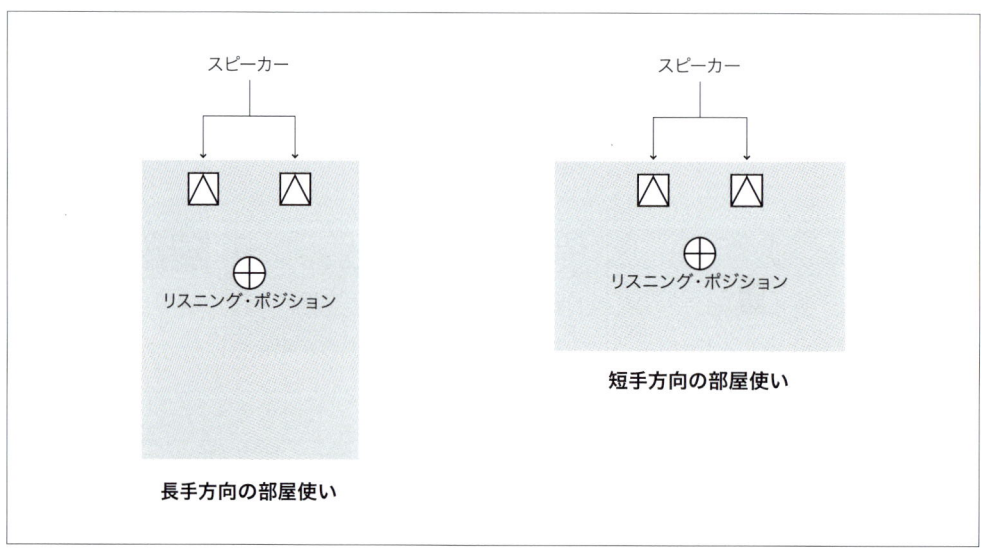

▲図①　部屋は短手使いした方が定在波は出づらいと一般的には言われている。ただし、これは部屋の状況にもよるので短手使いすれば定在波が出ないわけではない

は定在波（あるいは定常波）と呼ばれる現象によって引き起こされます。定在波とは壁に向かっていく音と壁で反射した音とが干渉しあって生まれる波のことで、あたかも波が止まったまま振幅しているかのように見えることから、このような名前が付きました。あまり広さがなく四角形の部屋では、低域がこの定在波により影響を受けてしまうことがあります。

このような問題が起きてしまったときの最も簡単な対処方法はスピーカー位置を変えることです。一般的には部屋を長手方向ではなく短手方向に使うと、この定在波は出にくいと言われています（**図①**）。また、スタジオを斜め使い（**図②**）すると壁が左右非対称になるので、同じく定在波は出にくくなるようです。

どうしても長手方向にしかスピーカーを設置できないときは、リスニング・ポジションの背面の壁に吸音材やカーテン、家具などの音を反射しにくい（吸収しやすい）ものを設置するとよいでしょう（**図③**）。そのほか、物理的にこの定在波の影響を受けにくいスピーカーの配置位置を導き出す計算方法もありますが、部屋のサイズをはじめ家具や機材、窓や扉の位置、壁や床の材質など部屋の環境はまちまちです。一概に計算式だけでは導き出せないことも多いので、定在波の影響と思われる現象が見受けられたときは、まずはスピーカーの設置位置を試行錯誤することが一番の対処方法となるはずです。

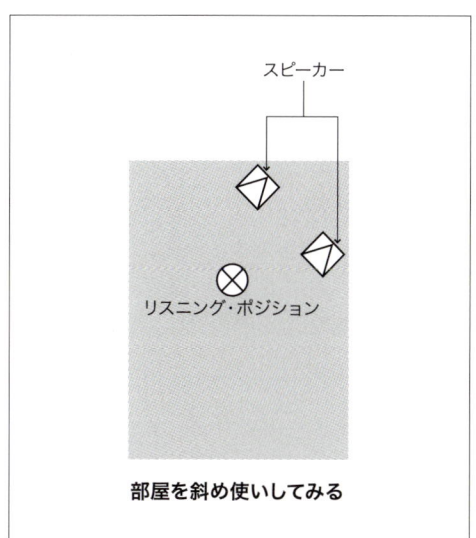

▲図② 定在波は向い合った壁が原因となることもあるので、思い切って図のように部屋を斜め使いしてみるという手もある

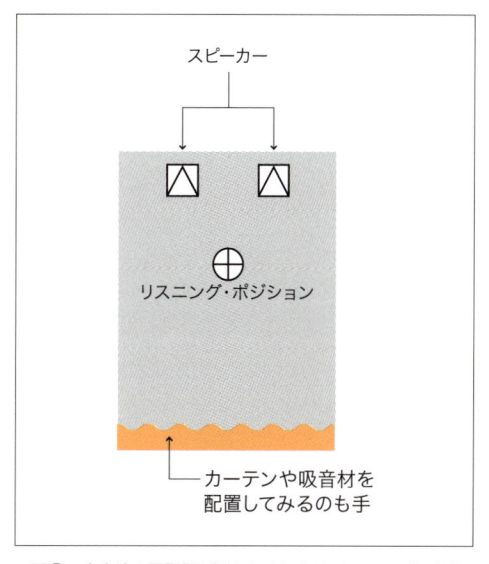

▲図③ 定在波の悪影響が疑われるときは、リスニング・ポジションの後方に音を吸収するものを設置してみるのもよいだろう

chapter 03
自宅マスタリングのためのシステム構築法

一次反射を止めよう〜吸音パネルの作り方

　次に、何となく音像がぼやける、音の分離が悪い、微妙なパンニングがモニター音に反映されていない気がするといった症状が出たら、一次反射の影響を疑ってみましょう。一次反射とはスピーカーから出る直接音が、壁などに1回反射して聴こえてくる間接音のこと指します（**図④**）。

　この一次反射の音が直接音と干渉しあって、モニター音に悪影響を及ぼすことがあるのです。特に、リスニング・ポイントの左右のすぐ近くに壁などがあるときには、この一次反射の悪影響が出やすいと言えるでしょう。

　こうしたトラブルへの対処法としては、音を吸収する"吸音材"を壁に配置して反射を抑えこむのが基本となります。実はレコーディング・スタジオの壁の内側などにも、吸音材が仕込まれていることが多いです。

　吸音材を配置する場所は、部屋の環境によってさまざまですので、実際に試行錯誤してみることが大切です。また、吸音材はさまざまな製品が市販されていますが、ホーム・センターで材料を購入して自作することも可能です。吸音効果はあくまでも自己責任でお願いすることになりますが、興味のある方は試してみてください（また、制作中はくれぐれも事故に気をつけてください）。

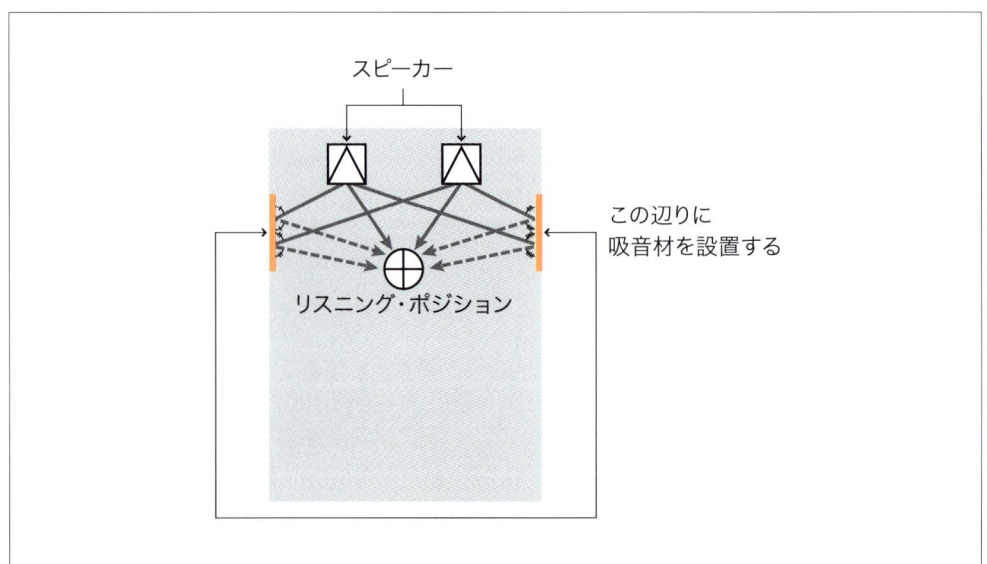

▲図④　一次反射の模式図。点線の矢印が一次反射

吸音パネルの製作例

[制作にあたっての注意]
- ロックウールは直接肌に触れると痒くなる場合があるので、素手で触らないように軍手などを着用しましょう。また繊維が細かいので吸い込まないように必ずマスクを付けてください。
- 製作は2人以上で、屋外で行いましょう。
- 吸音効果および製作時の事故に関して、著者および編集部は責任を負いかねますので、あらかじめご了承ください。

[材料：665mm×515mmの吸音パネル1枚を作る場合]
- ロックウール（ボード・タイプ）：40mm厚×605mm×455mm／1枚
- 垂木（30mm×40mm角）：670mm／2本、455mm／2本
- シーチング（生地）：880mm幅×約1,400mm
- ビス（木ネジ）：45mm×8本
- 工具：電動ドライバー＆ドリル、タッカー、ハサミ、カッター、霧吹き

◀ロックウール。写真は40mm厚×605mm×910mmのサイズで、これの半分の大きさで1枚の吸音パネル分になる

▲垂木と工具類

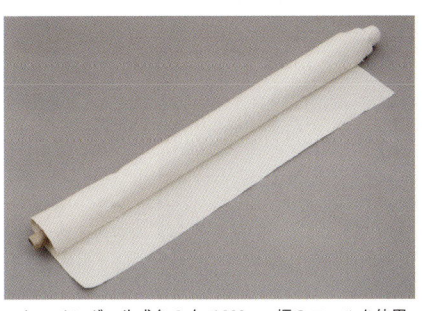

▲シーチング。生成色の布で880mm幅のロールを使用

chapter 03
自宅マスタリングのためのシステム構築法

Step 1 ●木枠の作成

垂木でロックウールを収めるための木枠を作ります。670mmの垂木と455mmの垂木の角を垂直に合わせて、電動ドリルで1つの角につき木ネジ用の穴を2つ開け、ビスで留めていきます。2人で作業し、1人は穴開け、1人は垂木がずれないように押さえておきましょう。

◀2本の垂木の角を合わせて電動ドリルで穴を開けていく。穴は平行ではなく対角線上に開けるのがコツ。その後、電動ドリルの先をドライバーに変えてビスを留めていく。同様の作業を4つの角すべてで行う

◀木枠の完成形

Step 2 ●片面にシーチングを張る

シーチングを木枠に合わせて切り分け、タッカーで木枠の側面に留めていきます。最初にどちらか片方の長い辺の角→中央→角の順番にピンと引っ張りながら留めていきましょう。そしてたるみを防ぐために霧吹きで水をかけて、もう片方の長い辺も留めていきます。さらに短い辺も同様に留めて最後に両端と中央の間も留めていきます。

▲木枠の側面まで覆うようなサイズにシーチングをハサミでカット

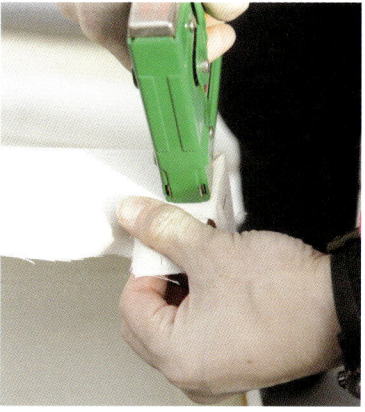

◀シーチングを木枠の側面にタッカーで留めていく。角は写真のように生地を折り返しながら留めると綺麗に仕上がる

▲中央もしっかり引っ張りながら、たるみのないように留めていこう

▲片面を留めたら霧吹きで水をかけて、反対側を留めるとピンと張れる

▲余った部分はハサミでカット

▲こんな感じで張れていればOK

Step 3 ● ロックウールを木枠に収める

ロックウールを木枠内に収めます。ロックウールは40mm厚×605mm×910mmのサイズで市販されていることが多いので、カッターで半分に切るとちょうど木枠にはまる大きさになります。

▲木枠にロックウールをはめ込んだ状態

Step 4 ● 反対側もシーチングで覆って完成

残りのシーチングをロックウールが露出しないように、木枠の裏面へタッカーで留めていきます。ここでも霧吹きを使ってピンと張りながら留めていきましょう。最後に余った部分をハサミでカットしたら完成です。

◀完成した吸音パネル。ロックウールのサイズに合わせて倍の材料を揃え、左右の壁に配置することを考えて2枚同時に作るのがお勧め

PART 1 マスタリングの基礎知識

chapter 03
自宅マスタリングのためのシステム構築法

インシュレーターを活用しよう

　スピーカーの置き方ですが、基本的には机や台の上にベタ置きはしない方がよいとされています。例えば、スピーカーを机の上に置いた場合、スピーカーの振動が伝わることで机も"鳴って"しまい、この鳴りがスピーカーの出音に混ざって正確なモニタリングができなくなる恐れがあるのです。これを防ぐためによく使われるのが"インシュレーター"と呼ばれる物です（**写真①**）。さまざまな形や素材の製品が各社から発売されていますが、多くは"点"でスピーカーを支える構造になっていて、スピーカーの底面からの振動を伝えにくくしています。

　インシュレーターは3個もしくは4個で1つのスピーカーを支えます。3個の場合は、できるだけ正三角形や二等辺三角形にならないように少しずらして配置した方が、より振動の影響を受けにくくなるようです。この辺りは皆さんも試行錯誤してみてください。

　なお、インシュレーター3個での設置はグラつきを無くすという意味では良いのですが、4個使うよりも安定性には欠けます。スピーカーの設置場所は水平で人やモノが当たらないところを選ぶようにしてください。

▲写真①　筆者が使用しているインシュレーター、OYAIDE INS-SP と INS-US

オーディオ・ボードでも制振対策を

　スピーカーをどんな物の上に置くかによっても、モニター・サウンドは大きく変化します。例えば、どんなに良いインシュレーターを使っても、カラーボックスのように箱の中に空間があるものの上にスピーカーを置いてしまっては効果を期待できません。内部に空間があると、それ自体がスピーカーの箱のように振動してしまって余計な"鳴り"が生じてしまうのです。同じく、引き出しのあるような机も適さないと言えます。机に置くのであれば、なるべくシンプルな方がよいでしょう。

　最も理想的なのは、専用のスピーカー・スタンドに設置することです。どうしても机の上に置かざるを得ない場合は、オーディオ・ボードなどと呼ばれる制振効果を備えた大理石や人造大理石などの板の上に設置することをお勧めします。ちなみに、筆者は人工大理石を加工したスピーカー用の台を製作し、インシュレーターを台との間にかませています。スピーカー台にはスパイクを取り付け、オーディオ・ボードの上に配置しています。スピーカーをベタ置きするよりも明瞭なサウンドに変化しました。

　スピーカーの設置方法に関して、"必ずこれを使わなければいけない"というモノはありませんが、とにかく余計な振動が周囲に伝わらないように自分で工夫してみてください（**写真②**）。

PART 1　マスタリングの基礎知識

▲写真②　筆者のスタジオでは大理石をオーディオ・ボードとして使い、その上に写真①のインシュレーターを使用してスピーカーを設置している

chapter 03
自宅マスタリングのためのシステム構築法

スピーカーの背面にも注意！

　スピーカーを設置する際には壁との距離にも注意が必要です。基本的には壁にベタ付けしてはいけません。スピーカーは壁に近づけば近づくほどある特定の低域が強調される傾向にあります。低域の輪郭がはっきりしない場合はスピーカーの背面と壁との距離が保たれていないことが多いようです。ほんの数センチ動かすだけでもかなりの効果が出るので見直してみるとよいでしょう（図⑤）。そして、スピーカーの背面も前述した一次反射の影響をとても受けやすいと言えます。可能であれば、スピーカー背面の壁もしっかり吸音したいところです（図⑥）。

最適なリスニング・ポジションを探そう

　スピーカーとあなたの位置、つまりリスニング・ポジションについても考えてみましょう。まず理想とされるスピーカーの高さは、耳がウーファーとツィーターの中間あたりにくる位置と言われています。もちろん、製品の仕様にもよるので、これを目安に上下しながら高域から低域までスムーズに聴き取れる高さを見つけてください。製品によっては、ツィーターを耳の高さにした方が明瞭度は上がる場合もあります。高域を再生するツィーターはちょっとした高さの違いで聴こえ方が随分と変わるので、

▲図⑤　スピーカーの背面と壁との間は、できるだけ空けるようにしよう。適切な距離は使用スピーカーや部屋の状況によって異なるが、スピーカーによっては説明書にどれくらいの距離を設ければよいのか記されている場合もある

▼図⑥　スピーカーを壁から離してもモニター音が改善されない場合は吸音材も活用してみよう

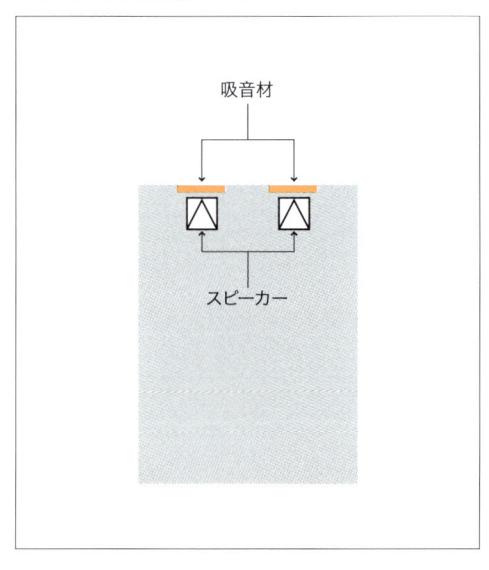

慎重に高さを調節していきましょう（図⑦）。

　また左右のスピーカーは、リスニング・ポイントから見て左右30°の角度、左右の距離はスピーカーのサイズにもよりますが、50cmぐらいから1m前後がモニターしやすいとされています（図⑧）。これも部屋など周囲の環境によるので、あくまで目安として、後は実際に自分の耳で確かめながら調節していきましょう。左右の向きが開きすぎるとセンターがぼやけてしまいますし、スピーカー間の距離が遠いと定位感が悪くなるので、注意深く聴いてチェックしてみてください。

製品選びのポイント

　最近の音楽制作用モニター・スピーカーは、アンプと一体化したパワード（もしくはアクティブ）と呼ばれるものが主流となっています。アンプとの相性を考えなくて済むためビギナーにも購入しやすいスピーカーと言えるでしょう。

　また小型のモニター・スピーカーは、下に低域から中域を受け持つウーファーが、上には高域を担当するツィーターが配された2ウェイと呼ばれるタイプが多いのですが、近年はウーファーと同じ高さに重なるようにしてツィーターが取り付けられている同軸タイプもスタジオでよく見かけます。それぞれに特徴があるので、ぜひチェックしてみてください。

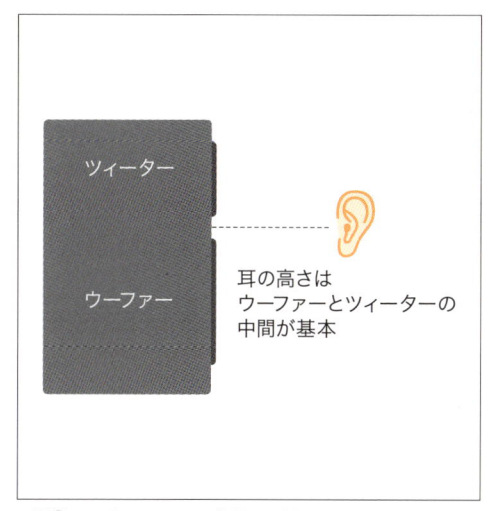

▲図⑦　スピーカーと耳の位置の関係。スピーカーのツィーターとウーファーの中間に耳の高さがくるのが基本。後は微調整してみよう。その際は、低域から高域へのつながりが自然に聴こえるかどうかを目安にするとよいだろう

▼図⑧　小型スピーカーでのリスニング・ポジション

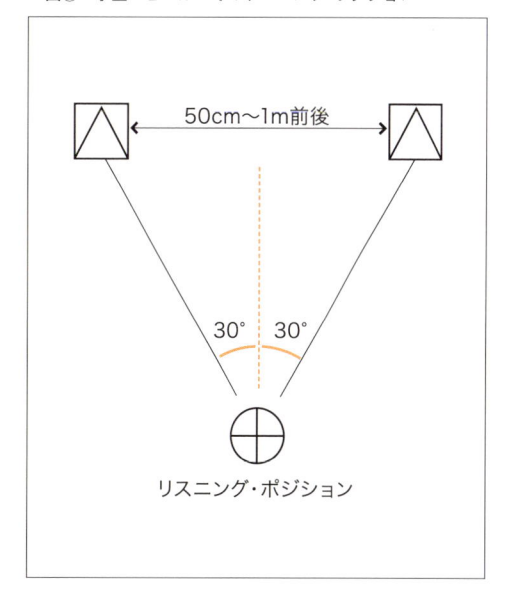

PART 1　マスタリングの基礎知識

chapter 04 オーディオ・フォーマットの適切な設定方法

デジタルの音声を理解しよう

サンプリング・レートとビット

　本書では、DAW内に取り込んだ音声を最後までデジタル信号として扱います。そのためデジタル・オーディオの基本フォーマットであるサンプリング・レートとビットを正しく理解しておくことが大切です。サンプリング・レートとは音を1秒の間に何回記録するかという単位であり、ビットはその記録された1つ1つのデータが持つダイナミクスの解像度になります。例えば、CDのサンプリング・レートは44.1kHzですが、これはすなわち1秒間に音を44,100回に分けて記録していることを示します。また16ビットとは2の16乗、すなわち65,536段階で音の大きさを記録できることを表しています。音楽制作ではより大きな数字、例えば24ビット／96kHzのデジタル・オーディオを扱う場合もありますが、これらの数字が大きいほど、より滑らかで自然な音質に近づくと言えるでしょう（**図①**）。

　では、マスタリングに適したサンプリング・レートとビットは？ということになりますが、基本的にはレコーディングやミックス時と同じ設定で行えばよいでしょう。

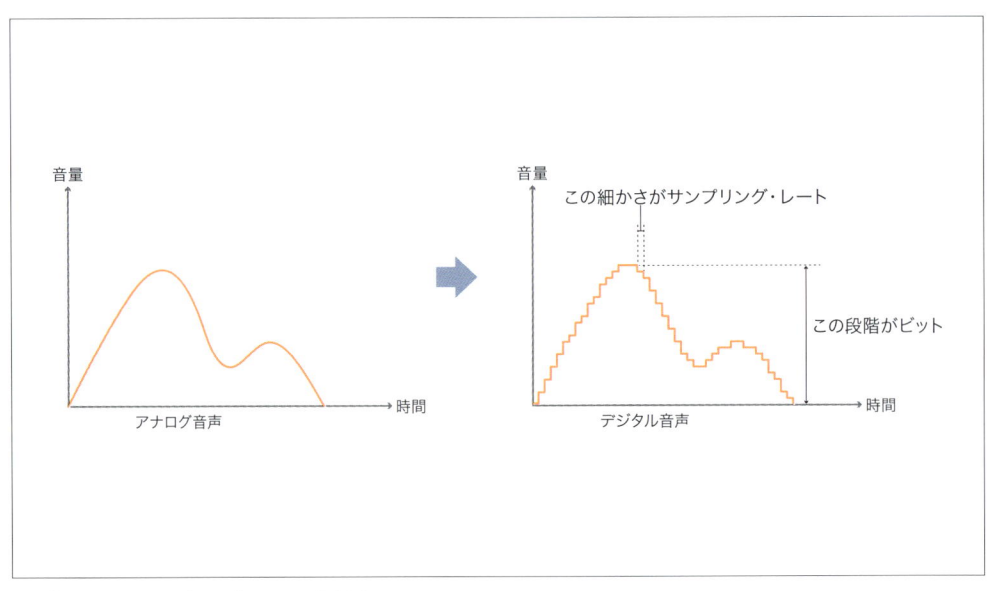

▲図① ビットとサンプリング・レートの概念図

プロの音楽制作におけるビットは24ビット、サンプリング・レートは48kHz以上で作業されることが多く、最近は96kHz、またはそれ以上も少なくありません。最終的にはCDやMP3にするので、このようなハイビット／ハイサンプリング・レート（大きな数字という意味です）は必要ないのでは？と思われる方もいるかもしれませんが、できるだけ細かい自然なニュアンスを再現できる設定で音作りを行い、その音をできるだけ保ったままCDなどのサンプリング・レートやビットに落とす（ダウンサンプル、ダウンビット）という方法が一般的なのです（**図②**）。もちろん、16ビット／44.1kHzでもマスタリング自体は可能です。なお、ビットやサンプリング・レートを高くすると、ファイルのサイズも大きくなりますし、パソコンにもより負荷がかかることは覚えておきましょう。

ファイルの種類

オーディオ・ファイルにもさまざまな種類がありますが、音楽制作では非圧縮のWAVファイルが一般的と言えるでしょう。もちろん、同じ非圧縮のAIFFファイルを使っても問題ありません。なお、MP3やAACなどの圧縮ファイルは音質自体が圧縮前の状態とは変わってしまうので、音楽制作時には用いません。あくまでこれらは配信などを行うときの最終フォーマットと考えましょう。

PART 1　マスタリングの基礎知識

```
24ビット/48kHz      24ビット/48kHz              24ビット/48kHz    24ビット/48kHz   → CD化の場合は
 ┌─────────┐      ┌─────────┐   ミックス・ダウン   ┌──────┐       ┌─────────┐        16ビット/44.1kHzへ
 │ 打ち込み │ ──→ │ ミックス │ ───────────→    │ WAV  │ ───→  │マスタリング│  
 │    &    │      │         │                 └──────┘       │          │   → 配信では
 │レコーディング│  │         │                   2ミックス     │          │      MP3やAACなどへ
 └─────────┘      └─────────┘                                 └─────────┘      （高音質配信では
                                                                                  24ビット/48kHzで
                                                                                  OKの場合もある）
```

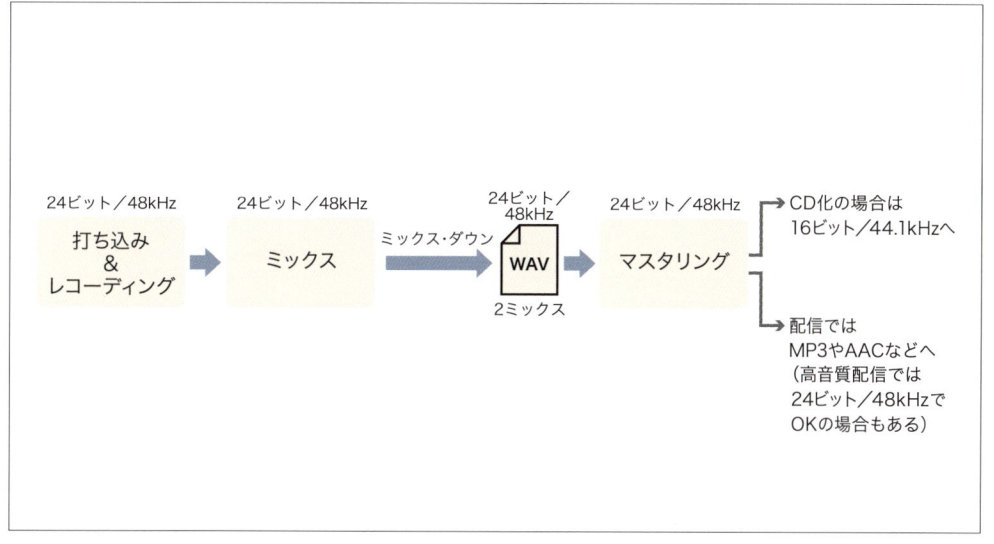

▲図②　マスタリング工程の一例。マスタリングまでは高音質を保ち、マスタリングの最終段階で、メディアに合わせたオーディオ・フォーマットに変換するのが基本

chapter 05 周波数の感覚を身に付けて バランス上手になろう

音にはさまざまな周波数が含まれている

可聴範囲は20Hzから20kHz

　マスタリングにおいて周波数の感覚を身に付けることは非常に重要です。エンジニアの方々は音を聴いてそれが何Hzくらいであるかを判断できますが、これは経験によって培われたものであり、ビギナーにはなかなか難しいでしょう。そこで、できるだけ感覚的に体得していく方法を紹介してみます。

　まず、人間の可聴範囲は一般的に20Hzから20kHzまでと言われています。ただし、これには個人差がありますし、年齢を重ねるにつれて高い音は聴き取りづらくなる傾向があります。いずれにしろ音楽制作では、おおよそ20Hzから20kHzまでの周波数を扱うということを覚えておいてください。

3つの帯域に分けて考える

　次に、この20Hzから20kHzまでを大まかに低域、中域、高域の3つに分けてとらえる習慣を付けましょう。そして音を聴いたときに、その中に低域の成分はどれくら

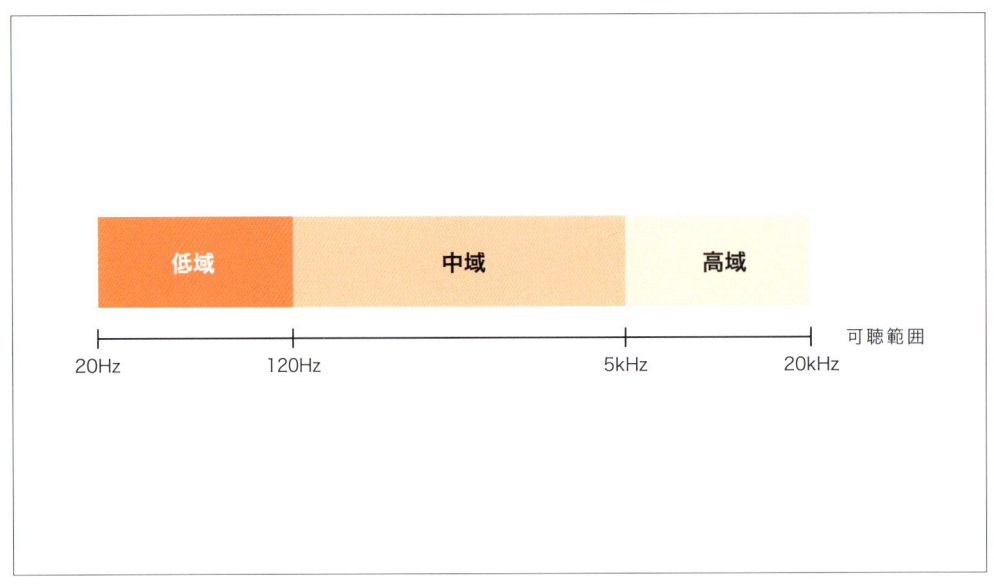

▲図① 　低域、中域、高域に明確な定義はないが、便宜的に本書では図のように区別する

ダウンロード素材

Cubase用 Cubase → 05
→ 01_120-90-60Hz〜03_5-8-10kHz.wav
（オーディオ・ファイルのみ）

他のDAW用 Other_DAW → 05
→ 01_120-90-60Hz〜03_5-8-10kHz.wav

いあるのか、また中域や高域は？ということを常に意識してみてください。

では、低域、中域、高域とは具体的に何Hzのことを指すのでしょう？　当然、明確な規定はないのですが、大体、以下のように考えるとよいでしょう。本書での低域、中域、高域もほぼこの辺りを指すということで進めていきます（図①）。

- 低域⇨おおよそ120Hz以下（01_120-90-60Hz.wav）
- 中域⇨120Hz〜5kHz（02_300Hz-1-3kHz.wav）
- 高域⇨おおよそ5kHz以上（03_5-8-10kHz.wav）

上記のダウンロード素材では各帯域を体感してもらうために、低／中／高それぞれの帯域内の3つの周波数をサイン波で鳴らしています。非常に低い音や高い音が入っているので耳やスピーカーを痛めないよう小さめの音量で収録していますが、念のためモニター音量を絞ってから再生してください。

さて、普段は意識していなくても楽器や声にはこうしたさまざまな周波数が含まれています。高い音に感じるハイハットにも低域はありますし（画面①）、低く感じるキックも中域をたくさん含んでいます（画面②）。これを見極めるには日ごろの音の聴き方が大切です。例えば、2つの音がある場合はどちらが高域（あるいは中域や低域）の成分が多いかに注目してみましょう。相対的に周波数の高低を聴き取る練習を続けると周波数のバランスが"見えやすく"なります。

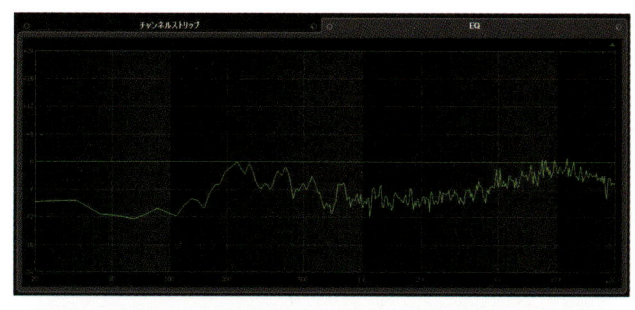

PART 1 マスタリングの基礎知識

◀画面①　各周波数の音量を示すスペクトラムでハイハットを表示したところ。中域や低域辺りの周波数が含まれていることが分かる

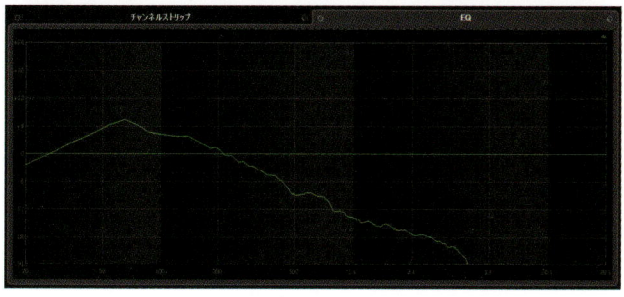

◀画面②　こちらはキックのスペクトラム画面。低域だけでなく、中域辺りの音まで含まれている

chapter 05
周波数の感覚を身に付けてバランス上手になろう

周波数エクササイズ①〜高域編

高域は定位で整理する

　ここからは実際に高域の音を体感してみましょう。ダウンロード素材のハイハット（04_hihat.wav）とシェーカー（05_shaker.wav）を再生してみてください。どちらも高域成分が多そうですよね。皆さんは、両者の周波数バランスをどのようにイメージしますか？

　正解はこちら。**画面①②**は両者の周波数成分を示したものですが、シェーカーは高域が中心となって構成されていることが分ります。一方、ハイハットは低域や中域などさまざまな周波数成分が含まれていますね。では、この2つが同時に同じくらいの音量で鳴ったら、どうなると思いますか？　それが06_hihat+shaker.wavなのですが、聴いてもらうと分かる通り、シェーカーは完全にハイハットにかき消されてしまいます。ハイハットの周波数帯域が広いので、シェーカーはその中に飲み込まれてしまった感じになっているのです。これを解決するには大きく分けて2つの方法が考えられます。

◀画面①　シェーカーのスペクトラム。高域が中心となっている

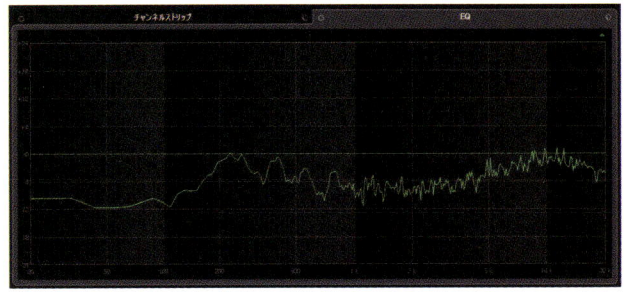

◀画面②　ハイハットのスペクトラム。中域や低域にまで及んでいる

ダウンロード素材

Cubase用 → Cubase → 05
→ 04_hihat.wav〜08_panning.wav
（オーディオ・ファイルのみ）

他のDAW用 → Other_DAW → 05
→ 04_hihat.wav〜08_panning.wav

①ハイハットの音量を下げる（07_hihat_vol_down.wav）
②パンニングで両者を左右に振る（08_panning.wav）

　①はどちらかと言うと消極的な方法で、まずは②の方法で両者の良さを引き出すことが基本になります（図①）。chapter 01でも触れましたが、高域は中域に比べて同じエネルギーでも音は小さく聴こえます。よって、①の方法を取ると高域のエネルギーが落ちて抜けが悪い印象になってしまうことがあります。しかし、パンで左右に音を配置すると、そこに空間が生まれて、高域の音量感を保ったまま両者をしっかり聴かせることが可能になります。また、定位によるバランス調節は広がりのある仕上がりにもつながるというメリットもあります。

EQの使用は慎重に

　高域がうるさくて邪魔ならEQでばっさり切ってしまえばよいのでは？と考える人もいるかもしれません。しかし、高域は抜けの良さを演出する重要な帯域であり、EQの使い方によっては大切な空間を作る成分を削ってしまうことになりかねません。抜けの悪いミックスは、マスタリングで何とかしようと思って高域をいじっても、うまく解決できないことが多いのです。マスタリングで抜けの良さを引き出すには、ミックスでの高域の扱いが大切になります。

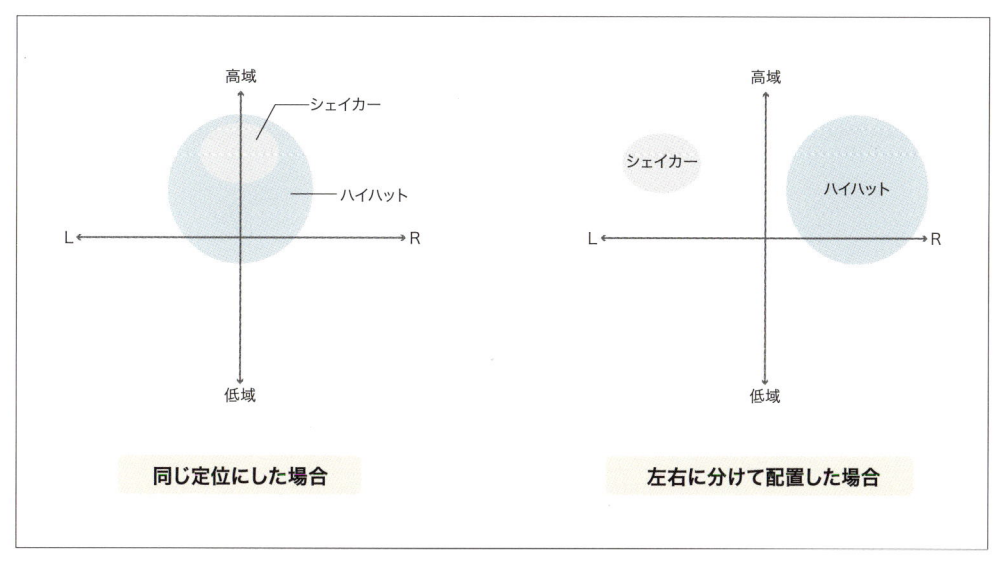

▲図① シェイカーとハイハットを同じ定位に置くと、シェイカーはハイハットの周波数分布の中にすっぽりと収まってしまい、かき消されてしまう。そこで、左右に配置して両者ともに見えやすくする

PART 1 マスタリングの基礎知識

chapter 05
周波数の感覚を身に付けてバランス上手になろう

周波数エクササイズ②〜低域編

低域はセンター定位が基本

　一般的に、音は低域になればなるほど指向性を失うと言われています。すなわち、どの方向から音が出ているのか分りにくくなるのです。09_low.wavと10_high.wavをスピーカーからやや離れた場所で聴き比べてみてください。どちらも音が左右に動いていますが、低音の09_low.wavの方が高音の10_high.wavに比べて分りにくいと思います（図①）。

　では、次に09_low.wavをヘッドホンで聴いてみてください。ヘッドホンは音を左右の耳へ直接伝えるので、普段あまり定位を感じることの少ない低域の音をヘッドホンで無理やり定位させると違和感を覚えやすくなります。例えば、11_kick.wavのようにダンス・ミュージックで聴かれるようなキックを左に定位させると、聴きづらい印象を受けるのではないでしょうか。

　ということは、低域は基本的にセンターに定位させると楽曲的にまとめやすくなると言えます（図②）。ところが、低域の素材が多い場合は問題が生じます。高域のよ

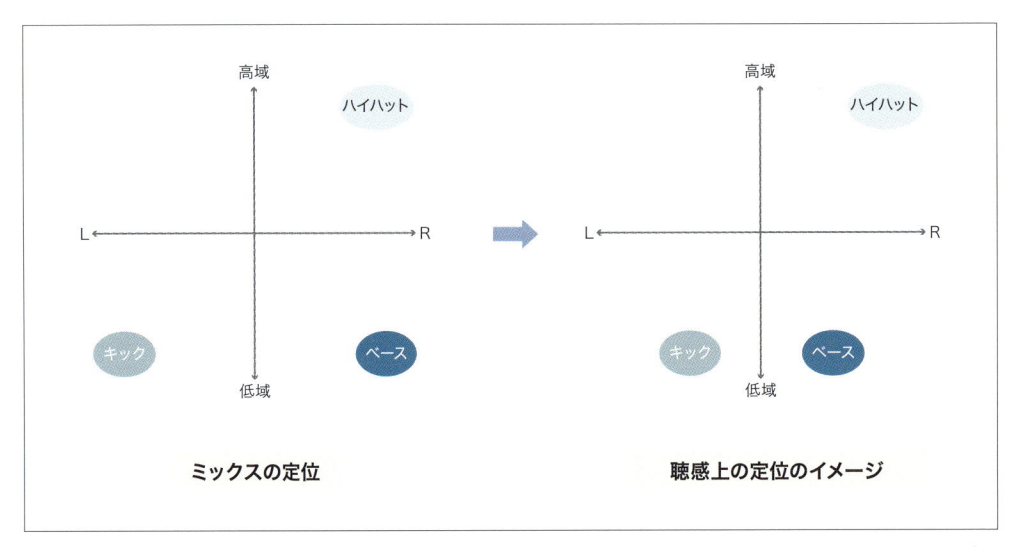

| ミックスの定位 | 聴感上の定位のイメージ |

▲図①　左がミックスで作った定位、右がそれを聴いたときのイメージ図だ。ハイハットなどの高域が多く含まれたパートは明確に左右から聴こえるが、キックやベースなどの低音の定位はぼんやりとしてしまう。ヘッドホンでは低域の音でも左右から聴こえるが不自然さは拭えない。なお、音楽表現的に意図があってキックやベースを左右に振るのはもちろん問題ない

ダウンロード素材

Cubase用 Cubase → 05
→ 09_low.wav〜11_kick.wav
（オーディオ・ファイルのみ）

他のDAW用 Other DAW → 05
→ 09_low.wav〜11_kick.wav

うに左右に振るのは効果的でないので、すべての音をセンターに置いていくわけですが、そうすると当然聴こえにくい音が出てきてしまうのです。

これを解決するには音量バランスの調節やアレンジ的な対応が必要です。リズム的に重ねる音と重ねない音を意識して整理し、どの音を優先させるかを決めて音量バランスを取っていくわけです。また楽曲を制作するときにはむやみに低域の音を増やさないのも良い音作りの方法です。

音色選びも重要

低域の整理は音量や音色のバランス感覚も大切です。例えば、キックとベースを整理しなければならないときは、センターで重ねても両者のおいしい部分が聴こえるような音色を選ぶことから始めましょう（図③）。両者とも非常に低い周波数成分が多い場合、低域は中域に比べると同じエネルギーでも音量を感じにくいので、メーターはとても振れているのに音量感のない曲になってしまいます。こうしたミックスは、マスタリングで音圧をうまく上げられません。逆に、上手にバランスをとって低域が伸びてくるような感じに聴こえるミックスを行うと、音質的にも豊かなサウンドととらえられることが多くなります。このように、低域の整理では繊細な音量感覚を必要とされるのです。

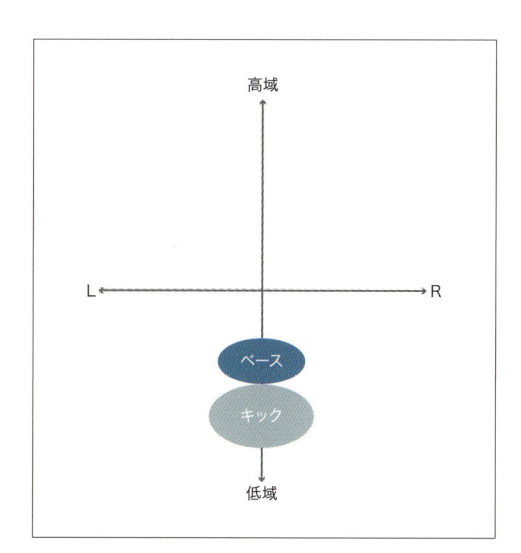

▲図② 低域はセンターへ置くとバランスをとりやすい

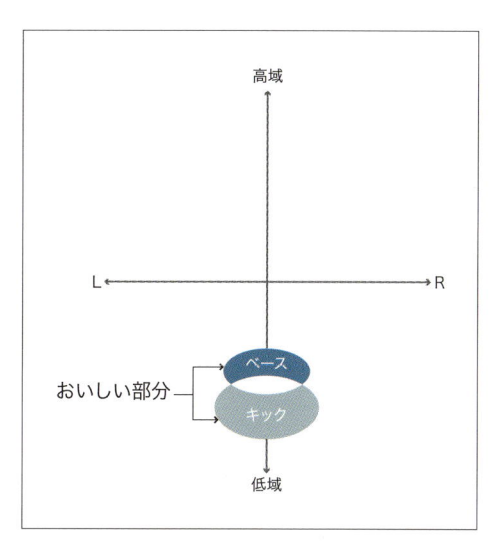

▲図③ センターに複数の低域パートが存在するときは、各パートのおいしい部分が聴こえるようにミックスしておくと、マスタリングでの調整も行いやすくなる

PART 1 マスタリングの基礎知識

chapter 05
周波数の感覚を身に付けてバランス上手になろう

周波数エクササイズ③〜中域編

モニター音量が大切

　ボーカルやピアノ、ギターなどはもちろん、キックやハイハットなどのサウンドも中域の成分を含んでいます。音楽を構成するパートの多くがこの中域に集まっていると言えるでしょう。それだけに整理するのは大変ですが、中域がごちゃごちゃだと、マスタリングでも音はうまくまとまりません。

　そこでまずは中域の中でも、各パートの音の高低を意識するようにしましょう。例えば、ボーカルとピアノが当たってしまうケースでは、思い切ってピアノを1オクターブ上げて演奏してみると、すんなり整理できることがあります。また、高域と同様にパンで音を左右に振るのも有効ですが、意図的な場合を除いて、高域よりもあまり大きく振らない方が自然な仕上がりになります（図①）。

　さらに中域のミックスでは、時折モニター音量を上げ下げしてみるのも効果的です。もちろん、どの音量で聴いても同じバランスに聴こえるのが理想ですが、基本的に音量を上げると低域が持ち上がってくると思います。逆に音量を下げると低域が小さく

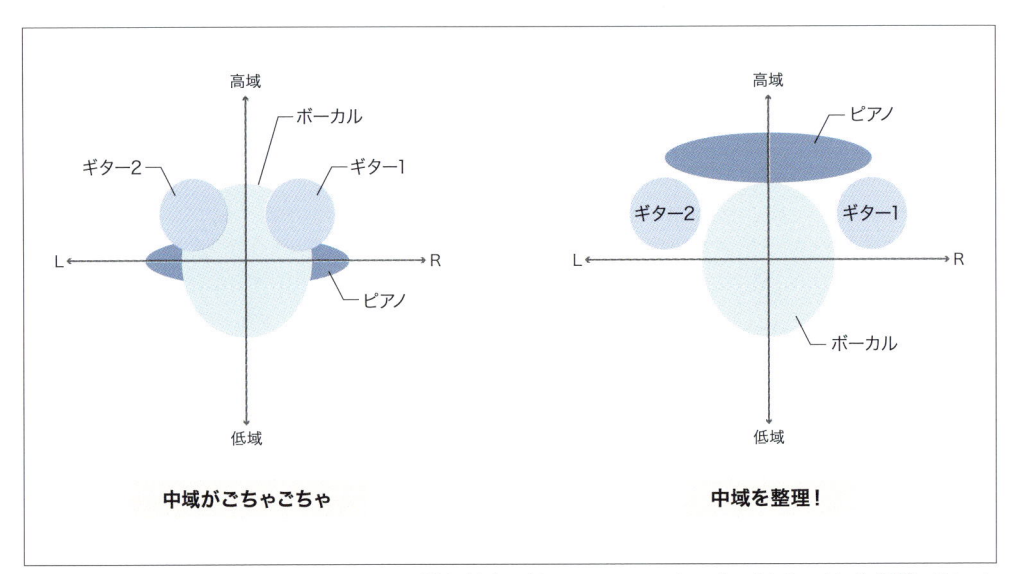

▲図① 中域の整理例。ここではボーカルとピアノの帯域が完全に重なっているので、ピアノを1オクターブ上げて解消。ギターもボーカルにかぶっているため、より左右に定位させている。ただし、定位は高域ほど振りすぎない方が自然に聴こえる

| ダウンロード素材 | Cubase用 | Cubase → 05
 → 12_loud.wav
 → 13_small.wav
 （オーディオ・ファイルのみ） | 他のDAW用 | Other_DAW → 05
 → 12_loud.wav
 → 13_small.wav |

なって中域が目立ってくるでしょう。12_loud.wavと13_small.wavを同じフェーダー位置で聴き比べてみてください。両者は同じミックス・バランスですが音量を変えているので、中域の聴こえ方が違うはずです（図②）。この変化はモニター環境によっても異なりますが、聴こえ方が変わることを把握した上でミックスするようにしましょう。ヘッドホンでモニターしてみるのもよいと思います。

いずれにしろ、一発で思った通りのミックスになることはほとんどありません。いろんなモニター環境でチェックしながら、入念に音量バランスを取ってみてください。

メインとなるパートを決めよう

バランス調節で迷ったら、楽曲的に中心となるパートにフォーカスしましょう。例えば、ボーカルをメインに扱うのであれば、モニター音量をあまり大きくしないで、中域のパートだけをボーカルとのバランスを見ながらミックスしてください。そして、ある程度バランスが決まったら、中域のパートはいじらないようにして低域や高域のパートのバランスも取っていきます。このとき、音量を上下したり、ヘッドホンを使うとよいでしょう。コツは、あくまで中域のバランスを崩さないことです。そうすれば、マスタリングも格段にやりやすくなります。

PART 1 マスタリングの基礎知識

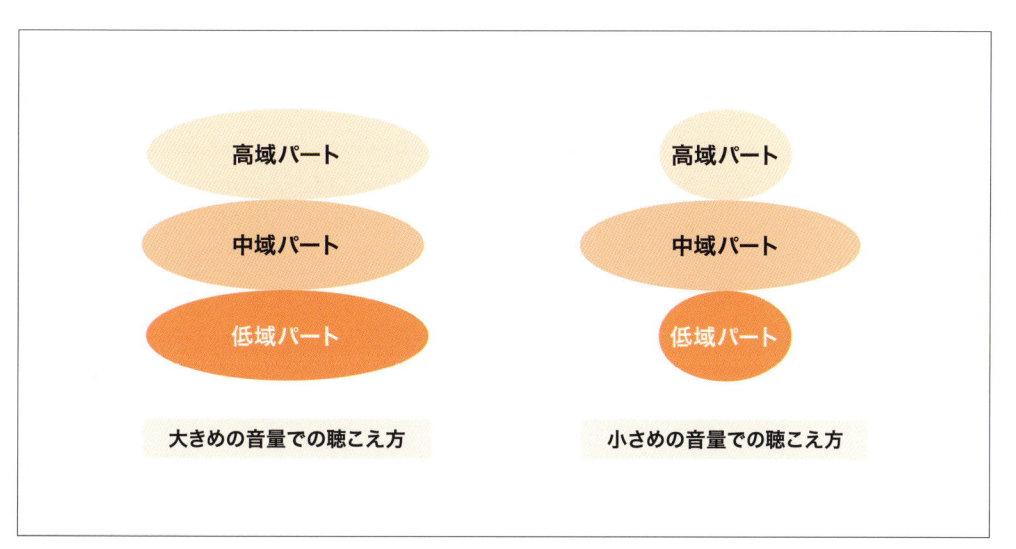

大きめの音量での聴こえ方	小さめの音量での聴こえ方
高域パート 中域パート 低域パート	高域パート 中域パート 低域パート

▲図② モニター音量の違いによる聴こえ方の変化例。小音量では高域と低域が小さく聴こえる傾向がある。またこれはスピーカーにもよっても異なるため、できるだけどのスピーカーでも、またどんな音量でもイメージしたバランスに聴こえるようにミックスしておくと、マスタリングでの調整も行いやすくなる

chapter 06 音圧の感覚を体得しダイナミクス豊かな音楽に

コンプレッサー的発想による"音圧アップ"

音圧、音圧レベル、音量

　そもそも音とは大気圧が変化することによって生まれます。この変化の大きさを表す単位が音圧（単位はPa／パスカル）です。また、音圧の大きさを人間の聴覚特性に合わせて表す単位が音圧レベル（単位はdB／デシベル）で、"音圧"とは区別されています。さらに"音量"とは人間が感じる音の大きさを表すもので単位はphon（ホン）です。これも学術的には"音圧"や"音圧レベル"と異なるものとされています。

　しかし、音楽制作の現場では"音圧""音圧レベル""音量"は、それぞれ音の大きさを表す言葉としてあまり厳密に区別せずに使うことが多いようです。特に、chapter 01のP12で触れた"音圧競争"などと用いられるときの"音圧"という言葉は、"1曲を通しての音の大きさ"を意味することがほとんどです。全体的に音が大きい曲のことを"音圧が高い"と呼ぶわけですね。本書で"音圧"という言葉を用いるときも、特に断りを入れない場合は曲全体の音の大きさという意味で使っています。

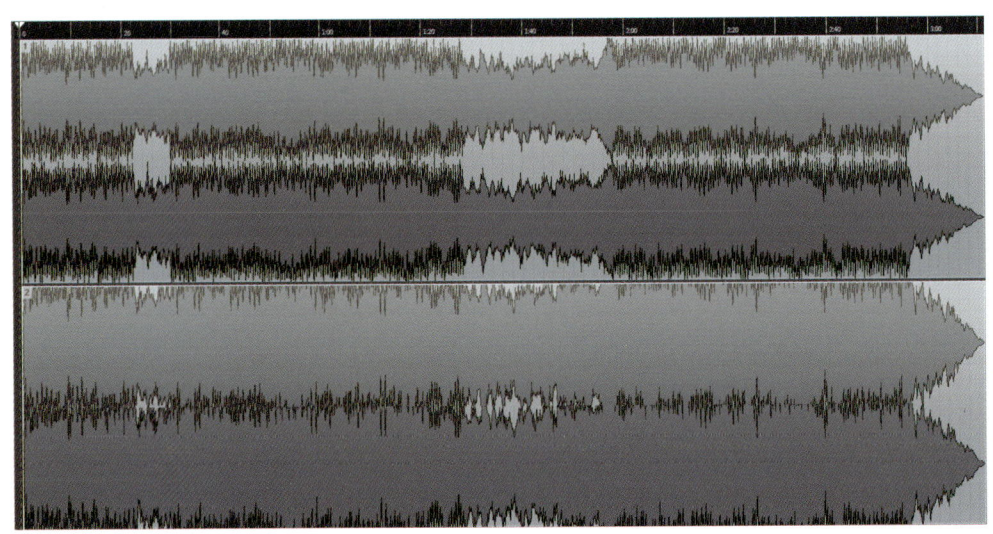

▲画面① 　同じ曲で音圧が異なる状態を並べた画面。両者の音量をピーク・メーターの最大値で見ると全く同じだが、下の波形は上に比べて全体的に音量が大きいため、波形の上下が連続して大きい。これがすなわち音圧を上げた状態だ。聴感上も下の方が大きく聴こえる

さて、この"音がずっと大きい状態"＝"音圧が高い曲"は、コンプレッサー的な発想で作ることができます。曲の中で音が大きい部分を一定のレベルまで抑え込み、その抑え込んだ分だけ全体の音を大きくすれば、1曲を通して音圧が高い状態を作ることができるのです。しかも、デジタル技術の進歩により、アナログ時代よりも簡単にこうした処理が行えるようになりました（**画面①**）。デジタル機器で扱える音の最大値のことを0dBfsと呼びますが、いわゆる音圧が高い曲は、この0dBfsという箱の中に音をぎゅうぎゅう詰めにした状態と言えます（なお、0dBfsの具体的な数値は機器や設定によって異なります）。

　しかし、コンプレッサー的発想で音圧を上げると音の大小の差、すなわちダイナミクスは小さくなってしまいます（**画面②**）。これが音楽的にはあまり好ましくない方向になることは既にchapter 01でも述べた通りです。特にクラシックではダイナミクスが大きいほど良い音とされる傾向にあるので、コンプレッサーをかけることはほとんどありません。ポップスとクラシックを同じ携帯音楽プレーヤーで聴いている方なら、両者の音圧の違いの大きさに気付かれているのではないでしょうか。

　これもchapter 01の繰り返しになりますが、音圧調節もやはり"バランス"が大切です。本書ではいかに楽曲に適したダイナミクスを得るかに焦点を当てた音圧調節を行っていきたいと思います。

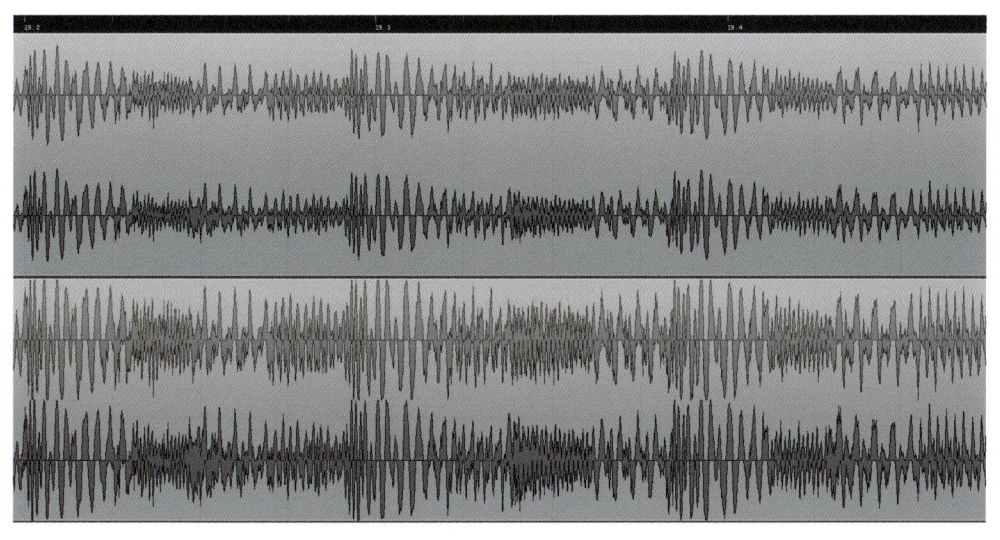

▲**画面②**　上下の波形は画面①の一部を拡大したもの。音圧を上げた下の波形はダイナミクスが失われて抑揚がなくなっている

PART 1 マスタリングの基礎知識

chapter 06
音圧の感覚を体得しダイナミクス豊かな音楽に

RMSメーターを使おう

2種類のレベル・メーター

　音圧は耳で判断するだけでなく、レベル・メーターを見ながら調節することも重要です。一般的にDAW上で音量をチェックするメーターには、ピーク・メーターとRMSメーターの2種類があります。DAWの各チャンネルやマスターに装備されているメーターの多くはピーク・メーターです。これは波形の最大値を示すもので音に対する反応も早く、0dBfsを超えて（クリップして）音が歪んでしまったりしないように監視する目的には大変重宝します。しかし、人間の耳は瞬間的な大音量に対してあまり敏感でないため、ピーク・メーターが一瞬振り切ったくらいでは大きな音と感じない場合があります。だからこそクリップの監視には有効なのですが、いわゆる音圧を監視するには適していません。

　そこで、人間が感じる音の大きさの変化に近いような動きをするように作られたのがRMSメーターです（VUメーターと表記されている場合もあります）。これはピーク・メーターのように最大値ではなく音の強度の変化、すなわち音圧の変化を示して

◀画面① 中央の2本がピークメーターで、その左右がRMSメーター。どちらも同一地点のレベルを表示させている。ピーク・メーターは－1.5dBまで示しているが、RMSメーターは－10dBまでしか上がっていない。これはピーク・メーターが瞬間の最大値を示すのに対し、RMSメーターは前後の音量の変化を踏まえて人間が感じる音圧に近い表示を行うためだ

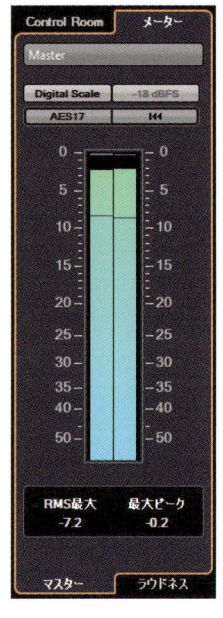

◀画面② Cubase Pro 8.5のMix Console画面に用意されているメーターでは、ピークとRMSの両方が表示される

くれます（**画面①**）。

　DAWソフトによっては、ピーク・メーターとRMSメーターを切り替えて表示できるものもありますし、付属のプラグインでRMSメーターを装備している場合もあるのでチェックしてみてください（**画面②**）。ちなみに、筆者はUNIVERSAL AUDIOのUADシリーズ用プラグイン、Precision Limiterに付属しているRMSメーター、RMEのオーディオ・インターフェースに付属のDIGICheckなどが非常に見やすいので愛用しています。

－10dBを目安に調節

　プラグインのRMSメーターを使う際には、DAWのマスター・アウトプットにインサートします。同時に複数のプラグインをインサートする場合は最後のスロットにインサートしてください（**画面③**）。そしてここがキモになるのですが、マスタリングで最終的に音圧を調整する場合は、おおよそ－10dB近辺でメーターが振れるように調節すると、ダイナミクスを崩すことなく音圧感も稼ぐことができます（**画面④**）。もちろん、これは曲調やパート数などによっても変わってくるので、一つの目安として考えてください。ただし、－6dB以上になると波形はほとんど真っ黒になってしまい、ダイナミクスを失う傾向にあると言えるでしょう。RMSメーターのより具体的な使い方はPART 3（P119）で解説していきます。

◀**画面③** RMSメーターはマスター・アウトプットのチャンネルにインサート。複数のプラグインがある場合は最終段に挿す。画面はCubaseのマスターに、RMSメーターとして使用しているUNIVERSAL AUDIO Precision Limiterをインサートした様子

▲**画面④** RMSメーターは、－10dB近辺で触れるように音圧を調整するのが基本だ

PART 1 マスタリングの基礎知識

chapter 06
音圧の感覚を体得しダイナミクス豊かな音楽に

音圧のカラクリを体感する

等ラウドネス曲線

　ここまでに何度か耳の特性について触れてきましたが、音圧調節に関しても耳の特性を知ることは大切です。そこで、図①を見てください。これは等ラウドネス曲線と呼ばれるもので、各周波数で人間が"同じ大きさ"に聴こえる音量（phon）が、実際にはどれくらいの音圧レベル（dB）になるかを測定しグラフ化したものです。つまり、各周波数における耳の感度を示しているわけです。

　これを見ると低域と高域でカーブが上がっています。すなわちchapter 01やchapter 05で触れたように、人間の耳は中域に比べて低域や高域に対して感度が低いのです。また20phonのグラフを見てください。これは小さな音量の場合のグラフで、ほかに比べて低域のカーブが急になっていますね。これは音が小さいときに低域に対する感度がさらに悪くなることを表しています。言い方を変えると、音圧が低いと低音感が失われるわけです。すると、周波数レンジも狭く感じ、場合によっては"音が悪い"という印象につながります。

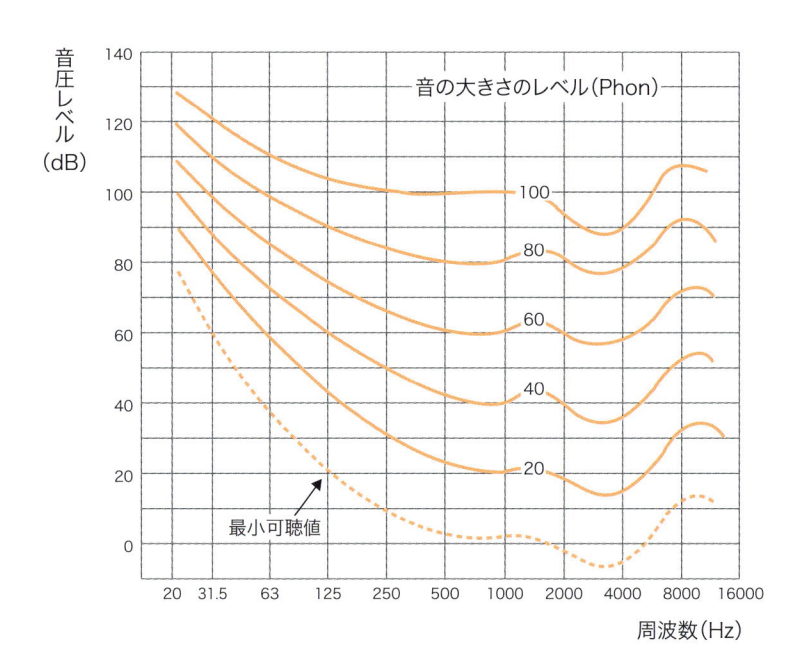

◀図① 人間の聴覚特性を示した等ラウドネス曲線。同じ音量に聴こえる音圧レベルを周波数ごとに結んでグラフ化している。低域と高域のカーブが上がっているのは、それだけ"聴こえづらい"ということになる。また小音量の方がカーブがきついのは、小音量になるほど低域と高域が聴きづらくなるということになる

```
ダウンロード     Cubase用  Cubase → 06        他のDAW用  Other_DAW → 06
素材                  → 01_low_spl.wav              → 01_low_spl.wav
                     → 02_high_spl.wav             → 02_high_spl.wav
                     （オーディオ・ファイルのみ）
```

　しかし、3kHz近辺ではどんな音量でもカーブが下がっていて、中域に対しては感度が高いことが分かります。そして低域ほどではありませんが、高域も音量が小さいほどカーブが急になっていて感度が落ちる傾向にあります。

　この研究結果は純音、すなわち正弦波（サイン波）によって行われているので、必ずしも音楽に対しては当てはまらないのではという意見もあります。しかし、音圧を上げると高域と低域も聴こえやすくなることは、筆者の経験的にも納得できることなので、このグラフは十分参考になると思われます。

音圧聴き比べ

　では、01_low_spl.wavと02_high_spl.wavを同じフェーダー位置で、なおかつ小さめのモニター音量で聴き比べてみてください（画面①）。恐らく02_high_spl.wavの方が音が良いように感じるのではないでしょうか？　しかし、01_low_spl.wavのボリュームを上げて聴いてみるとどうでしょう？　好みもあると思いますが、こちらも決して悪い音ではないのではないでしょうか？　また02_high_spl.wavのボリュームを上げるとうるさく感じる方もいるかもしれません。これが音圧感と周波数の関係であり、一概にどちらが良いということではないのです。いずれにしろ、楽曲に応じた音圧調節が必要であることは言うまでもありません。

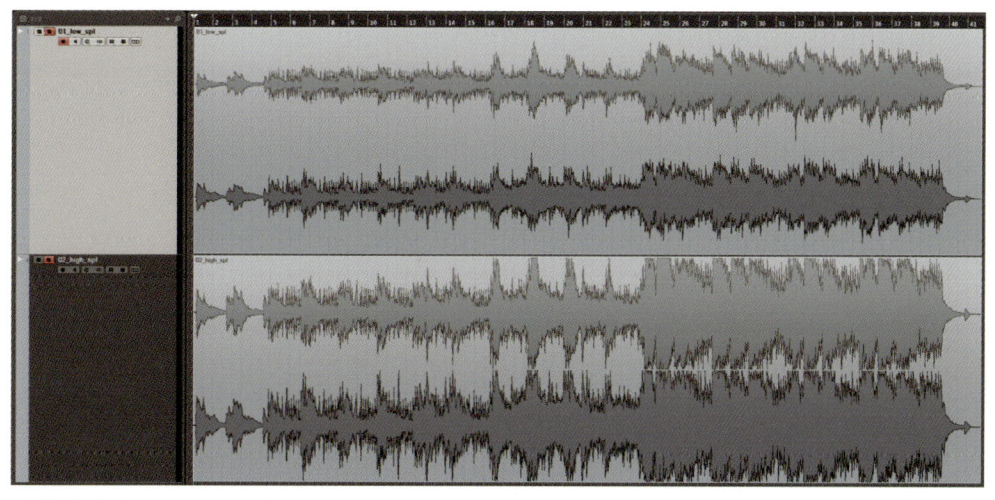

▲画面①　上が01_low_spl.wavの波形、下が02_high_spl.wavの波形。02_high_spl.wavの方が音圧が上がっていることは一目瞭然だ。しかし、01_low_spl.wavの音量を上げていくと、実はバランス的にはこちらの方が良いと感じる方もいるのではないだろうか

chapter 06
音圧の感覚を体得しダイナミクス豊かな音楽に

● COLUMN

音圧リファレンス・ディスク・ガイド①

『イン・ビトウィーン・ドリームス』
ジャック・ジョンソン

●アコースティック系のお手本

　音楽的には説明する必要もないほどヒットしたジャック・ジョンソンの代表作です。音質もさることながら、音圧も実にバランスが取れています。RMSメーターを見ても−10dB辺りに調整されており、音圧の高い音楽の中に混じっても低いと感じることもなく、低域から高域までバランスよくミックスされていて、アコースティック感もしっかりと表現されています。アコースティック作品のまさにリファレンスとなるアルバムと言えるでしょう。

『チキンフット』
チキンフット

●高音圧で明瞭感のある
ロック・サウンド

　スーパー・ギタリストのジョー・サトリアーニ、元ヴァン・ヘイレンのボーカルであるサミー・ヘイガー、ベースのマイケル・アンソニー、レッド・ホット・チリ・ペッパーズのドラマー、チャド・スミスの4人からなるドリーム・チーム的ロック・バンド。アメリカン・ロックのお手本的ミックス＆マスタリング作で、音圧はRMS値−8dB近辺と少し高めですが、飽和した印象もなく非常に明瞭な仕上がりとなっています。現代的ロック・サウンドのリファレンスとなる作品です。

PART 2

マスタリングのためのミックス技法

　本章では最良のマスタリングを行うためのミックス方法について解説していきます。DAWによる自宅マスタリング最大のメリットはいつでもミックスからやり直せることです。マスタリングに行き詰まったら、ぜひPART 2で問題点を洗い出してみてください。ダウンロード素材にはミックス用のCubaseプロジェクト・ファイルとオーディオ・ファイルを用意しました。ただし、完全なマルチトラック状態からミックスをはじめると重要ポイントを見逃してしまう恐れがあるため、多くはステム・ミックス（P64）の状態にしています。

▶ **Cubaseユーザーの方へ**
プロジェクト名に「sozai」と付いているファイルは各パートを並べただけの状態です。解説を参考にご自身でミックスしてみてください。「kansei」の方は筆者のミックス例で、「参考用2ミックス」を書き出すために使用しました。フェーダー・バランスやエフェクトの設定などは、こちらを参照してみてください。

chapter 07	ミックスを見つめ直すための重要チェック・ポイント	P056
chapter 08	歌もの系ミックスのチェック・ポイント	P066
chapter 09	打ち込み系ミックスのチェック・ポイント	P076
chapter 10	生音系ミックスのチェック・ポイント	P086
chapter 11	インスト系ミックスのチェック・ポイント	P094
chapter 12	イコライザーのカット・ワーク	P104
chapter 13	ミックスにおけるコンプレッサーのテクニック	P108
chapter 14	2ミックス・ファイルのバウンス方法	P114

chapter 07 ミックスを見つめ直すための重要チェック・ポイント

楽曲の方向性を4タイプにカテゴライズ

ミックスに正解無し?

　良いミックスが、良いマスタリングにつながることはPART 1でも触れた通りですが、音楽の方向性や表現したい内容は楽曲ごとに異なります。そのため、"良いミックス"に絶対的な正解が無いのも事実です。そこでPART 2では、できるだけ多くの音楽性に対応できるよう、楽曲の方向性をおおまかに下記の4タイプに分けて、それぞれのミックスのコツを紹介していきます。

①歌もの系（P66：chapter 08）
②ダンス・ミュージックなどの打ち込み系（P76：chapter 09）
③生音系（P86：chapter 10）
④インスト系（P94：chapter 11）

　①④と②③では"カテゴライズの基準が違うじゃないか"と思われるかもしれませんが、例えばボーカルのいるバンド楽曲ならば①と③を参照していただき、インストのクラブ・ミュージックを作っている方なら、②と④を参照していただくといった具

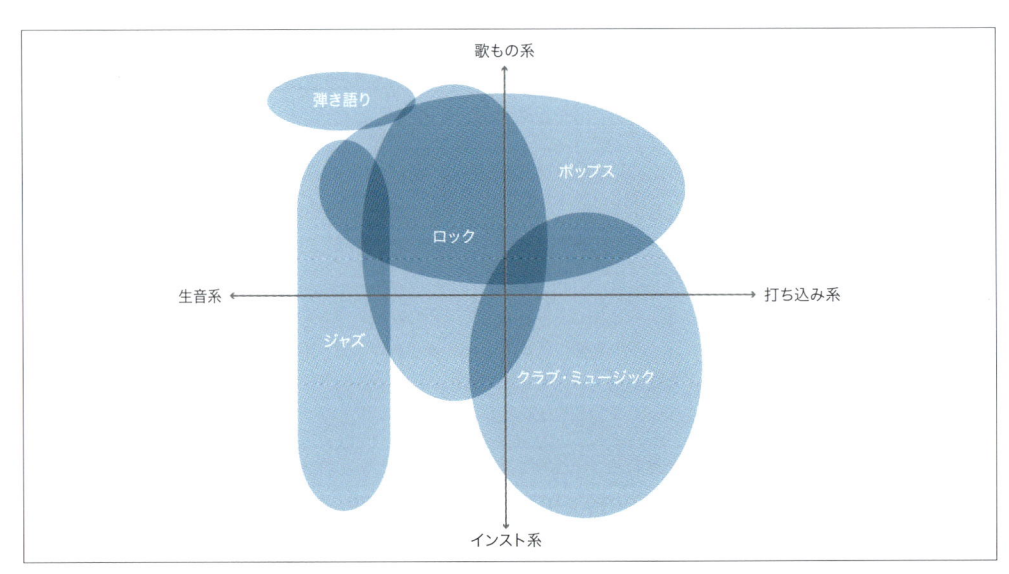

▲図① ミックスの方向性を2つの軸で示した図。自分の楽曲がどこに当てはまるかを考えて、chapter 08からchapter 11までを参照してほしい

合に活用していただければと思います。図①で自分の楽曲がどこに当てはまるか考えてみるのも、楽曲を見つめ直す良い機会になると思います。

落とし穴を把握しておこう

それではPART 1の復習的な内容になりますが、4タイプに共通するミックスの落とし穴を挙げてみましょう。まず、chapter 02（P18）でも説明した通り、音数が多いとバランスは取りづらくなり、加えて、マスタリングでは音圧を上げにくくなります。これは特に低域がうまく整理されていない楽曲に見られる傾向です。chapter 05（P40）を読み返していただければすぐに理解できると思いますが、低域を左右に振るのは一般的でないためセンターに多くのパートが集まりがちです。しかも、低域は耳の感度が低いので、ついつい音量を上げてしまいます。その結果、ピーク・メーターは振れているけど音圧感はあまり無いということになるのです。

さらに、音圧を上げると中域は低域や高域よりも目立つようになります。これはchapter 06（P52）で登場した等ラウドネス曲線が示す通りです。イメージとしては図②のような感じと思っていただければよいでしょう。

これらを踏まえて、次ページでは音量バランスの取り方と定位の基本を解説したいと思います。

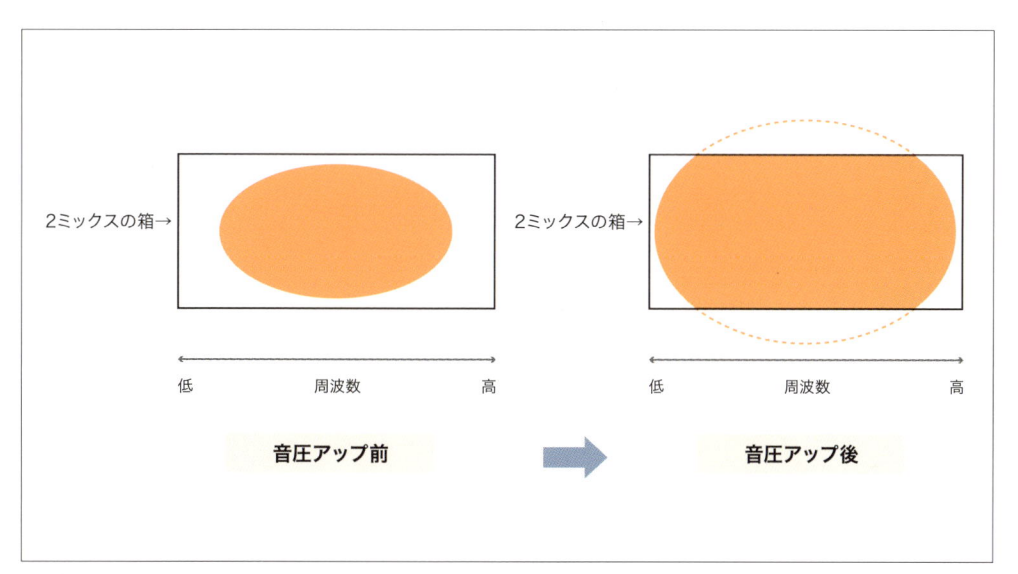

▲図② 左は音圧が低い場合のイメージで、右はマスタリングで音圧を上げたときのイメージ。音圧を上げると高域から低域までワイドに聴こえるようになるが、中域が膨らみ過ぎてうるさく聴こえてしまう恐れもある

chapter 07
ミックスを見つめ直すための重要チェック・ポイント

周波数バランスと定位の基本

中域に関する注意点

　前ページの"落とし穴"に陥らないための基本的な注意点を挙げてみましょう。特に、ミックスの作業はマスタリングによってどのように周波数バランスが変化するかを予測しながら行うことが大切です。chapter 05（P40）では低域、中域、高域を個別に解説しましたが、ここではミックス・バランスの取り方として、全周波数帯域を総合的に考えてみます。

　まず中域は音圧を上げると目立ちやすくなるので、マスタリングで音圧を上げることが分かっている場合は、ミックスでやや控えめにしておくとよいでしょう。例えばボーカルは中域の成分を多く含んでいます。そのため、ミックスではボーカルを中心に良いバランスにしたつもりが、マスタリングで音圧を上げてみると思った以上にボーカルだけが大きく感じてしまうことがあるのです。曲にもよりますが、ミックスではボーカルが"やや弱いかな？"と感じるくらいにしておいた方が、マスタリングでは良い結果を得ることが多いと言えます。

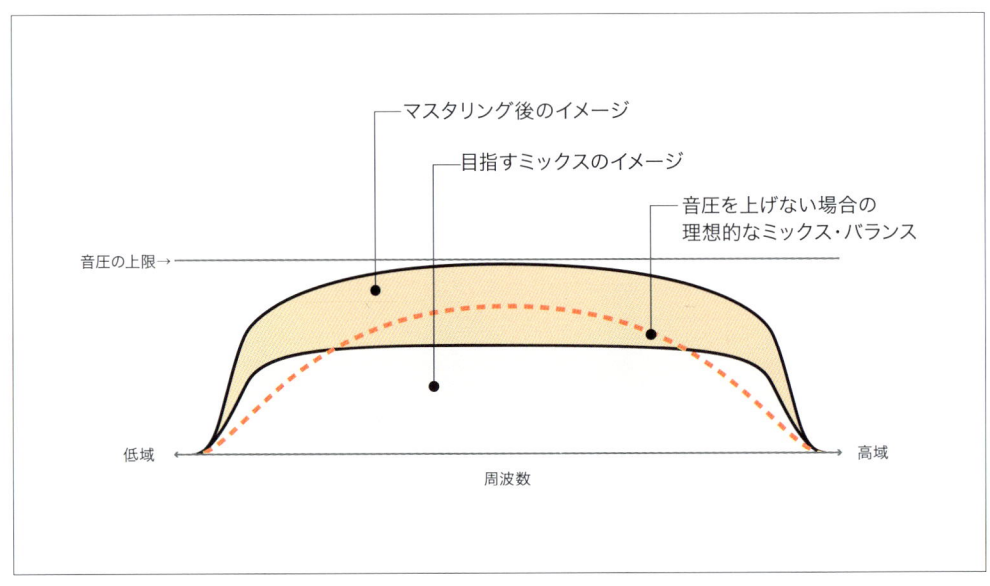

▲図① 目指すべきミックスの周波数と音圧のバランスのイメージ図。マスタリングでの音圧アップを見越してミックスを行おう

低域と高域について

　次に低域ですが、ここは最も注意しなければならない帯域です。例えば、ピアノの低域はドラムやベースと当たりやすいため、ミックス時にEQでカットするケースもよく見受けられますが、基本的にはあまり切りすぎない方がよいでしょう。確かに、低域をカットするとすっきりとした印象にはなりますが、ピアノなどは低域にも倍音成分がしっかりと含まれていて、そうした帯域を音圧アップにより引き出すことで空間や音のふくよかさを演出できるのです。削ってしまった情報は後から付け足すことができないため、低域のカットについては慎重に行うように心掛けましょう。

　高域に関してはchapter 06（P48）でも述べた通り、左右への定位でパート同士のぶつかる部分を解消していくのが基本となります。

　これらを踏まえた周波数バランスと定位の考えた方を示したものが図①と図②です。見てお分かりいただける通り、ミックスでは低域と高域はしっかりと音圧感を出し、中域は少し控えめにしておきましょう。ただし、楽曲的に意図がある場合は別です。"ミックスには正解が無い"ということも踏まえた上で、ミックスのコンセプトを考えるようにしましょう。

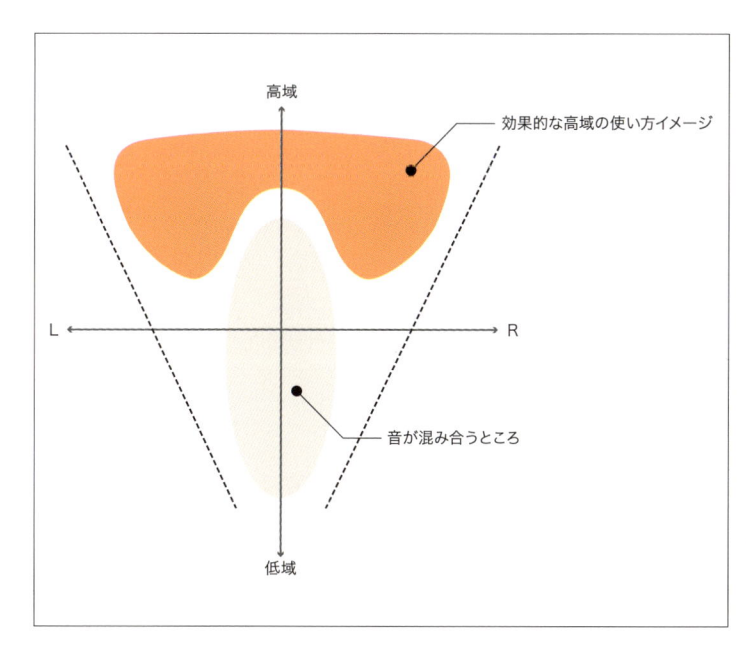

◀図② 定位の基本的な考え方。高域は左右に振って広がり感を演出するとともに各パートのぶつかり合いなどを整理し、中域や低域はセンターに近い場所に置く"V字配置"を基本に考えると、自然なバランスを構築できる。あとは低域や中域の各パートをどのように周波数的に調整していくかが鍵となる

chapter 07
ミックスを見つめ直すための重要チェック・ポイント

フェーダー・ワークの重要性

ミックスは音量調整から始めよう

　ここまで繰り返し述べてきたような周波数バランスの調整は、"EQで行うのでは？"と考える方もいるかもしれません。しかし、実際は各パートの音量調整、いわゆるフェーダー・ワークで解決できることも多いのです。ミックスを行う際はEQやコンプに手を伸ばす前に、まずはフェーダーで音量バランスをしっかり作りましょう。その上で、問題があれば以下のような方法を試してみてください。
①バランスの作り方に迷っているパートがあったら、まずはどちらのパートを優先させるかを決めることが大切です。そして優先させる方を大きめに、そうでない方は小さめにしてバランスを作ります。
②次にモニター音量を小さくしてチェック。このとき聴こえ方はかなり変わるはずです。小さい音量のパートが聴こえづらくなったら、そのパートをほんの少しだけ上げ

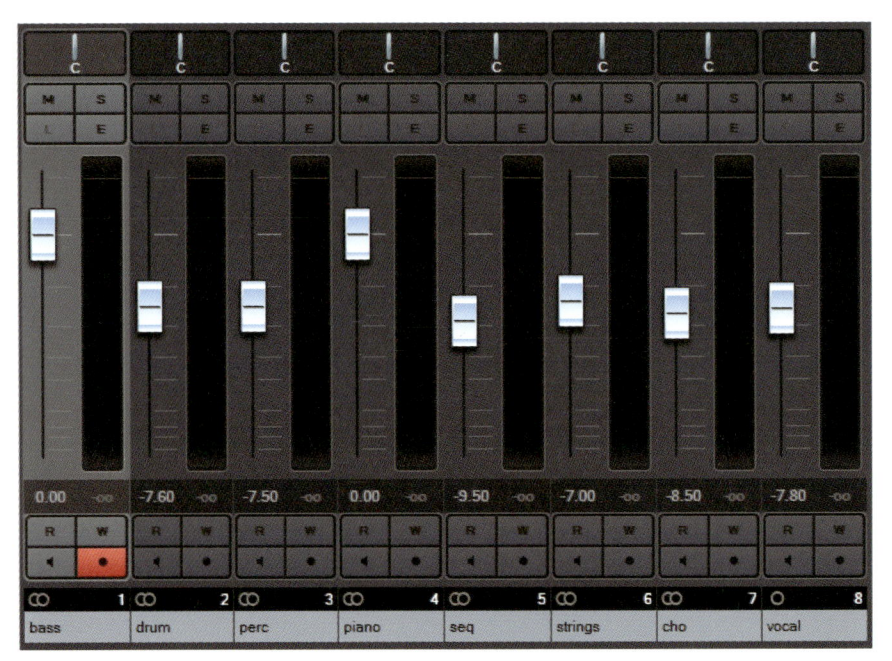

▲画面① 小音量時はまず聴感上で2dB前後の幅で微調整していこう。画面はCubaseのミキサーでバランスを取っている様子

てみましょう。小さいパートは聴こえているけど大きいパートが目立ち過ぎる場合は大きい方を少し下げます。このときchapter 05（P.40）やchapter 06（P.48）で説明した各周波数帯域と音圧レベルの関係を念頭において調整するとよいでしょう。また調整するレベルはパートにもよりますが、−10〜−5dB前後から始めてみるとよいと思います（画面①）。

③モニター音量を元に戻して再度チェックします。①でのバランスと、それほど印象が変わらなければ、うまくバランスが取れているということになります。もし、まだ納得がいかなければ再度バランスを取り直し、また小音量でモニターしてみましょう。

この作業を繰り返すと1dBやそれ以下の微妙なフェーダー・ワークの違いが、小音量モニターと大音量モニターのときにどのような差を生むのかが分かるようになります。また小音量モニターを行うことで、常に客観性を保つことも可能になるのです。この方法でもまだうまくバランスが取れないときはEQの出番です。ただし、EQ処理を行うときもモニター音量を上下して確認してください。

ヘッドホンも活用

さらにフェーダー・ワークの精度を上げていくのであれば、モニター・スピーカーだけでなく、ヘッドホンも活用してみましょう。モニター・スピーカーで大小2種類の音量、ヘッドホンで大小2種類の音量でチェックすれば、4つの環境で入念なチェックが可能になります。欲を言えば、モニター・スピーカーも一組だけでなく、複数組あると音はさらにまとめやすくなります。

奥行き感でバランスをとる

フェーダー・ワークやEQでもうまくバランスをとれないときは、奥行きを付けることで問題を解決できる場合もあります。ここで登場するのがリバーブです。基本的には奥へ持っていきたいパートの音量を少し落とし、リバーブをやや深めにかけるとリバーブをかけていないパートとの間に前後感が生まれます。すなわち"オン"と"オフ"を作るのです。オンとは直接音のことで、オフとは間接音（残響）の多い音という意味。リバーブをかけるとオフっぽくなるわけですね。素材によってかけ方は千差万別ですが、リバーブのタイプはホールまたはプレート、残響時間は0.5〜2sの範囲で調整すると良い結果を得やすいでしょう。V字配置でもバランスを整理できないときはぜひ試してみてください。

chapter 07
ミックスを見つめ直すための重要チェック・ポイント

ミックス時の音圧設定

RMSメーターで−20dB〜−15dB

　最終的な音圧はマスタリングで調整するとして、ではミックス時にはどれくらいの音圧で仕上げればよいのか悩んでいる方も多いのではないでしょうか。これについて明確な正解は無いのですが、簡単に言えば小さすぎても大きすぎてもマスタリングが難しくなります。基本的には、ある程度の音圧を稼ぎつつも、マスタリングで行う作業に必要な余裕は確保しておくということになります。マスタリングではリミッターで音圧を上げるだけでなく、EQでブーストすることもあります。ミックスであまりにも音圧を上げすぎていると、マスタリングでそれ以上は上げることができなくなるのです。最悪の場合は歪んでしまうことも考えられます。逆にあまりに音圧の低い状態を無理やり上げようとすると、ミックスのバランスそのものが崩れてしまいます。

　筆者の場合は、ミックス時の2ミックスの音圧は、RMSメーターで約−20dB〜−15dBくらいをメーターが推移するように作っていきます（**画面①**）。2ミックスの波形的には**画面②**の上のような感じで、ある程度の音量がありつつも、ダイナミクスも

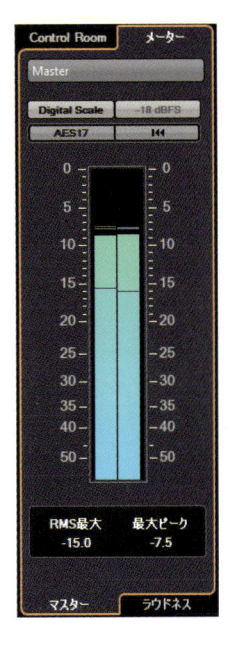

◀**画面①**　ミックスではマスターにインサートしたRMSメーターが−20dB〜−15dB辺りを示すように音圧を調整する

保っている見た目になっていれば十分です。なお楽曲にもよりますが、ピーク・メーターはたまに0dBまで達するくらいでもよいでしょう。ただし、ある程度ミックスが進んだらマスターにリミッターをインサートし、アウトプットを－0.1dBに設定してクリップを防いでください。

逆に**画面②**の下の波形のように小さすぎると余裕があり過ぎて音圧が低い状態ということになります。この場合は、すべてのトラックのフェーダーを同じ割合で上げていき、RMSメーターが－20dB～－15dBくらいになるように調整します。ただし、同じ割合でフェーダーを上げても聴こえ方は変わってくることもありますので、その場合はトラックごとにバランスを取り直す微調整を行いましょう。

最後は体で覚えよう

音圧調整は、最初のうちはメーターや波形を参考にしつつも、最終的には自分の耳で確認して決めるようにしましょう。これを繰り返していくことで、適正な音圧感を感覚的に体得することができるようになります。また、常に同じ音量でモニターすることも大切です。ボリューム・ノブにテープなどで印を付けておくとよいでしょう。もちろん、小音量時の印も忘れずに。

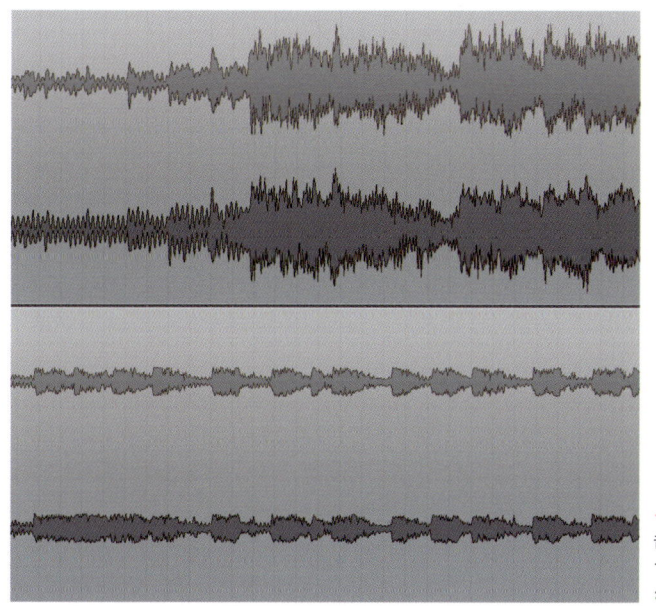

◀**画面②** 上はマスタリングするのに適切な音圧と思われる波形の例。下は音圧が低く、マスタリングで音圧を上げるとバランスが崩れてしまう可能性のある波形

chapter 07
ミックスを見つめ直すための重要チェック・ポイント

ステム・ミックスを作ろう

類似のパートをまとめたミックス

　ここまではミックスの基本とも言えるポイントを紹介してきましたが、マスタリングを見越した効率的なミックス方法として、もう一つお勧めしたいことがあります。それはステム・ミックスを作ることです。

　ステム・ミックスとは、AUXチャンネルやバスなどを利用して類似のパートをまとめたミックスのことです。例えば、キックやスネア、ハイハットなどをまとめたドラム・ミックス、パーカッション類をまとめたパーカッション・ミックス、ギター類をまとめたギター・ミックス、キーボードやシンセなどをまとめたキーボード・ミックス、コーラスなどをまとめたコーラス・ミックスなどのことを指します（図①、画面①）。こうしたステム・ミックスを作っておくと、ミックスでの作業が効率的になるだけでなく、マスタリングで問題があった場合にも素早く対処できるのです。

　例えば、マスタリングで音圧を上げた際にバランスが崩れてしまうといったケース

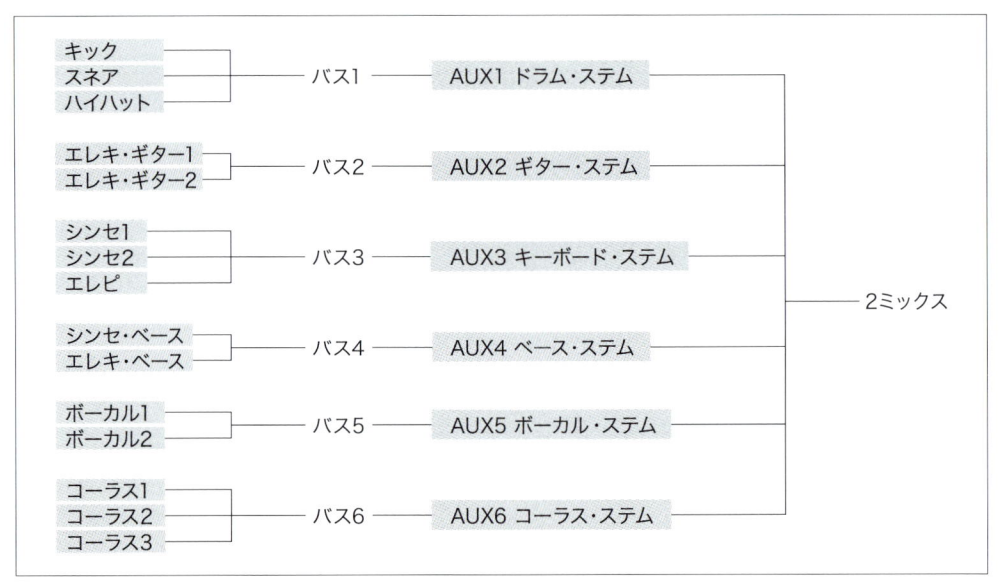

```
キック
スネア       ── バス1 ── AUX1 ドラム・ステム ─┐
ハイハット

エレキ・ギター1
            ── バス2 ── AUX2 ギター・ステム ─┤
エレキ・ギター2

シンセ1
シンセ2      ── バス3 ── AUX3 キーボード・ステム ─┤
エレピ                                              ├── 2ミックス
シンセ・ベース
            ── バス4 ── AUX4 ベース・ステム ─┤
エレキ・ベース

ボーカル1
            ── バス5 ── AUX5 ボーカル・ステム ─┤
ボーカル2

コーラス1
コーラス2    ── バス6 ── AUX6 コーラス・ステム ─┘
コーラス3
```

▲図① ステム・ミックスの概念図

では、ミックスの段階に戻ってバランスを取り直す必要が出てきます。しかし、トラック数が多いとどこから手を着けたらよいのか分からないことも多いでしょう。そんなときはまずステム・ミックス同士のバランスから見直していくと、問題点を発見しやすくなります。例えば、ボーカルと低域のバランスがおかしいと感じたら、ボーカルのステムとドラムやベースのステムのバランスを調整してみるのです。中域が整理されていないと感じれば、ギターやキーボードのステムの音量を調整してみるとよいでしょう。その上で、必要があれば各ステム内のバランスも微調整していきます。この方法であれば、なるべくほかのパートのバランスを崩さずに微調整が行えます。

ダウンロード素材にステム・ミックスを収録!

chapter 08～11では、ダウンロード素材にステム・ミックス（一部には個別のトラックもあります）を用意しました。ぜひ、これらを使って皆さんもミックスとマスタリングを行ってみてください。そして、ステム・ミックスのバランスがマスタリングへどのように影響するのか実感してもらえればと思います。また、chapter 08～11では各トラックをどのように作っていったのかについても解説していますので、皆さんが自分の曲をミックスするときの参考にしていただければと思います。

◀画面① Cubaseでドラムのステム・ミックスを作った例。右端がドラムをまとめたAUXチャンネル、その左はドラムの各パートのチャンネルだ

PART 2 マスタリングのためのミックス技法

chapter 08 歌もの系ミックスの チェック・ポイント

コンセプト〜歌とバックのバランスを考える

ボーカルの演出方法はさまざま

　歌もの系ミックスでは、当然ボーカルがメインになるわけですが、バック・トラックとどのようにバランスを取るかが重要になります。両者のバランスの考え方に正解は無く、例えばJポップ系はボーカルがしっかりと前に出るようなミックスが多い反面、海外の作品ではボーカルもバック・トラックとなじむように作られているケースが多かったりもします。ただ、いずれにしろミックスではマスタリングを見越したバランス作りが必要です。そのため、まずはミックス開始前にボーカルをどのように演出するのかをしっかり決めておきましょう。

ダウンロード素材について

　ここでは、バック・トラックとボーカルをなじませる方向性でミックスを行うために、以下の素材を用意しました。Cubase以外のDAWを使用している方のために、オーディオ・ファイル名を掲載していますが、CubaseプロジェクトではDeepColors_sozai.cprを開くとアンダーバー以降の名前が付いたトラックが並んでいます（画面①）。ミックス済みのオーディオ・ファイルであるDeepColors_2mix.wavを参照し、フェーダー・ワークのみでミックスを行ってください。Cubaseユーザーの方にはミックス済みのプロジェクト・ファイル、DeepColors_kansei.cprも用意しました。

＜参考用2ミックス＞
- DeepColors_2mix.wav

＜ミックス素材＞
- ボーカル：DeepColors_vocal.wav
- ドラム：DeepColors_drum.wav
- ベース：DeepColors_bass.wav
- パーカッション：DeepColors_perc.wav
- ピアノ：DeepColors_piano.wav
- シーケンス：DeepColors_seq.wav
- ストリングス：DeepColors_strings.wav

| ダウンロード素材 | Cubase用 | Cubase → 08
→ DeepColors_sozai.cpr
→ DeepColors_kansei.cpr | 他のDAW用 | Other_DAW → 08
→ DeepColors_2mix.wav
→ DeepColors_vocal.wav ほか8トラック分のミックス素材 |

● コーラス：DeepColors_cho.wav

　ミックス素材のうちボーカルはモノラルで、そのほかはステレオです。各素材は十分に音量感を稼いでいるので、全フェーダーを－10dBまで下げてから作業を開始してください。場合によっては大音量でスピーカーを壊す恐れがあります。また参考用2ミックスはミュートしておきましょう（**画面②**）。

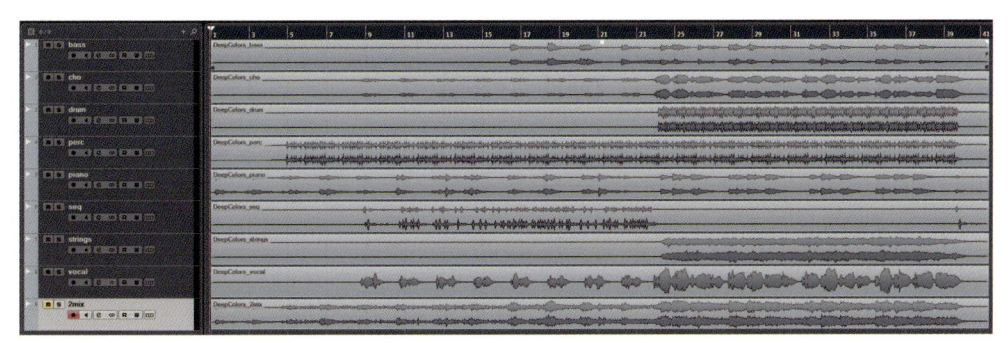

▲画面①　各素材と2ミックスをCubase上へ並べた状態。2ミックスはミュートしておこう

▲画面②　ミックス開始前の各素材のフェーダー位置。爆音での再生を避けるために全フェーダーは－10dBまで下げておこう

PART 2　マスタリングのためのミックス技法

chapter 08
歌もの系ミックスのチェック・ポイント

歌もの系ミックスの攻略法

音量感が必要なパートを見極めよう

　それでは、筆者がどのように各素材の音量を調整して2ミックスを作っていったのかを解説していきましょう（Cubaseユーザーの方はDeepColors_kansei.cprも参照してください）。基本的には曲の流れを把握した上で、曲の頭から入ってくるパートを順番に処理していきました。また、2ミックスのレベルはマスターにインサートしたRMSメーターを見ながら、−20dBから−15dBぐらいになるように各素材のバランスを調整しています。なお、このときの参考用2ミックスの音圧はあくまでフェーダー・ワークでのみ調整しており、リミッターやマキシマイザーなどは使用していません。後からマスタリングで音圧を上げるので、ここで無理して音圧を上げる必要はないのです。

　さて、この楽曲はピアノのイントロから始まります。また、このピアノは平歌からサビまで楽曲のコード感を支えるパートとして機能しているので、ピアノはある程度の音量感が必要です。最終的なバランスはボーカルとの兼ね合いを見ながら決めることになりますが、筆者はピアノのフェーダーを0dBまで上げました。

　ピアノの次に入ってくるパートはパーカッションです。これは細かく刻んでいるので、あまり音量を上げすぎるとうるさくなってしまいます。そこで、ピアノとの絡み具合を見ながら、うるさくならない程度と感じた−7.5dBに設定しました。さらに、パーカッションと対をなしているのがシーケンスです。これはさりげないアクセントとして聴かせると効果的なパートなので、フェーダー位置は−9.5dBと抑え目にしてみました。

　これらの次に入ってくるベースは、この楽曲の低域を支える大切なパートになっています。そこでピアノと同じく強気に0dBまで上げました。

複数の2ミックスを作っておくのも手

　残りのパートは、サビから入ってくるドラムとストリングス、そしてボーカルです。既にピアノやベースなどの音量感のあるパートに加えていくので、RMSメーターを常にチェックしながらの作業となります。

まずドラムはしっかりとビートを聴かせることができつつも、全体のバランスを壊さない程度の音量ということで－7.6dBに設定しました。次に、ストリングスはボーカルを邪魔せず全体になじむと感じた－7dBに設定しました。

　ここまでがバック・トラックのバランス作りで残りはボーカルとコーラスです。ボーカルはマスタリングによる音圧アップで中域が膨らむことを考えて、少し控えめの－7.8dBとしました。また、コーラスはボーカルに対して軽くコントラストを付ける程度の音量感と考えて－8.5dBに設定しています。

　以上が、筆者が考えたボーカルとバック・トラックが馴染みつつも、歌がしっかり聴こえるミックスです（**画面①**）。結果としては、ピアノの音量感を基準にそのほかのパートのバランスを取っていく形になりました。

　歌もの系ミックスでは、ボーカルとバック・トラックのバランスが最も気になるところだと思います。筆者は経験上、マスタリングでの変化を見越して少し控えめにしたわけですが、皆さんが自分の曲で試すときは、ボーカルをやや下げ目にしたバージョンの2ミックスを作っておくのも有効な方法です。最も良いバランスと感じたところから、ボーカルをさらに－2dB、あるいは－4dB下げた2ミックスを作っておくと、マスタリングの際に聴き比べができて便利な上、バランス感覚を養う訓練にもなります。ぜひ試してみてください。

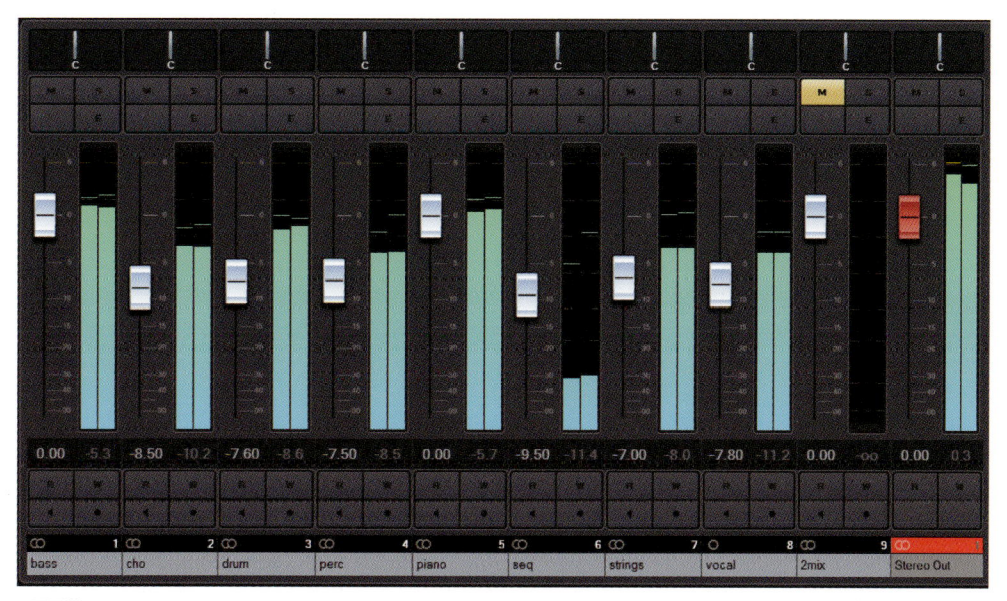

PART 2 マスタリングのためのミックス技法

▲**画面①** DeepColors_2mix.wav／DeepColors_kansei.cpr は画面のようなバランスで各素材がミックスされている

chapter 08
歌もの系ミックスのチェック・ポイント

歌もの系ミックスの素材解説

ボーカル

　ここからは各素材の中身について解説していきます。まずはボーカルから。ボーカル録音では、できるだけダイナミクス・レンジを大きく取るために、クリップしないギリギリのレベルでマイクプリを調節しました。また、ミックスでは平歌とサビのメリハリを出すために、平歌部分ではリバーブで空間を作り、サビではエコー感を出すために189msのディレイをインサートしています。

　ボーカルはダイナミクス調整も重要です。ボーカリストにもよりますが、声の音量差が大きい場合、大きな声の部分でフェーダーのレベルを設定してしまうと、小さく歌っているところが聴きづらくなります。そこで、表現的に問題の無い範囲でダイナミクスをそろえていく作業が必要になります。そのためには一般的にコンプレッサーを使う方法と、オートメーションを使う方法の2種類があります。音質的な変化を好まない場合は後者の方が適していますが、コンプにも音色的に個性のある機種とそうでないものがあるので、適宜使い分けるとよいでしょう。そのほか、プロのボーカリ

▲画面① 　ボーカルのダイナミクスを調整したオートメーション画面。ボーカルの表現力を殺さないような繊細なコントロールを心掛けよう

ストの方は、自分でマイクとの距離を調整してダイナミクスをコントロールする場合もあります。今回素材として用意したボーカルでは、ボーカリストが録音時の歌い方でダイナミクスをコントロールしており、さらに細かい調整をフェーダー・オートメーションで行いました（**画面①**）。

コーラス

　この曲のサビのコーラスは高域成分をたくさん含んでいるので、定位の方法次第で楽曲の広がり感をコントロールできる素材と言えます。具体的にはメイン・ボーカルと同じフレーズをユニゾンで左右に1本ずつ配置しました。イメージとしてはボーカルを囲うように左右に定位させると効果的です（**画面②**）。注意点としては、ユニゾンだからといって、メイン・ボーカルをコピーして流用しないことです。同じフレーズを個別に歌って重ねることで、いわゆるコーラス効果を生み出しているわけです。なお、空間の広がり具合はコーラスの音量を上下させることで調整できるので試してみてください。

　そのほか、このコーラスでは平歌でメイン・ボーカルの1オクターブ下を重ねてメイン・ボーカルとの対比を付け、さらにサビの最後だけを3度下のハーモニーを加えて、サビをより印象付けています。

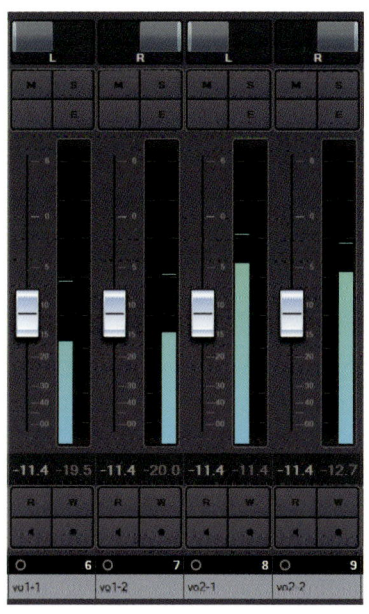

◀**画面②**　サビにおけるコーラスの定位とレベル。ユニゾン2本と3度下のハーモニー2本の計4本で広がり感を演出している

chapter 08
歌もの系ミックスのチェック・ポイント

ピアノ

　ピアノはバック・トラックの中でも常に存在しているパートであり、音域も広いので、ボーカルとぶつからないようにすることが重要です。そこで、アレンジの段階からボーカルの帯域を邪魔しないような音域で演奏しました。また、イントロではメインのパートとなるので楽曲を印象付けるフレージングを心掛けつつも、ボーカルが入ってきた段階では、あまりフレーズが動き過ぎないようにして、極力、ボーカルに空間を割くようにしています。

ベース

　この曲では低域成分を多く含んだシンセ・ベースを用いています。やや低音感が強いと感じる方もいるかもしれませんが、マスタリング後もワイドな周波数レンジを保つために、あえて超低域はカットしていません。音圧アップの際にも、これくらい低域成分が多くても実は問題ないのです。なお、ベースには20～100Hzぐらいの超低域成分もたくさん含まれています。そのため低域の確認は小さいモニター・スピーカーでは難しいことも考えられます。そうした場合はヘッドホンなども併用してチェックしてみましょう。

ドラム

　ブレイクビーツ的なループで、キックやスネア、ハイハット、それにパーカッション的なサウンドまでが含まれています。よく聴くと高域の素材を中心に左右に定位も振られており、低域から高域までバランスよく配置されていることが分かるでしょう。またキックは50Hz近辺のかなり低い帯域の成分まで含んでいます。恐らく小型モニター・スピーカーでの再生は難しいので、ヘッドホンでよく聴いてみてください。ここまで低いと楽曲の要素として不要なのでは？と思われるかもしれませんが、これが実は楽曲をワイドな周波数レンジに聴かせる重要な要素となっています。

　こうした低域はベースと当たるのでは？と思う方もいるかもしれません。それでは試しに、ベースは0dB、ドラムは－3～4dBにフェーダーを設定して両者を再生してみてください。低域の音がぶつかる印象はさほど無いはずです。超低域はchapter 06のP52でも触れた通り音圧を感じにくいため、2つ程度の低域の音であれば帯域が重なっていてもそれほど気にならないこともあります。むしろ、フェーダーでうまく調

整することで豊かな音作りに役立つのです。

ストリングス

　シンセのストリングス音色と生のバイオリンを重ね、さらに左右に定位を振ることでコーラスと同じように広がり感を演出しています。定位を確認するためにボーカルとコーラス、ストリングスだけで聴いてみてください。コーラスとストリングスがセンターのボーカルを囲むような音場になっていると思います。イメージとしては図①のような感じです。また実際には**画面③**のようなパンニングの設定になっています。

パーカッション

　低域から高域まで複数の打楽器音を組み合わせて作ったパターンに、付点8分音符のディレイをかけて跳ねるような印象を持たせました。各素材はあまり広げすぎないくらいに左右へ配置しています。また高域の素材には深いリバーブを多めにかけて奥行きと広がりも持たせました。

▼画面③　ストリングスをミックスする際のシンセ・ストリングスとバイオリンの定位例

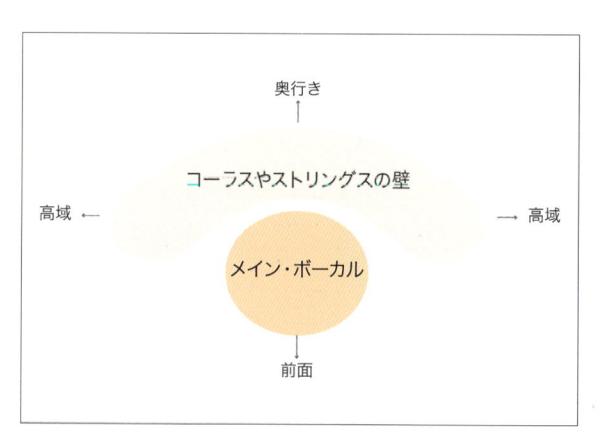

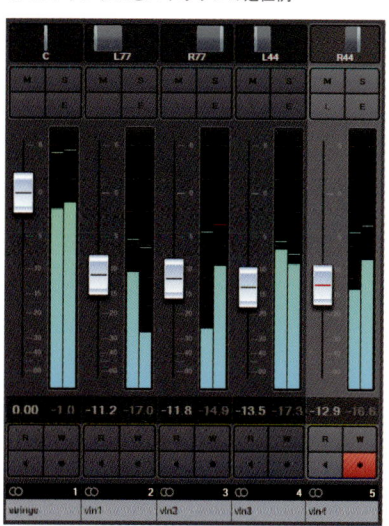

▲図①　ボーカルとストリングスやコーラスの配置イメージ。ボーカルを囲むようにストリングスやコーラスの高域成分を広げてみよう

chapter 08
歌もの系ミックスのチェック・ポイント

リバーブについて

　各素材はリバーブ込みで音作りしています。使用したリバーブはCubase付属のREVerenceでAUXトラックにインサートし、各トラックからセンドして各リバーブ量を調節しました。リバーブのタイプはEnglish Chapelというホール系で、リバーブ・タイムは少し長めの約3.5sです。センド量は総じてやや深めになっています。そこで、リバーブ成分のモコモコ感を取るためにリバーブの後にEQをインサートし、100Hz以下を20dBほどカットしています。

　リバーブは空間を作る上で非常に重要なエフェクトです。複数の音をうまくまとめられないときは、各パートにかけるリバーブ量を考えてみるとよいでしょう。すなわち、リバーブで奥行き感を付けて各パートの位置を整理していくのです。

　やや抽象的な説明になりますが、リバーブは写真に似ています。被写体となる人の後ろに被写体を邪魔するようなものがあった場合、その背景をぼかして撮影すれば、被写体は浮き上がるように感じ奥行き感を演出できます（いわゆる被写界深度が浅い状態です）。音楽のミックスもこれと同じようなことが可能です。例えばボーカルにぶつかるパートがあった場合、そのパートに適切な量のリバーブをかけることで、そのパートをボーカルの奥に配置してボーカルを聴きやすくすることができるのです。

　実際にボーカルのトラックをソロにして聴いてもらうと分かると思いますが、サビではボーカルにディレイをかけているもののリバーブはかけていません。そして、ボーカルと周波数帯域的に重なるコーラスやストリングスにはしっかりとリバーブをかけることでボーカルが前に出てくるようにしています。逆に平歌部分はボーカルを邪魔する要素が少ないので、気持ちよく感じさせるためにリバーブをしっかり効かせています。

　これはボーカルに限ったことではありません。例えばリズム系では、メインとなるドラムにはリバーブはかけていませんが、パーカッションにはリバーブを加えています。試しに、ドラムをソロで聴きながら途中でパーカッションのトラックを加えてみてください。突然、リズムに空間が生まれるように感じると思います。このようにリバーブをかけるパートを意識して選ぶことで、楽曲の音場を立体的に仕上げていくことができるのです。

ボーカルをより前に出したい場合

　よりボーカルを前面に出す場合のヒントも挙げておきましょう。

　この場合もまずはフェーダー・ワークから始めましょう。ボーカルと重なる帯域の楽器、例えばストリングスやギター、ピアノなどのレベルを控えめにしてボーカルの存在感を引き出します。それでもボーカルが埋もれてしまうのならEQの出番です。基本的にはボーカルの主成分となる周波数帯域に対してQの幅を広めにとり、ゲインを適宜上げていきます。具体的な数値は声質にもよりますが、例えば男性ボーカルであれば500Hz前後、女性ボーカルは800Hz前後から探っていくとよいでしょう。ブースト量は2dBくらいから始めてみてください。ほんの少し持ち上げるだけでもかなり前に出てくることもあります（**画面④**）。ただし、音色が極端に変化してしまう危険性もあるので、ゲインの上げ過ぎは禁物です。

　EQだけで不足な場合はコンプも利用します。アタックは遅めの30msくらい、リリースは300〜400msくらいで、レシオを2〜4：1程度の低めに設定し、この曲に関してはスレッショルドを−8dBくらいにすると、バラつきのない輪郭のはっきりしたボーカルに整えることができるでしょう（**画面⑤**）。

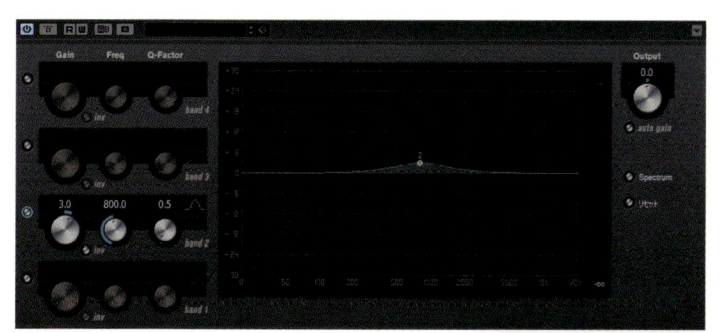

◀**画面④**　ボーカルの輪郭を際立たせるEQ例

▶**画面⑤**　ボーカルをより前に押し出すためのコンプ例

chapter 09 打ち込み系ミックスのチェック・ポイント

コンセプト〜低域重視のバランス

いびつなミックスを目指す

　ここではクラブ・ミュージック系の楽曲を用意しました。"クラブ"という特殊な空間では、いかに"低域を気持ちよく感じて踊れるか"が重要です。マスタリングで気持ちの良い低域を引き出すのが大切なのはもちろん、ミックスでは低域を意識したバランス作りが求められます。ある意味、周波数バランス的には、低域に偏った"いびつなミックス"が必要になるのです。これはクラブ・ミュージックになじみのない方からすると気持ち悪く感じられるかもしれません。しかし、クラブという大音量を流す場所では低域の聴こえ方も全く変わってきます。"いびつなミックス"が大音量での低域を心地良く聴かせるためのポイントになるのです。この点を意識してミックスしてみるとよいでしょう。

ダウンロード素材について

　素材は下記の通りです。Cubase以外のDAWを使用している方のためにオーディオ・ファイル名を記していますが、Cubaseプロジェクトは Alternate_sozai.cpr 上に各素材が並んでいます（アンダーバー以降がトラック名）。参考用2ミックスは"normal"と"loud"の2バージョンがありますが、まずは"normal"バージョンを参照してミックスしてみてください（画面①②）。Cubaseユーザーの方はミックス済みの Alternate_kansei_normal.cpr も参照してみるとよいでしょう。"loud"バージョンについては後述します。

<参考用2ミックス>
- Alternate_2mix_normal.wav
- Alternate_2mix_loud.wav

<ミックス素材>
- キック：Alternate_kick.wav
- ハイハット：Alternate_hihat.wav
- パーカッション：Alternate_perc.wav
- ベース：Alternate_bass.wav

ダウンロード素材

Cubase用
Cubase → 09
→ Alternate_sozai.cpr
→ Alternate_kansei_normal.cpr
→ Alternate_kansei_loud.cpr

他のDAW用
Other_DAW → 09
→ Alternate_2mix_normal.wav
→ Alternate_2mix_loud.wav ほか7トラック分のミックス素材

● ギター：Alternate_guitar.wav
● ピアノ：Alternate_piano.wav
● SE（効果音）：Alternate_se.wav

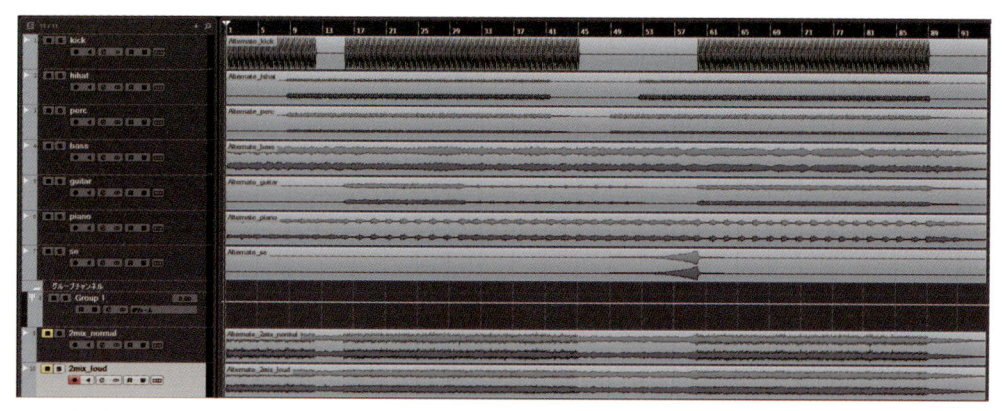

PART 2 マスタリングのためのミックス技法

▲画面① 各ミックス素材と2ミックスをCubase上へ並べた状態。この素材では2ミックスが2種類用意されている

▲画面② ミックス開始前の各素材のフェーダー位置。Alternate_2mix_loud.wavのサウンドを確認する際は、キックを注意深く聴いてみよう。また、"Group1"は幾つかのパートをまとめたAUXチャンネルだが、その詳細は次ページを参照してほしい

chapter 09
打ち込み系ミックスのチェック・ポイント

打ち込み系ミックスの攻略法

とにかくキックをプッシュ

　この曲ではキックを中心としたミックスを行い、EQとコンプも使って仕上げています。まず、キック以外のトラックはバスでまとめてAUXチャンネルでグループ化し、最終的にキックとのバランスを微調整できるようにします。2ミックスの音圧はRMSメーターで−15dBを目指すことにして、キックのフェーダーを−7.15dBまで上げました。これに対してベースはキック優先をさせるためにやや控えめの−9dBに設定。ハイハットは−12.5dB、パーカッションは−12dBにして音抜けを良くするために、いずれもシェルビングEQで10kHz以上をブーストしています。ハイハットは2dB、パーカッションは3.4dBというブースト量です。さらにギターは−12dB、SEは−14.5dBに設定しました。ピアノはセンター定位のベースやキックとのバランスを考え、やや小さめの−10.1dBに設定。

　ここで全体のバランスを確認してみるとキックが少し大きかったので、ミックス全体の音圧がRMSメーターで−15dB辺りになるように、キック以外をまとめたAUX

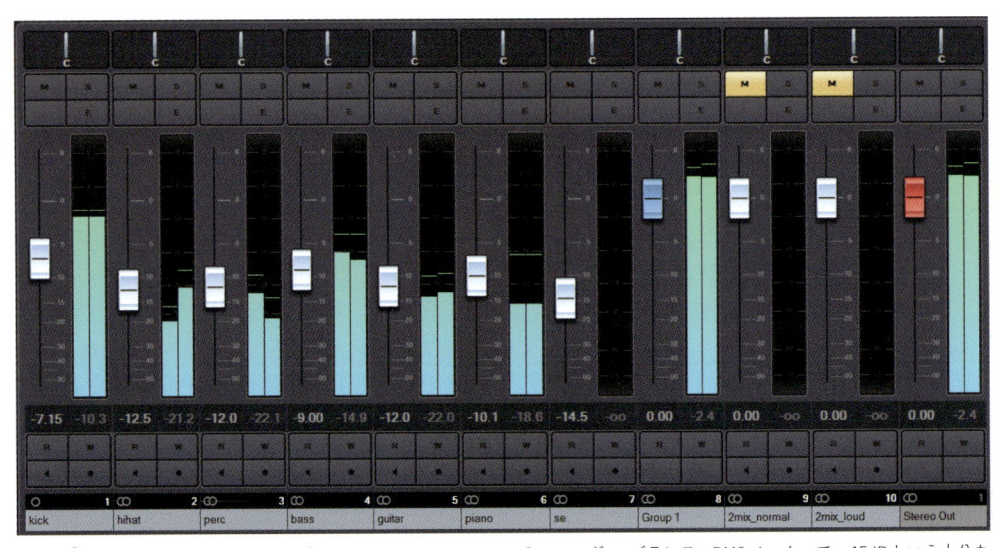

▲画面① Alternate_2mix_normal.wav／Alternate_kansei_normal.cprのフェーダー・バランス。RMSメーターで−15dBという十分な音量感を稼ぎつつ、キックを前面に押し出したミックスになっている

チャンネルにコンプをインサートし、レシオは8：1、アタックは0.1ms、リリースは10ms、スレッショルドは−14dB、メイクアップ・ゲインは5dBにして音量感を稼ぎました。さらに、キックの質感をより太くするためにシェルビングEQで60Hz以下を3dBブースト。これで"normal"バージョンの完成です（画面①）。

ラウド・ミックスとは？

　これだけでも十分クラブ・トラックらしいサウンドになっていると思いますが、近年ではよりキック感を強調したミックスが行われることもあります。それが"ラウド・ミックス"と呼ばれるものです。代表的な作品には、ダフト・パンクの「ワン・モア・タイム」やエリック・プライズの「コール・オン・ミー」などがありますが、"loud"バージョンでもこのラウド・ミックスを行っています。よく聴いてみてると、不自然なほどキックが大きくて、キックが鳴るときはそのほかのトラックが小さくなり、キックが鳴っていないときはほかのトラックの音量がふわっと上がるのが分かると思います。一般的な音量で聴くと、トラック全体がうねっているように聴こえるので、不自然に感じるでしょう。しかし、クラブの爆音状態ではこのうねり感が気にならなくなり、キックが気持ち良く感じられるのです。では、その作り方を次ページで紹介しましょう。

PART **2** マスタリングのためのミックス技法

ラウド・ミックスの作品例

「ワン・モア・タイム」（『ディスカバリー』収録）
ダフト・パンク

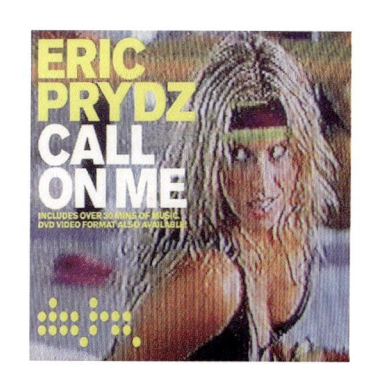

『コール・オン・ミー』
エリック・プライズ

chapter 09
打ち込み系ミックスのチェック・ポイント

ラウド・ミックスの作り方

　ラウド・ミックスの例がAlternate_2mix_loud.wavおよびAlternate_kansei_loud.cprです。ラウド・ミックスの基本的な考え方としては、まずキックが鳴るタイミングでほかのトラックをコンプで抑えます。そうすればキックの音量だけをほかのパートを気にすることなく上げることが可能になります。しかも、キック以外のパートの音量はコンプで抑えられているので、キックとほかのパートの音量差はより大きくなります。こうしてキックだけを強調したミックスを作れるのです（**図①**）。

　キックの鳴るタイミングでコンプを動作させるためには、コンプのサイド・チェイン機能を使います。通常、コンプは入力された音声信号のスレッショルド値で動作しますが、サイド・チェインを使うと入力音ではなく、サイド・チェイン入力から入ってきた音声信号のレベルで動作するようになります。コンプの仕様にもよりますが、多くの場合はスレッショルドがサイド・チェイン入力のレベルを決めるパラメーターとなり、スレッショルドを下げる（＝入力音のレベルを上げる）とコンプも深くかかることになります。では、お手持ちのDAWで以下のルーティングを行いラウド・ミックスを試してみてください（**図②**）。

①新規のAUXトラックを作成する
②キック以外の全トラックの出力を、マスターからAUXトラックへ変更
③AUXトラックへコンプをインサート
④コンプのサイド・チェイン入力でキックのトラックを選択

　これで、あとはスレッショルド（入力レベル）を調節すれば、キックのタイミングでキック以外のパートにコンプがかかるはずです。コンプを深くかけていくとキック以外の音が圧縮されて音量が小さくなっていくのが分かるでしょう。コンプレッション量が多ければ多いほど、キック以外のパートがブワッブワッと不自然に波打つようになっていくと思います。自然に聴かせるコツはアタックとリリースを早めに設定し、あまりスレッショルドを下げすぎないことです。最近は極端な効果を狙ったラウド・ミックス作品も多く見受けられますが、一般的な音量でも再生されることが前提なら、できるだけ自然なコンプ設定を探ってみてください。参考までに、"loud"バージョンで使用したコンプの設定画面を掲載しておきます（**画面②**）。設定値はノーマル・ミックスで使用したコンプとあえて同じにしてあるので、サイド・チェインと通常の動作でかかり方の違いを聴き比べてみてください。

ダウンロード素材

Cubase用
→ Cubase → 09
→ Alternate_kansei_loud.cpr（ラウド・ミックス）

他のDAW用
→ Other_DAW → 09
→ Alternate_2mix_loud.wav（参考用2ミックス）

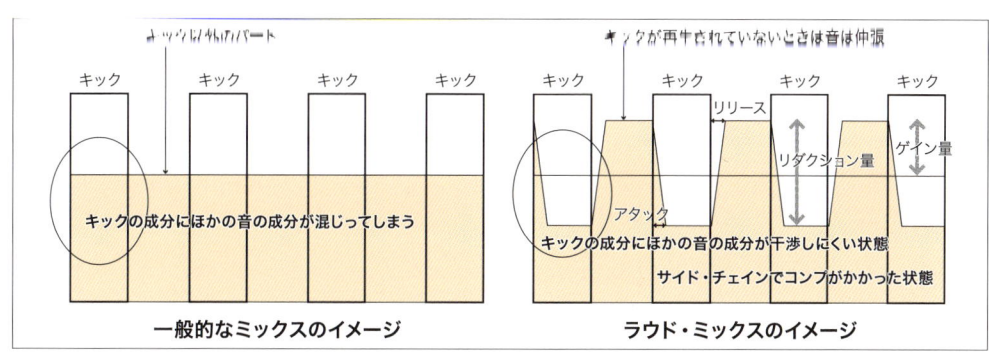

PART 2 マスタリングのためのミックス技法

▲図① 一般的なミックスとラウド・ミックスの違いのイメージ

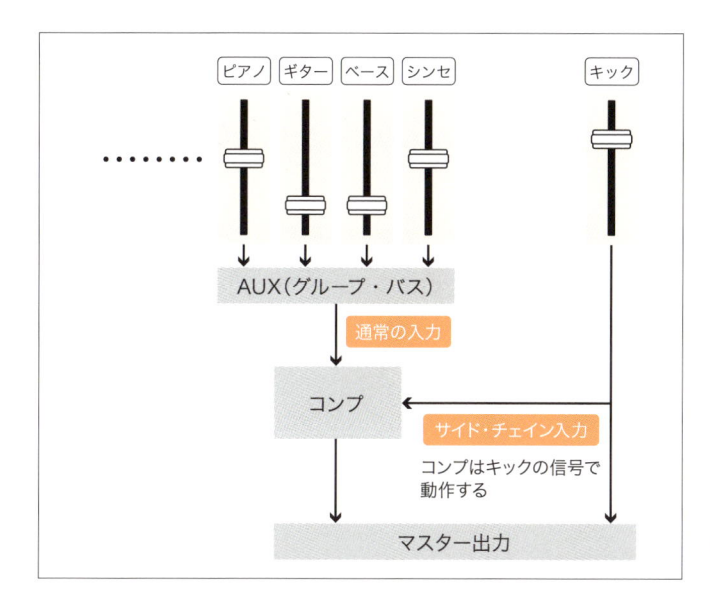

▲図② サイド・チェインを使ったラウド・ミックスのルーティング概念図

▲画面② "loud"バージョンで使用したコンプの設定。レシオは8：1で、アタック・タイム／リリース・タイムともに最短となっている

chapter 09
打ち込み系ミックスのチェック・ポイント

打ち込み系ミックスの素材解説

キック

　アタック感が強く、低域成分もたっぷりと含んだキックです。低域をはっきりさせるためにモノラル・トラックにしています。

　クラブ系の音楽制作ではキックの音色選びが非常に重要です。すべての楽曲で万能に使えるキック音色はないので、楽曲との相性を考えて慎重に選びましょう。特に50Hz～80Hz辺りの超低域を含んだキックを選ぶと、クラブなどで大音量になったときに気持ちよく鳴らすことができ、楽曲全体としてもワイドな周波数レンジに聴こえます（**画面①**）。

　また、キックだけを単体で鳴らしていると、アタックの強いものや高域を多く含んだ音色の方が派手に聴こえるのですが、ミックスを進めていくと、超低域が含まれていないともの足りなく感じることも多いと思います。そんなときは思い切ってドラスティックに音色を変更することも大切です。あるいはアタック感の強い音色と超低域の効いた音色の2種類を混ぜてもよいでしょう。両者のバランスで音色を臨機応変に

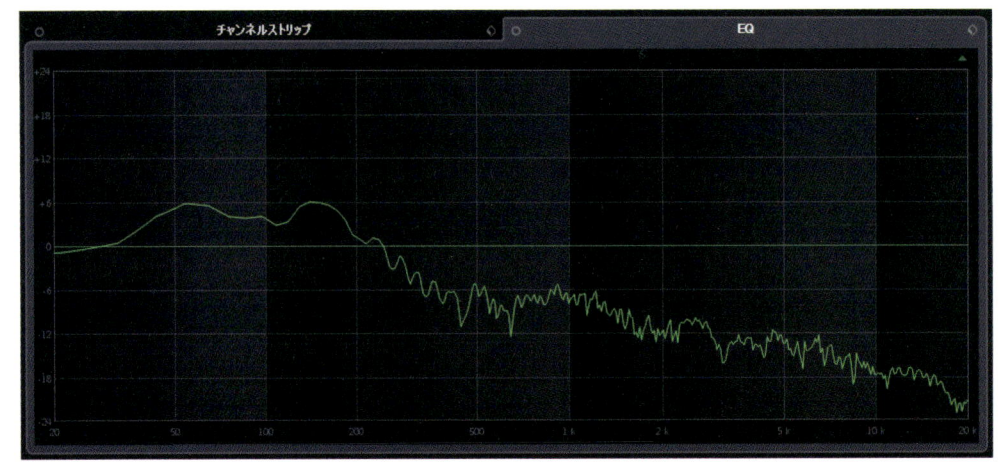

▲**画面①**　Alternate_kick.wavの周波数成分をスペクトラム表示したところ。50Hz～80Hzまでの超低域も十分に含まれていることが分かる

微調整することも可能になります。もし、2種類のキックを混ぜても低域がうまく出てこないときは、片方のキックの位相を反転させたり、サンプル単位でずらしてみるのも有効です。音色選びに困ったときはこのような方法も音作りの一つとして試行錯誤してみてください。

ベース

　MOOG Minimoogを使ったシンセ・ベースで、フィルターをリアルタイムに操作して音色に表情を持たせています。キックと同じくセンターに定位しているので、センターは音量的にも周波数的にも非常に混み合っている状態です（**画面②**）。

　バランスとしてはキックを優先させますが、両者を合わせてマスターのピーク・メーターが－2～3dB近くまで振るくらいにミックスしてもよいと思います。マスタリングで音圧を上げられなくなるのでは？と思うかもしれませんが、クラブ系の楽曲ではこれくらい低域にエネルギーを使っても問題ありません。

　また、ほかのパートを加えていったときにピーク・メーターが0dBを超えるようであれば、キックやベースを下げるのではなく、中域や高域のパートから下げて、低域パートはあまり下げないようにすると、クラブ映えする理想のミックスに近づいていくはずです。

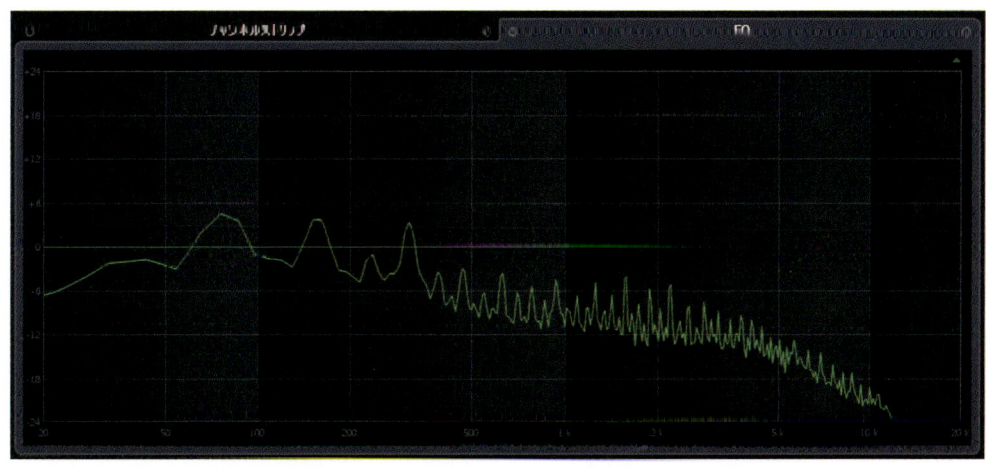

▲**画面②**　Alternate_bass.wavの周波数成分をスペクトラム表示したところ。画面①のキックの周波数成分とかなり重なるが、お互いを避けるのではなく、両者で低域重視のミックスを作っていく

chapter 09
打ち込み系ミックスのチェック・ポイント

ハイハット

　高域がはっきりとした印象の音色を使い、右側に定位させることでセンターに空間を作っています。

パーカッション

　ハイハットと対になるようなパートで、ハイハットの裏打ちパターンとぶつからないようなフレーズをプログラミングしました（**画面③**）。定位を左に振ることで、やはりセンターに空間を作っています。

ギター

　付点8分音符のディレイをかけて躍動感のあるフレーズを目指しました。また、ピアノとぶつからないようにリバーブを深めにかけて奥行き感も演出しています。

ピアノ

　ギターと同じ付点8分音符のディレイをかけてシーケンス的なフレーズを作りました。また、ギターが入ってきてからはフレーズ的にぶつからないような単調なコード・

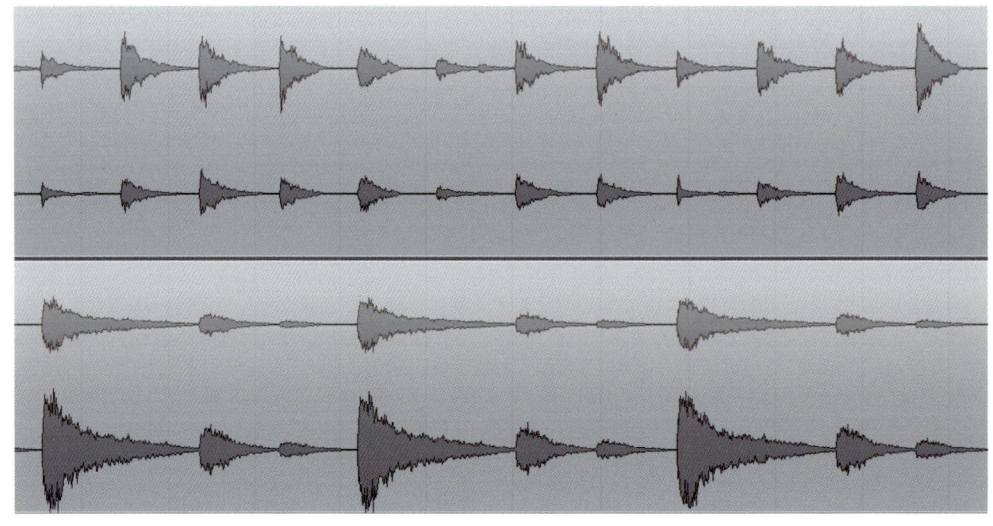

▲**画面③**　上がパーカッション、下がハイハットの波形。波形の大きさを見比べると、左右の音量で絡み合っていることが分かる

プレイにしています。こうしたアレンジ面でも、各パートがぶつからないように考えておくと低域の音量を上げるのに役立ちます（**画面④**）。

SE

シンセサイザーのノイズ・オシレーターを鳴らし、ローパス・フィルターで加工してリバース・シンバルのような効果音を作りました。適度なレゾナンスの調節加減で音色にアクセントを与えています。

ミックス時のモニターについて

ここまで低域の重要性を繰り返し述べてきましたが、気持ち良い低域を作るにはモニター環境も重要になります。クラブではサブウーファーなども使用して低域を鳴らすので、サブウーファーを十分に鳴らせるような低域成分が入っているかどうかをチェックしながら楽曲制作を行うとよいでしょう。とはいえ、一般的な家庭ではクラブのような再生環境を再現するのはまず不可能です。そこで役立つのがヘッドホン。最近のヘッドホンには周波数特性の表記上で可聴範囲を超える5〜15Hzという超低域を再生可能なモデルもあります。こうしたヘッドホンを試してみるのも手でしょう。もちろん、マスタリングでも低域のチェックは必須です。

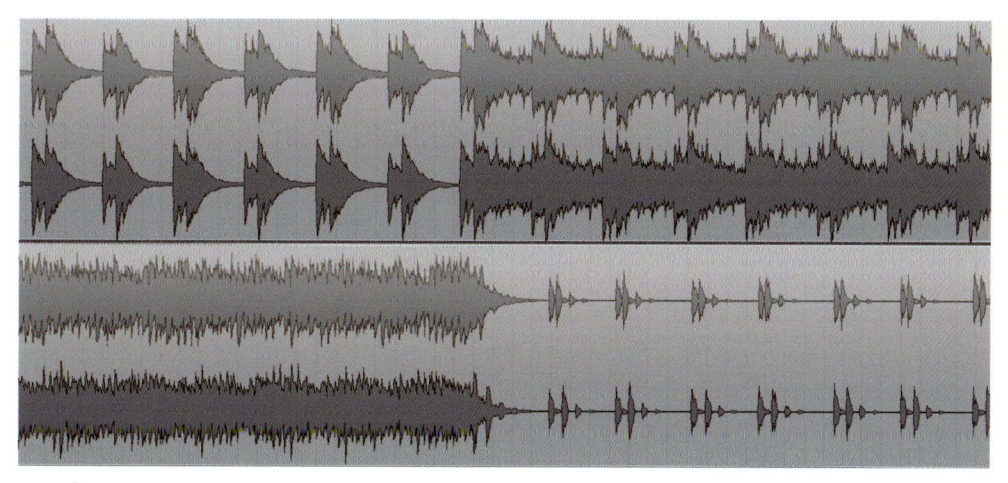

▲**画面④** 上がピアノ、下がギターのフレーズ。ギターが入っているところは、ピアノはシンプルな演奏にして音が重なり過ぎないようにしている

chapter 10 生音系ミックスのチェック・ポイント

:::: コンセプト～ライブ感を尊重しよう

演奏ノイズも臨場感につながる

　アコースティック楽器をマイクで録音することから始まる生音系音楽の制作では、演奏時のライブ感を生かしたハイファイな音作りが重要です。例えば、楽器が演奏中に発するノイズなどもしっかり録音しておくと、楽器の鳴りをより自然に再現できるようになるのです。極端かもしれませんが、プレーヤーの息づかいなども収録しておくと、さらに生き生きとしたサウンドになると思います。

　これらのいわゆる"ノイズ"はミックスなどで邪魔になるのでは？と思われるかもしれません。筆者も昔はなるべく"ノイズ"が入らないように録っていました。しかし、実はこれらの要素を積極的に採り入れると、臨場感が格段にアップするのです。そしてマスタリングにおいては、ダイナミクスを保ったまま迫力を出していく精度の高い音圧アップを施すと、こうしたノイズ成分で演奏表現をナチュラルに浮かび上がらせることができます。これこそが生音系マスタリングの重要ポイント。ミックスにおいても、それらを考慮したバランス作りが求められます。

ダウンロード素材について

　ここでの楽曲はアコーディオンがメインのインスト曲で、素材は下記の通りです。chapter 08/09と同じく、Cubaseユーザー以外の方のためにオーディオ・ファイル名を記していますが、CubaseプロジェクトはFamigliaTrueman_sozai.cprが素材を並べただけの状態で、アンダーバー以降がトラック名になっています。またミックス済みのプロジェクトは、FamigliaTrueman_kansei.cprです。

＜参考用2ミックス＞
- FamigliaTrueman_2mix.wav

＜ミックス素材＞
- アコーディオン：FamigliaTrueman_accordion.wav
- カホン：FamigliaTrueman_cajon.wav
- パーカッション：FamigliaTrueman_perc.wav
- ベース：FamigliaTrueman_bass.wav

| ダウンロード素材 | Cubase用 | Cubase → 10
→ FamigliaTrueman_sozai.cpr
→ FamigliaTrueman_kansei.cpr | 他のDAW用 | Other_DAW → 10
→ FamigliaTrueman_2mix.wav ほか5トラック分のミックス素材 |

● ギター：FamigliaTrueman_guitar.wav

　リバーブをかけているトラックもあれば、かなり素に近いトラックもあります。パートをまとめたりはしていないのですが、定位は設定済みなのでここでは便宜上、ステム・トラックと呼ぶことにします。ミックスの考え方としては、素材のダイナミクスや音質を最大限に生かすために、各トラックにはEQやコンプを使用していません。皆さんも、フェーダー・ワークのみで2ミックスを仕上げてみてください。

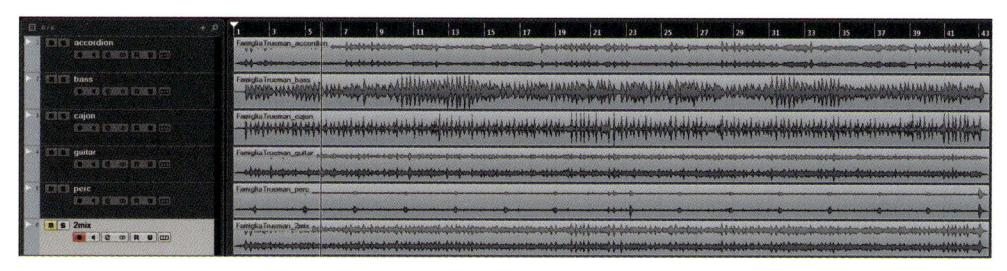

▲画面① 各素材と2ミックスをCubase上へ並べた状態。エフェクト処理とパンニングは施されているが、パートをまとめたステム・トラックは無い

◀画面② ミックス開始前の各素材のフェーダー位置はほかの曲と同じくすべて−10dB

PART 2 マスタリングのためのミックス技法

chapter 10
生音系ミックスのチェック・ポイント

生音系ミックスの攻略法

アコーディオンの音量感を基準に

　それでは、筆者がどのように2ミックスを作ったのか説明してみましょう。この楽曲はトラック数が少なく、各楽器は細かいニュアンスまで捉えられるように十分な音量で録音されているので、マスタリングでは音圧を比較的上げやすいと言えます。ですので、ミックスの仕上がり時の音圧はほかの3タイプに比べると少し小さめになっても構いません。

　これを念頭に、まずメインとなるアコーディオンのレベルをどれくらいに設定するかを考えました。この楽器はダイナミクスが非常に大きいのが特徴、つまり音量の大小の差が激しいのです。そこでアコーディオンだけでRMSメーター値が最大約－20dBになるくらいまでフェーダーを上げて、細かい音まで聴こえるようにします。その結果、フェーダーは－2dBに設定しました。

　楽曲の低域を担当するカホンとベースは、アレンジの段階で両者がぶつからないようなフレーズを作っています。そのため両者とも比較的しっかりと音量を稼ぐことが

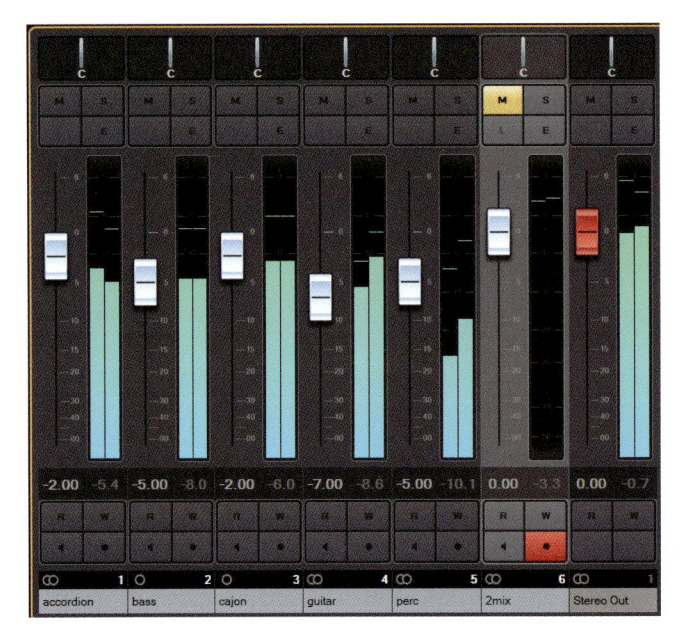

◀画面① ミックス後のフェーダー・バランス。アコーディオンを中心にミックスしていくことが鍵となる

可能で、どちらも同じぐらいの音量感となるようにカホンを−2dB、ベースを 5dBに設定しました。なお、カホンの方が周波数帯域が広いので、先にバランスを取った方がやりやすいかもしれません。

パーカッションはリバーブの聴こえ方に注目

　次はバッキング担当のギターです。このとき定位に注意してみてください。アコーディオンはやや左に定位しています（その理由は次ページで説明します）。そしてギターはこれと対をなす形でやや右側に定位。この位置関係を踏まえてギターがアコーディオンを支える適切なレベルを探ったところ、RMSメーターがギター単独でアコーディオンより2〜3dB低めになる−7dBにしました。

　そしてこの楽曲でアクセントとなるパーカッションは、プレート・リバーブを深めにかけることで空間を作っています。このリバーブ成分の聴こえ方も考慮して、レベルは−5dBとしました。このリバーブについては後ほど解説します。

　これでフェーダー・バランスは完成です（**画面①**）。楽曲全体としてのRMSメーター値は最大−15dBと、ほかの3タイプの楽曲よりも小さいのですが、ダイナミクスが大きいのでピーク・メーターでは0dBを超えることも考えて、クリップを防ぐため、マスターにリミッターをインサートしました（**画面②**）。

◀**画面②**　クリップを防ぐためにマスターへインサートしたリミッター（Cubase付属のLimiter）。アウトプットを−0.1dBに設定している

PART 2　マスタリングのためのミックス技法

chapter 10
生音系ミックスのチェック・ポイント

生音系ミックスの素材解説

録音方法について

　各パートはすべて同時録音、いわゆる一発録りです。それぞれの楽器のプレーヤーは個別の録音ブースに入って録音したので、ほかの楽器のかぶりはほとんどなくミックスも行いやすいと思います。また、わずかな演奏ニュアンスも録り逃さないように、マイクをできるだけ近めのオンマイクにセッティングしています。

アコーディオン

　アコーディオンは左右に2本のマイクを立ててステレオで収録しています。これは両手で演奏する楽器であり、ボタン式アコーディオン独特のボタンを押したときのノイズも録りたかったからです。また、右手が旋律パートとなるので、自然にやや左に定位することになりました。ただし、ミックス素材を作る段階で音像が広がり過ぎないように、左右のパンを少しづつセンターに寄せています。また後述するリバーブもかけた上でミックス素材としました。この録り音でも抜けは悪くないと思いますが、より高域の伸びを強調したい場合は、シェルビング・タイプのEQで10kHzより上を2dBほど上げてみてもよいでしょう。リバーブの高域成分が持ち上がるので、より音抜けが良い印象になります（**画面①**）。

ベース

　楽器はウッド・ベースで、アタック感を録るためのコンデンサー・マイクと、ふくよかさを収録するための真空管マイクを、それぞれ弦をピッキングする辺りに向けて収録、それらをミックスしてモノラル・トラックにまとめました。フレットに弦が当たる生々しいアタック音などが聴けるかと思います。

カホン

　2本のマイクを使い、1本は前面、もう1本は低域を強調するために背面のホールの中へ立てて収録しました。ミックス素材はこれらをまとめてモノラル・トラックにしたものです。

低域の音量がもっと欲しい場合は、EQで100Hz辺りを2dBくらい上げてもよいでしょう（画面②）。ただし、上げ過ぎには注意してください。マスタリングで調整を行うことも考えると、ほんの少し色を足すくらいの感覚でEQした方がよいと思います。2dB程度であれば、さほど大きな印象を変えることなくバランスを整えることができるでしょう。

ギター

　サウンド・ホールより少し上を狙うようにして、弦をはじくストロークの音とホールから出てくる共鳴音とのバランスを考えて収録しました。どちらかと言えば、硬めの音のイメージです。

パーカッション

　このパーカッション・トラックは複数の振りもの系で構成されています。こうしたアタックが強く、あまり細かく刻まないパーカッションには深めのリバーブが非常に有効で、豊かな響きの空間を作ることができます。このリバーブについては次項で解説します。

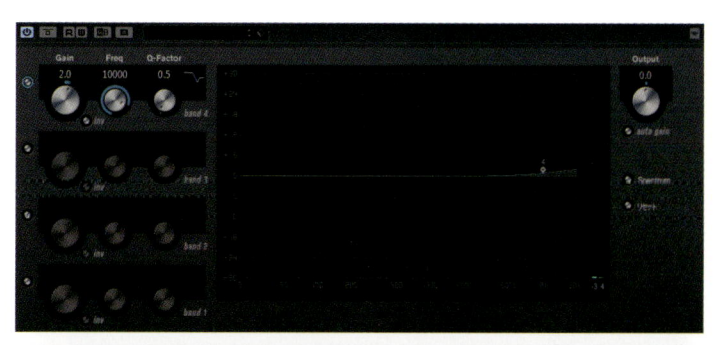

◀画面①　アコーディオンの抜けを強調するEQ例。10kHzより上をシェルビングで2dBほどブーストしてみよう

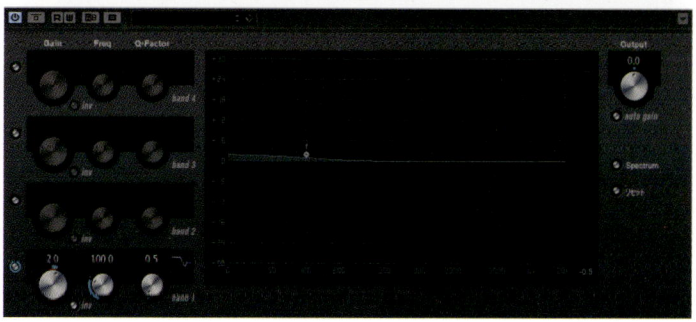

◀画面②　カホンの低域を強調するEQ例。100Hz辺りから下をシェルビングで2dBほどブーストする

chapter 10
生音系ミックスのチェック・ポイント

リバーブについて

　リバーブはアコーディオンとパーカッションに同一のものをセンドでかけていますが、楽曲を支配しているのはパーカッションのリバーブ成分です。使用したのはCubase付属のREVerenceでリバーブ・タイプはプレート、リバーブ・タイムは2sで、パーカッションのアタック感を失わないためにプリディレイを40msと長めにしています（画面③）。

　このような余韻をしっかりと聴かせるリバーブの場合、リバーブ・タイムの設定は2s前後を基準に増減してみると調整しやすいと思います。これは筆者の経験上からの数値なのですが、一般的に響きの良いホールの残響時間が2s前後と言われているので、これと関係があるのかもしれません。なお、小音量モニター時はリバーブ感を判断しづらくなるので、小音量モニターでバランスを取った後は、必ず通常の音量でリバーブ感が適切かどうかを判断するようにしてください。また、リバーブの種類によって同じ残響時間でも随分と印象が異なります。自分でコントロールしやすいリバーブを選ぶことも重要でしょう。

　さらに、多くのリバーブにはEQ的な機能が装備されています。これは低域や高域の響きがごちゃごちゃになってしまう問題を解消するためのものです。リバーブ感は

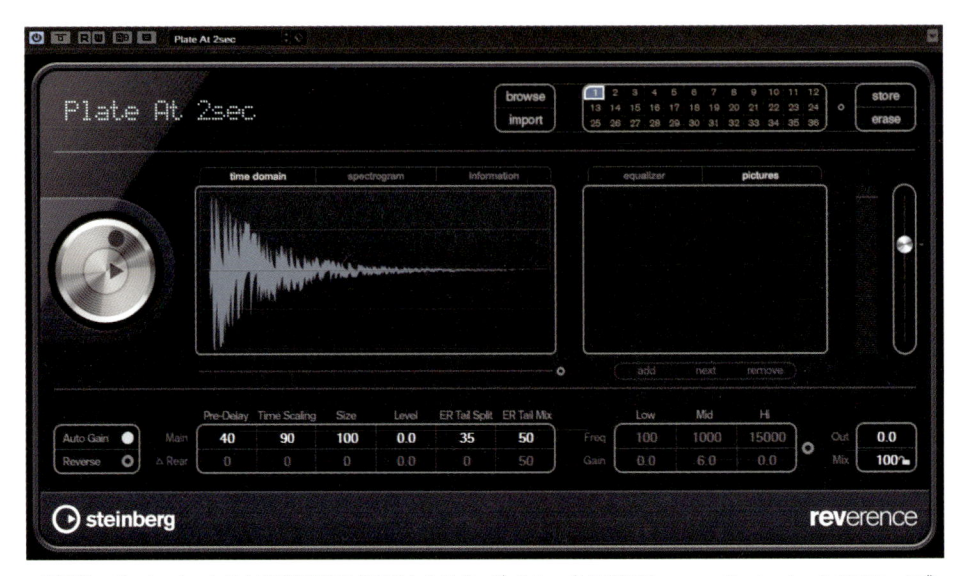

▲画面③　パーカッションにかけて空間作りに貢献したリバーブ、Cubase付属のREVerence。パーカッションのアタック感を引き出すためにプリディレイを40msにしている

ちょうど良くても、音がまとまらないときは低域→高域の順番でカットしてみるとよいでしょう。逆に、抜けを良くしたい場合はリバーブの後にEQをインサートして、10kHz以上を2〜3dBブーストしてみるのもよい方法です。

なお、近年は比較的リバーブ感の薄いサウンドが好まれる傾向にあるようです。楽曲のコンセプトにもよりますが、迷ったときはリバーブを少なめにした方が現代的な仕上がりになるかと思います。

定位と分離について

この楽曲のようにハイファイ感を追求したい場合、音の詰め込み過ぎは禁物と言えるでしょう。各パートが十分な距離感を持って空間を作ることが大切です。だからといって、ステレオ音場全体を使って各パートを定位させる必要はありません。実際、この楽曲では図①のように多少、左右に定位は分かれているものの、全体としてはセンターに固まっています。しかし、各パートは分離の良いハイファイ感を保っているのではないでしょうか。これはリバーブによる影響が非常に大きいと言えます。パーカッションにかけたリバーブが大きな空間を作って奥行き感を出しているので、ごちゃごちゃすることなく全パートが共存しているのです。

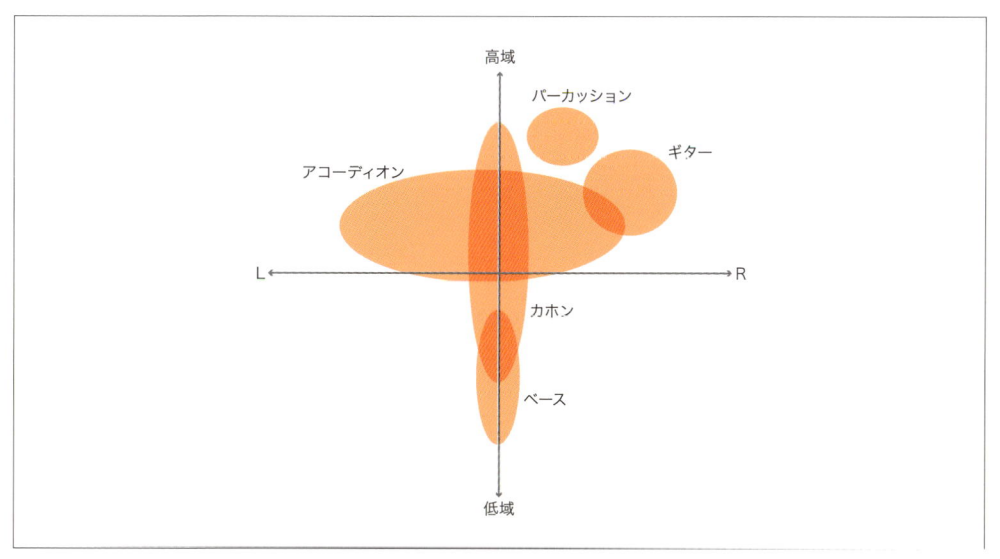

▲図① この楽曲では比較的、定位はセンター寄りに集まっている。しかし、パーカッションのリバーブで奥行き感を生み出すことでハイファイ感が維持されている

PART 2 マスタリングのためのミックス技法

chapter 11 インスト系ミックスの チェック・ポイント

▪▪▪ コンセプト～各楽器を同等に聴かせよう

歪み感やビンテージ感を演出

　インスト系ミックスの素材として用意したのは、ロック・テイストなファンク・バンドの楽曲です。バンド編成はギター、ドラム、ベース、テナー＆アルト・サックス、オルガン、パーカッションで、ソロを取る2本のサックスが軸となっています。ミックスの方向性としては、楽曲の雰囲気に合いそうなビンテージ・サウンド的な演出を考えて、全体的に歪んだ感じや、カッコいい古さが感じられるように仕上げていきました。その上で、PART 3では現代的なマスタリングを施しています。

ダウンロード素材について

　素材は参考用の2ミックスを含めて9トラックです（**画面①**）。Cubaseプロジェクトは Captured_sozai.cpr が各素材を並べた状態のもので、下記のアンダーバー以降の部分がトラック名になっています。また、ミックス済みのプロジェクトは Captured_kansei.cpr です。Cubaseユーザーの方はチェックしてみてください。

＜参考用2ミックス＞
- Captured_2mix.wav

＜ミックス素材＞
- アルト・サックス：Captured_alto_sax.wav
- テナー・サックス：Captured_tenor_sax.wav
- ドラム：Captured_drum.wav
- ベース：Captured_bass.wav
- コンガ：Captured_conga.wav
- ギター1：Captured_guitar1.wav
- ギター2：Captured_guitar2.wav
- オルガン：Captured_organ.wav

　パートは個別トラックに分かれていますが、いずれも定位設定とエフェクト処理済みのトラックで、ステム・ミックス的な状態です。またベースのみモノラル・トラックになっています。それでは参考用2ミックスをミュートして、各素材のトラックの

| ダウンロード素材 | Cubase用 | Cubase → 11
→ Captured_sozai.cpr
→ Captured_kansei.cpr | 他のDAW用 | Other_DAW → 11
→ Captured_2mix.wav ほか8トラック分のミックス素材 |

フェーダーを−10dBまで下げてからミックスを始めましょう（**画面②**）。ポイントとしては、インスト系楽曲では、各楽器がなるべく同等にしっかりと存在感を持って聴こえるのが理想です。各素材の定位もそうしたことを考慮して設定しています。これらのことを踏まえながらミックスを進めていくと、筆者の作った2ミックスに近いバランスになると思います。

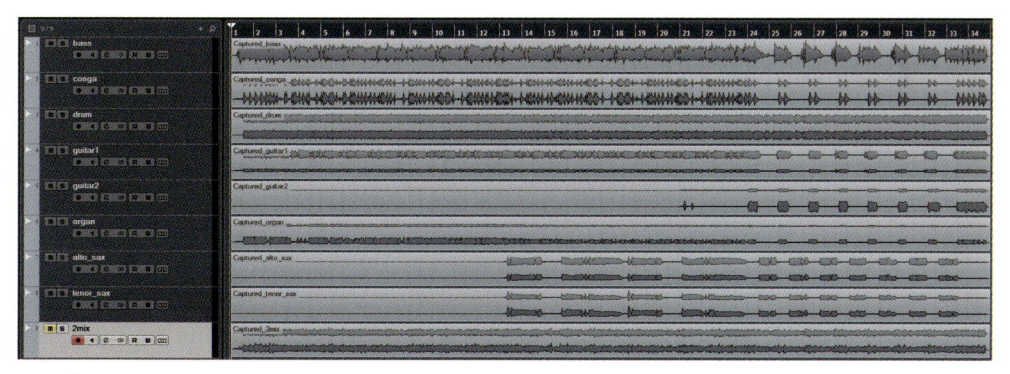

▲画面①　各素材と2ミックスをCubase上へ読み込んだところ。2ミックスをミュートしてからミックスを開始しよう

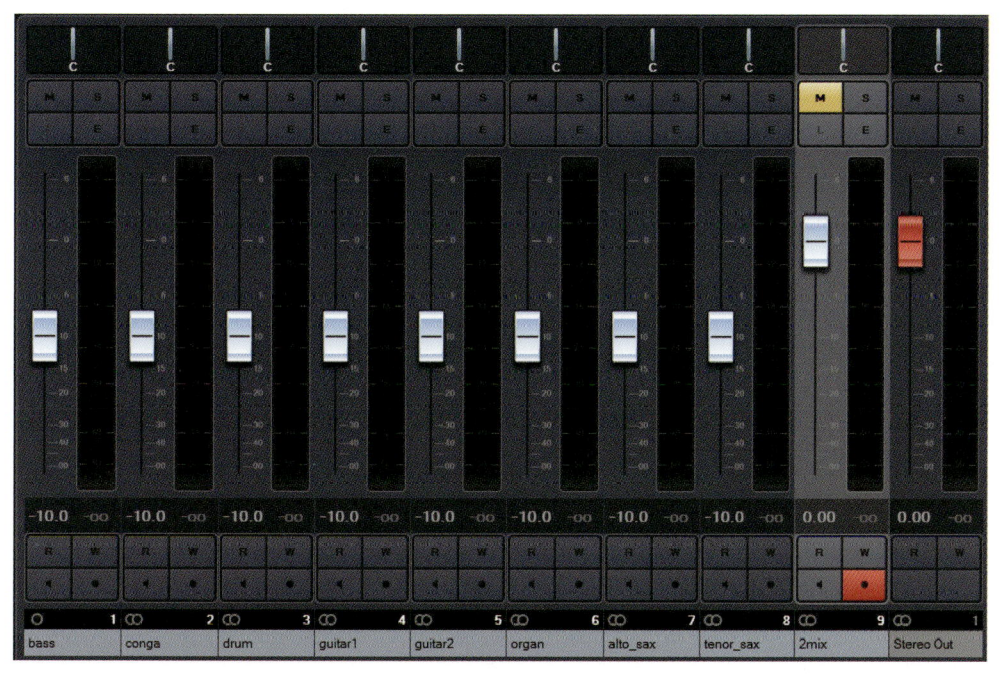

▲画面②　ミックス開始前の各素材のフェーダー位置。爆音での再生を避けるために全フェーダーは−10dBまで下げておこう

PART 2　マスタリングのためのミックス技法

chapter 11
インスト系ミックスのチェック・ポイント

■ インスト系ミックスの攻略法

ドラムを主軸に考える

　この楽曲のミックス・コンセプトは"ビンテージ感"ですが、その雰囲気が最も強く表れているのは、歪ませて迫力を出したドラムです。ステレオ・トラックながら全パートをセンター定位にしたモノラル風ミックスもビンテージ感の演出につながっています。このドラムを中心に考えていくと、スムーズにミックスできるでしょう。
　では、まず全トラックのフェーダーを－10dBの状態で再生してみましょう。すると、マスターのピーク・メーターは－2〜3dB前後まで振れていることが分かると思います。RMSメーターでは－20dBくらいです。ということは、全体の音圧的にはそれほど各素材の音量を上げる必要はないということになります。今回の場合、ドラム・サウンドを中心にミックスすることを考えて、ドラムがギター1やベースに対してピークで最大8dBくらいの差になるようにしました。そこで、筆者はドラムを－10dBか

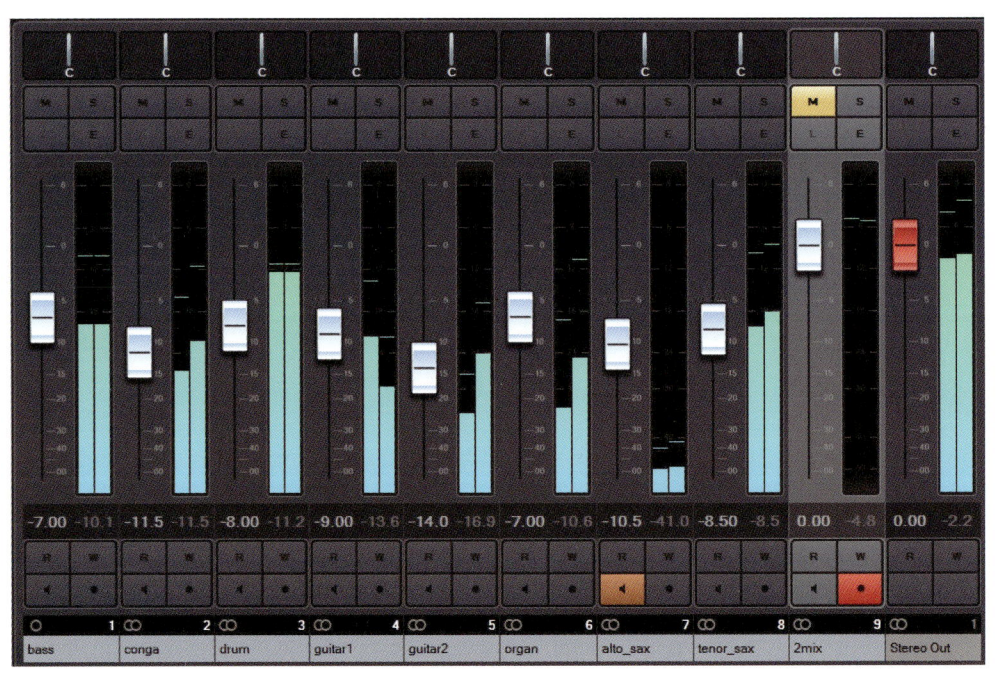

▲画面① インスト系ミックスにおける2ミックス書き出し時の各素材のフェーダー設定

ら少しだけ上げた−8dBに設定し、これに対してベースを−7dB、そしてギター1を−9dBとしました。これでドラム、ベース、ギターというバンドの核となる部分のバランスができたことになります。

オルガンはやや大きめに

次に、コンガもギター1やベースと同じくらいの音量感を持たせつつ、うるさくなり過ぎないところを探ります。その結果、筆者は−11.5dBにしました。またオルガンはサウンド的に埋もれやすい音色だったので、若干大き目の−7dBくらいにして目立たせています。

そして、2つのサックスはこの楽曲のリード楽器なので存在感が必要であり、両者がほぼ同じくらいの音量感で聴こえなくてはいけません。そこでほかの素材とバランスを見ながら調節した結果、アルト・サックスは−10.5dBに、テナー・サックスは−8.5dBになりました。ギター2はアクセント的に入ってくるパートで、ギター1やオルガンを補強するような役割なので、やや小さ目の−14dBに設定しています（**画面①**）。

なお、DAWにもよりますが、この状態で再生するとマスターのレベルが一瞬だけ0dBをわずかにオーバーする場合があります。その対策として、筆者はマスターにリミッターをインサートし、アウトプットを−0.1dBに設定しクリップを回避しました（**画面②**）。

▶ **画面②** 2ミックスの書き出しではCubase付属のリミッター、Limiterをインサートし、アウトプットを−0.1dBにして、クリップを防いでいる

PART 2 マスタリングのためのミックス技法

chapter 11
インスト系ミックスのチェック・ポイント

インスト系ミックスの素材解説

ドラム

　素材は生ドラムですが、ミックスではドラムの各パートをCubase付属のアンプ・シミュレーター、AmpSimulatorに通し金属的なサウンドにしたものを、元の生ドラム音に混ぜています。この歪み感でビンテージ風サウンドを演出しているのです。ただ、アンプ・シミュレーターを使うと低域が減衰してしまうので、キックは生音と歪みサウンドを7：3の割合で、スネアは歪み感を強調するために生音と歪みサウンドを3：7くらいで混ぜました。そのほかのパートは生音と歪みサウンドを1：1の音量で混ぜて、現代的な幅広い周波数レンジも確保しています。

　また既に述べた通り、全パートをあえてセンター定位にすることでモノラル風にしています。これはほかの楽器と定位的な整理をしやすくなるというメリットもあるほか、真ん中にどっしりとドラムがあることでパンチの効いたサウンドの演出にもつながっています。なお、今回は行っていませんが、このドラム全体にEQやコンプなどをかけても、力強さを加えるという意味で効果的です。

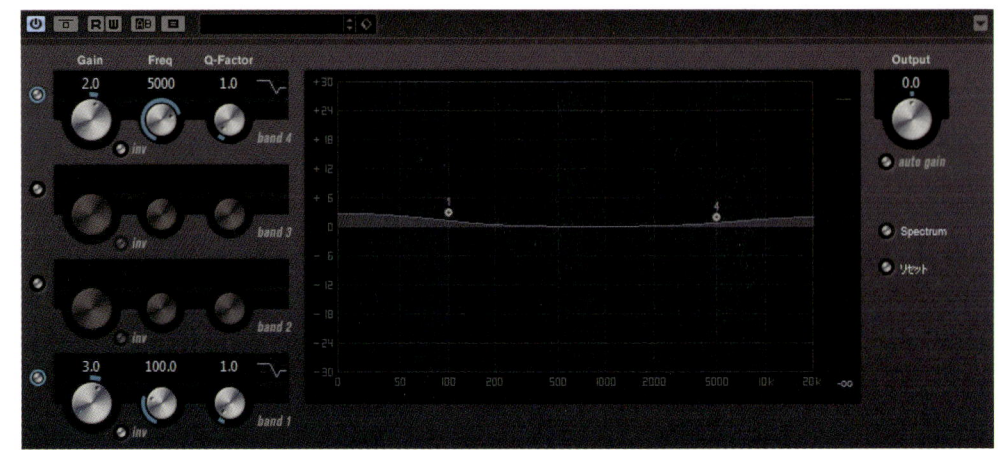

▲画面① ドラムにかけたEQの画面。低域と高域を強調している

ダウンロード素材　Cubase用　→ drum_original.wav〜drum_comp.wav（オーディオ・ファイル）　他のDAW用　→ drum_original.wav〜drum_comp.wav

　例えば、EQではキック成分を構成する100Hz以下をシェルビング・タイプで2〜3dB程度上げ、高域の5kHz以上を同じくシェルビング・タイプで2〜3dB程度上げてみるとよいでしょう。drum_original.wavが元音で、drum_eq.wavがEQ処理後のサウンドですので聴き比べてみてください（**画面①**）。またコンプはレシオを4：1、アタックを少し遅めの20ms、リリースは少し早めの50msに設定し、2dBほどリダクションする感じでスレッショルドを設定しました。メイクアップ・ゲインは2dB強ほどブーストしています（**画面②**）。効果としては、ドラムの細かいニュアンスを浮かび上がらせるイメージです。drum_comp.wavがコンプ処理後のサウンドです。drum_original.wavやdrum_eq.wavと聴き比べてみてください。

　ここで紹介したEQやコンプのパラメーターはすべての楽曲に応用できるわけではありませんが、基本的にはEQで低域と高域を強調して、コンプでアタックを強調し、テンポに合わせた余韻の抑え方を行ってみてください。

ベース

　ライン録りとベース・アンプをマイク録音した音をミックスしています。割合はライン録りとマイク録音を2:8くらいにして、低域の力強さを失わないようにモノラル・トラックにまとめました。

▲画面②　ドラムにかけたコンプの画面。リリースは曲のテンポに合わせた設定が重要になる

PART 2　マスタリングのためのミックス技法

chapter 11
インスト系ミックスのチェック・ポイント

ギター1&ギター2

　ギター1は、ほかのパートと同時に演奏したライブ・レコーディングで、ギター2はサウンドに厚みを出すために後からオーバー・ダビングしたパートです。2本のギターはそれぞれ左右に大きく振ることで広がり感を演出しています。なお、楽曲が始まる前にギター・アンプのノイズが聴こえますが、これはわざと残したもの。必要ないようにも感じますが、このノイズが楽曲にライブ感を与えている大きな要素となっています。バンドものの一発録りなどは、こうしたライブ感や空気感を大切にすると臨場感を演出できるでしょう。

コンガ

　コンガはAmpSimulatorで軽く歪ませて、やや右に定位させました。またドラムと位置的な差をつけるために後述するリバーブで奥行きを持たせています。

オルガン

　これもAmpSimulatorで軽く歪ませて、全体の雰囲気になじませ、右に定位させています。また、コンガと同じリバーブをかけています。

▲画面③　コンガやオルガンに使用したリバーブ、Cubase付属のRoomWorks SE

アルト&テナー・サックス

　2本のサックスは右と左にそれぞれ軽くパンニングされています。各トラックをソロにして確認してみてください。これらのトラックをミックスするときは、両者をどれくらい前に出すかがポイントになります。小さめの音量でモニターした方が、アンサンブルの中でのサックスの音量を客観的に把握しやすいでしょう。もちろん、小音量でバランスを取った後は、通常のモニター音量でのチェックも忘れずに行ってください。

リバーブについて

　コンガやオルガンにセンドでかけたリバーブにはCubase付属のRoomWorks SEを使用しました。プリディレイは50msで、リバーブ・タイムは2sという設定です（**画面③**）。このリバーブの特徴はリターンをモノラルにして、原音の定位に関係なくセンターに戻している点です。これはステレオのデジタル・リバーブが無い時代に行われていた手法で、ビンテージ感を出すために行いました。さらに、リバーブ音自体もAmpSimulatorで歪ませることにより、あえてローファイなサウンドにしています（**画面④**）。

▲**画面④**　リバーブ音をローファイ化するために使用したCubase付属のAmpSimulator

chapter 11
インスト系ミックスのチェック・ポイント

定位の重要性について

　このインスト系楽曲のミックスの特徴は、モノラル素材を音場的に重ならないようステレオ音場の中へ定位させることによって、周波数レンジ的にも楽器同士がぶつからないようにしている点です。同時に、モノラル・リバーブをセンターに戻しているので、分離させた楽器同士にまとまり感も生み出しています。ミックスの段階でこうした配慮を施しておくと、マスタリングもスムーズに行うことが可能になります。

　では周波数レンジ的な視点から、定位についてより詳しく解説してみましょう。まずスネアとギター1＆2、そしてオルガンは似たような周波数成分を含んでいるので、ドラムを中央、ギター1を左、オルガンを右、そしてアクセント的に加えたギター2をオルガンのさらに外側へ配置することで分離させています（**図①**）。音がぶつかり合わなければ、EQで補正する必要も少なくなるので、元音の良さを最大限に生かせます。参考までに、ギター1とオルガンのトラックをステレオからモノラルに変更してみてください。すると両者がセンターに定位しますが、恐らく2つのパートの周波数帯域がぶつかり合うような印象になり、EQなどで両者の差を付けたくなると思います。そのような補正のためにEQを使わなくて済むということは、EQをより各パー

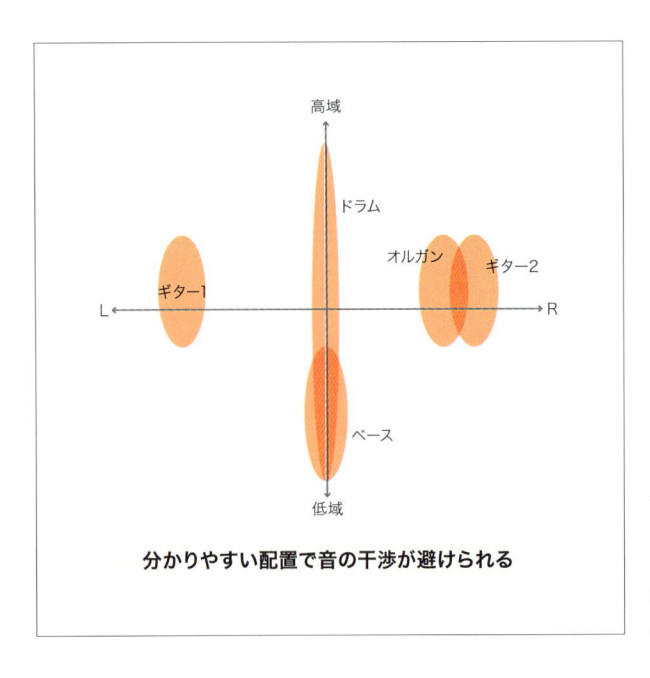

分かりやすい配置で音の干渉が避けられる

◀**図①**　ドラム、ベース、ギター1、ギター2、オルガンの配置イメージ。ドラムはモノラルにミックスしているので、左右に広がることなくセンターに位置するイメージ。ギター1とオルガンを左右にそれぞれ振って、ギター2は補強的な役割なので、ややオルガンと重なるような形で、オルガンよりもやや右側に配置している

トの音の良さを引き出すために積極的に用いることも可能になるのです。こうしたミックスの積み重ねが、楽曲全体の音質向上につながります。

さらに、2本のサックスはドラム、ギター、オルガンの間を埋めるような位置にそれぞれ定位させています（**図②**）。この楽曲でリード楽器として機能している2本のサックスが、分離された楽器同士の間を取り持つような役割も果たしているわけです。そのため、サックスが入る部分からは楽曲がグッと引き締まるような印象を与え、楽曲展開のコントラストも生み出しています。

そして、最後に忘れてはいけないのがコンガです。**図②**を見ると、配置すべきすき間が見当たらないようにも思えます。そこで利用するのがリバーブです。コンガはドラムと同じく楽曲のグルーブを生み出す重要なパートですが、ドラムとコンガが同じ奥行き感の位置にあるとごちゃごちゃした印象を与えてしまいます。そこでコンガにリバーブを深めにかけて、ドラムよりも少し奥へ持っていくことでドラムと共存させているのです。また、定位的には完全にセンターではなくドラムのやや右に置くことでも分離感を出しています。

ここで説明した定位の方法は、バンド系のミックスなどで応用できると思いますので、参考にしてみてください。

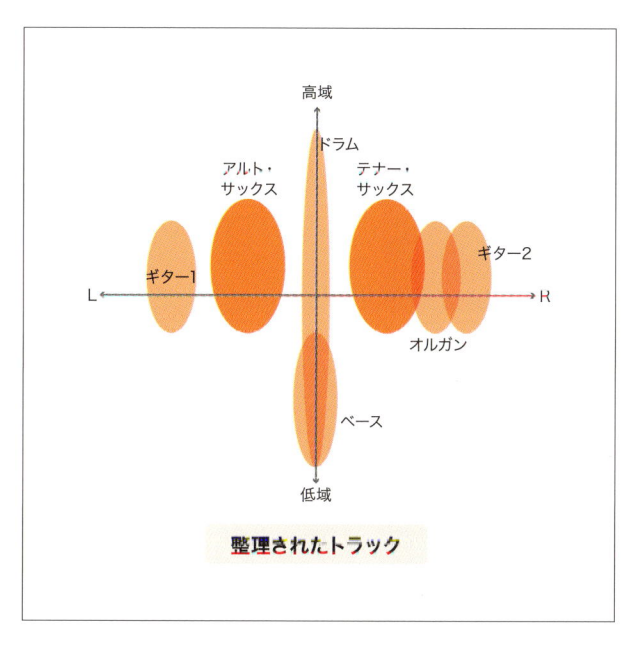

PART 2　マスタリングのためのミックス技法

◀図②　アルト・サックスとテナー・サックスは、各楽器の間へ配置。リード楽器なので、十分な音量感を持たせている

chapter 12 イコライザーのカット・ワーク

フェーダー・ワークで解決困難な場合の秘策

フィルタリング

　ここではフェーダー・ワークだけではどうしてもミックス・バランスを調節できないときのテクニックを2種類紹介したいと思います。どちらもEQを使った方法です。

　まずはフィルタリングから説明していきましょう。これはある一定の周波数帯域から上、もしくは下をカットするテクニックの総称で、フィルターもしくはシェルビングEQを使って行います。特に低域の整理でよく使われる手法で、例えばキックとベースの帯域がぶつかっていて、フェーダー・ワークだけではどうしてもバランスを取れない場合、どちらかの低域をカットしてバランスを整えます。その際の基本的な考え方は下記の通りです。

①2つの素材の帯域を整理する場合、音量の小さい方の素材をカットした方が音質変化を目立たなくできる

②低域カットするときは低い周波数帯域から高い周波数帯域へと変化させながら調整すると音質変化を最小限に抑えられる（高域カットの場合はこの逆）

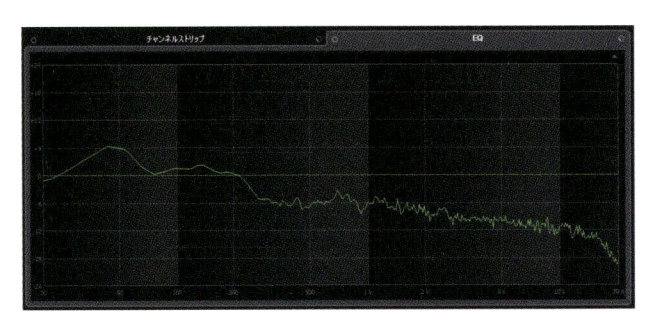

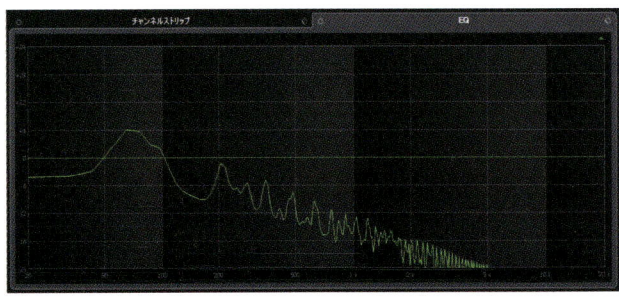

◀画面① 上が01_drum.wav、下が02_bass.wavのスペクトラム画面。低域の周波数では、どちらも音量があってぶつかっていることが分かる

→ 01_drum.wav〜03_filtering.wav（オーディオ・ファイルのみ）

→ 01_drum.wav〜03_filtering.wav

　それでは、実際に試してみましょう。01_drum.wavと02_bass.wavをDAWに読み込んで、各トラックのフェーダーを－6dBに合わせて再生してみてください。この状態では60〜100Hz辺りの帯域がぶつかって、低域が不明瞭な感じになっています（**画面①**）。また、このままマスタリングしようとしても十分な音圧は得にくくなります。

　そこでまず音量の小さいベースにシェルビングEQをインサートします。そして、30Hzから下を急なQカーブで思い切って－24dBほどカットしてみます。すると、**画面②**のように200Hzあたりからカットされはじめ、ぶつかっている帯域を全体的に抑えることができ、ベースの音質自体はそれほど損なわずに低域を整理できると思います。筆者がフィルタリングを行ってバウンスしたファイルが03_filtering.wavですので参考にしてください。

　なお、素材の音質を保つためにオートメーションを利用するのも良い方法です。例えば、キックとベースが両方鳴っている部分ではベースの低域をカットして、ドラムがブレイクしているところはEQをバイパスさせれば、その部分のベースは本来の音質を保つことができます。

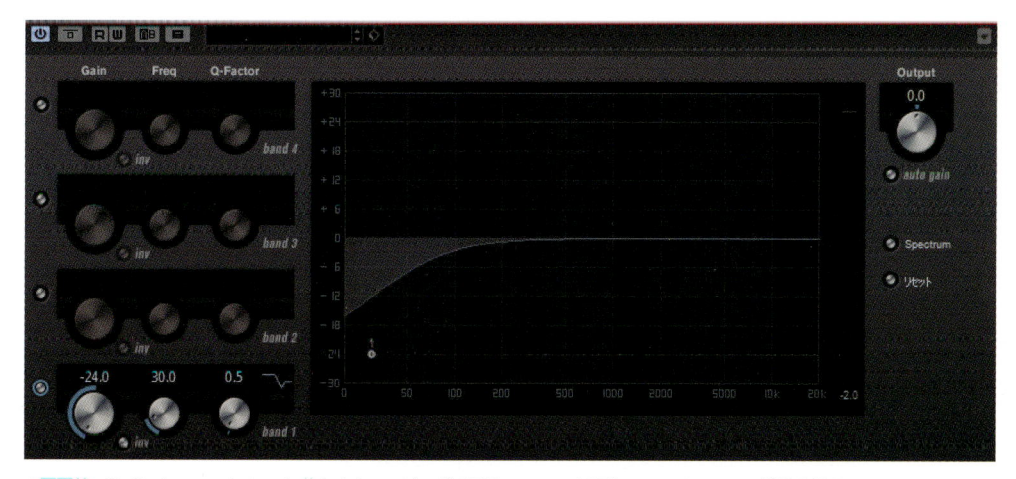

▲画面② 03_filtering.wavでベースに施したシェルビングの画面。30Hzから下を－24dBカットして低域を整理している

chapter 12
イコライザーのカット・ワーク

部分的なピークを取り除くEQテクニック

　ミックスの過程で各パートの音量を上げていくと、ある一定の周波数をうるさく感じて思ったように音量を上げられないという問題に直面することがあると思います。そんなときは、原因となっている周波数を探して、そこの部分を少し抑えてあげると、ほかの素材となじみがよくなり格段にミックスしやすくなることがあります。

　では、以下に基本的な手順を紹介しましょう。なお、この作業はまずEQのブースト量を最大にして問題となっている帯域を探していきます。そのため、最初はモニター音量を絞っておいて、その後EQをブーストしてから適切なレベルまでモニター音量を上げていくようにしてください。

①うるさく感じるパートをループ再生する
②ピーク・タイプのEQをインサートする
③モニター音量を小さくする
④Q幅を細めにしてゲインを最大にする
⑤周波数を上下してうるさく感じる部分が最も強調される帯域を探す
⑥問題の帯域が見つかったらカットする。カット量は−2dB、−4dB、−6dBと徐々に段階を踏むようにして、ほかのパートとの混ざり具合を確認していく

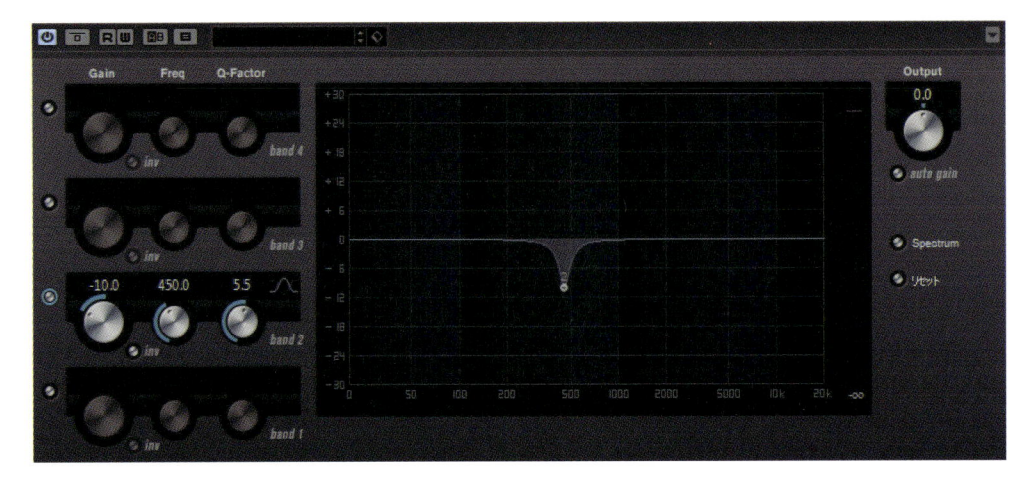

▲画面③　04_vocal.wavのEQ例。ピーク・タイプのEQで450Hzを10dBカットしている

| ダウンロード素材 | Cubase用 | Cubase → 12
 → 04_vocal.wav〜07_eq2.wav（オーディオ・ファイルのみ） | 他のDAW用 | Other_DAW → 12
 → 04_vocal.wav〜07_eq2.wav |

⑦カットしても効果が分からないときはQを徐々に広くしていく

　このEQテクニックに関しても素材を用意しています。04_vocal.wavがうるさい原因となっているパートで、05_oke.wavがその他のパートを2ミックスにしたものです。それぞれをDAWに読み込み各トラックのフェーダーを0dBにして、04_vocal.wavのトラックにEQをインサートします。あとは①〜⑦の手順に従って実際に試してみてください。筆者がEQした例が**画面③**で、EQ済みの04_vocal.wavと05_oke.wavを2ミックス化したファイルが06_eq1.wavです。

　なお、場合によっては複数のポイントを上記の手順でカットしていく必要も出てくると思います。一個所をカットしてもまだ思ったような効果が得られないときは、さらに問題となっているポイントを探してみましょう。

　また前ページで紹介したフィルタリング・テクニックと合わせて用いられるケースも少なくありません。例えば、ボーカルではブレス・ノイズを削るために低域をフィルタリングし、うるさく感じる部分をピーク・タイプのEQでカットしていくのです。これにより音量を上げることが容易になり、ボーカルをより前に押し出すことが可能になります（**画面④**）。07_eq2.wavで確認してみてください。

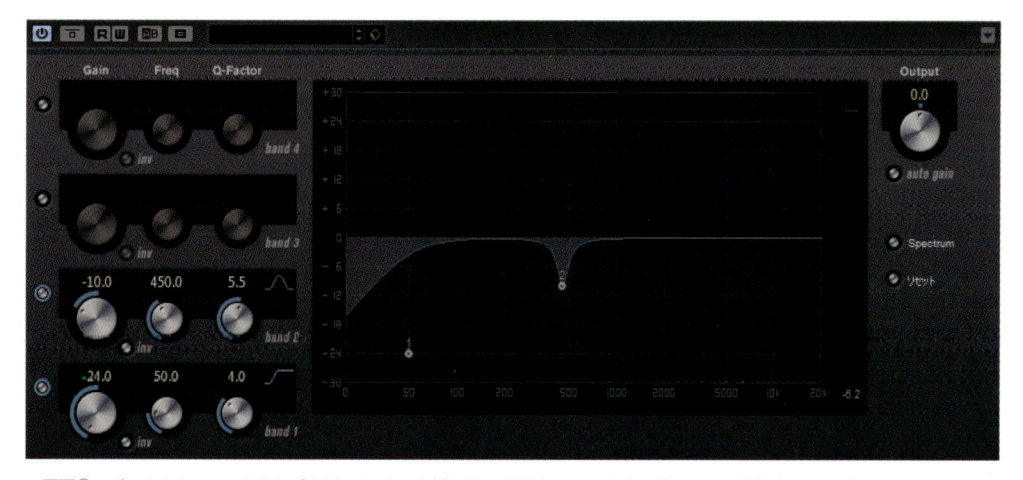

PART 2　マスタリングのためのミックス技法

▲**画面④**　ボーカルのフィルタリング＆ピーク・カット例。50Hz以下をフィルタリングし、450Hz前後を−10dBカットしている

chapter 13 ミックスにおける コンプレッサーのテクニック

動作原理を理解しよう

使用目的でコンプの使い方は変わる

　コンプレッサー（以下、コンプ）はミックスとマスタリングで使われ方が異なります。ミックスでは主に各パートの音の粒立ちを整える目的で使用されますが、マスタリングでは2ミックスの音圧を上げるためのマキシマイザー的な使われ方が多いと考えてよいでしょう。いずれにしても仕組みを理解した上で、使用目的に合った使い方をすることが大切です。

　しかも、コンプは効果が分かりにくいので、初心者の方は強めにかけてしまう傾向が見受けられます。その結果、ダイナミクスを失うなど素材の良さを損なってしまう危険性もあるので、慣れるまでにはある程度の訓練が必要です。マスタリングでの使い方はPART 3で解説しているので、ここではミックスでの使用に関してそのコツを紹介していきます。なお、ミックスではドラムやベース、そしてボーカルなどがコンプをかける代表的なパートになります。特にエレキ・ベースは音にばらつきが出やすいのでコンプの使用頻度は高いと言えるでしょう。

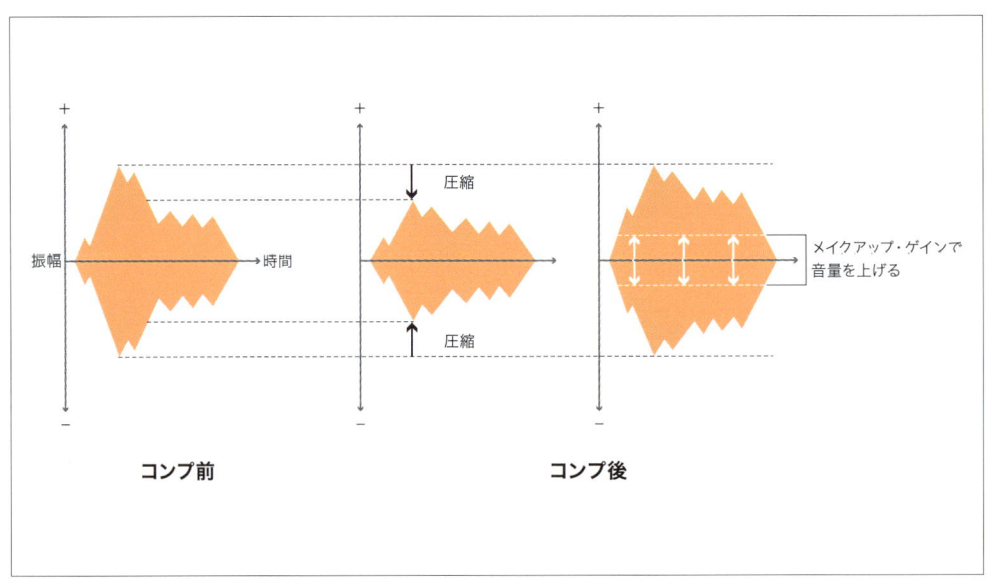

▲図① コンプの動作イメージ

コンプの基本的な効果

コンプの効果を簡単に説明すると、大きい音を圧縮するエフェクトということになります。つまり、音量の大小の差＝ダイナミクスを小さくできるのです。また、圧縮した後で素材全体のゲインを上げることもでき、結果として小さい音を聴こえやすくすることができます（図①）。

図②はコンプに装備されている基本的なパラメーターで動作原理を示したものです。コンプに入力された素材は、スレッショルドで設定された音量を超えると、レシオで設定された割合に従って音量が圧縮されます。この圧縮量のことをゲイン・リダクションと呼び、ゲイン・リダクション・メーターで確認できます。例えばエレキ・ベースの音量にばらつきがある場合、揃えたいレベルに合わせてスレッショルドを設定し、どれくらい圧縮したいかに応じてレシオを設定すれば、ばらつきを抑えることができるわけです。

さらに、大きい音を圧縮したわけですから、その分だけ最大音量まで余裕ができます。そこでメイクアップ・ゲインで音量を底上げすることが可能になります。

そのほかの重要なパラメーターとして"アタック・タイム"と"リリース・タイム"がありますが、これらについては次ページで解説します。

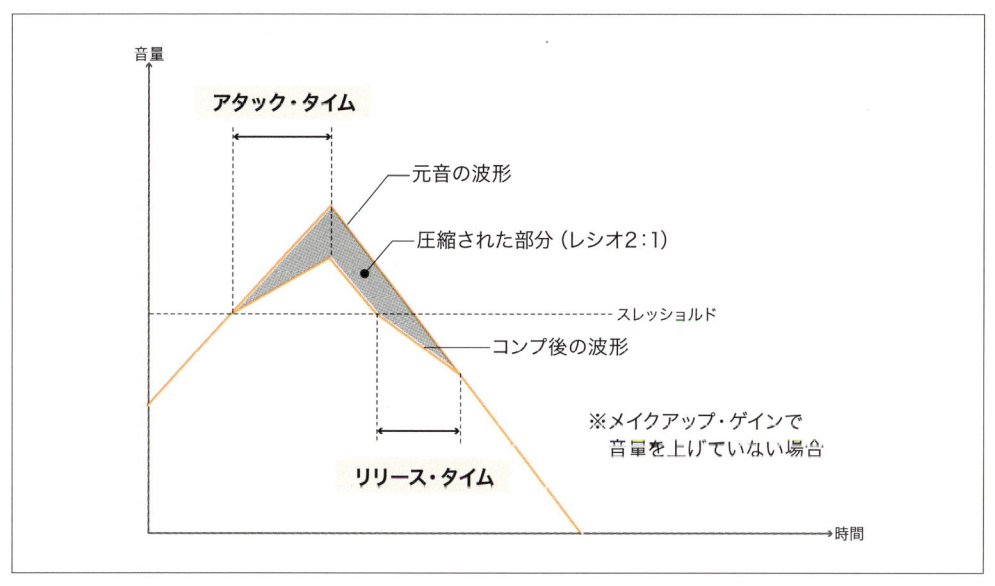

▲図② スレッショルドとレシオ、アタック・タイム、リリース・タイムのイメージ

chapter 13
ミックスにおけるコンプレッサーのテクニック

アタック・タイム

　アタック・タイムとは、スレッショルドを超えてコンプが動作を始めた瞬間から、レシオで設定した圧縮率に抑えられるまでの時間を指します（P109の**図②**参照）。"スレッショルドを越えてから、コンプが動作を始めるまでの時間"と勘違いしないようにしてください。

　アタック・タイムが短い（早い）と一気に音が小さくなったように感じたり、いかにもコンプがかかった印象になりますが、アタック・タイムが長く（遅く）なると音の変化は分かりにくくなると思います（**図③**）。ダウンロード素材に以下の試聴用ファイルを用意しました。

- 元音：01_original_loop.wav
- アタック・タイム／100ms：02_attack_100ms_loop.wav
- アタック・タイム／10ms：03_attack_10ms_loop.wav
- アタック・タイム／1ms：04_attack_1ms_loop.wav
- アタック・タイム／0.1ms：05_attack_01ms_loop.wav

　アタック感を残したまま自然にコンプをかけたいときは、最初にアタック・タイムを長めに取っておいてから徐々に短くしていき、不自然にならないポイントを見つけるようにするとよいでしょう。

　なお、上記の元音をDAWに読み込んでフェーダーを0dBに設定し、そこにコンプをインサートしてスレッショルドを−15dB、レシオを4：1、リリースを100msにした上で上記のようにアタック・タイムを調節すれば、DAWで試してみることが可能です。

リリース・タイム

　リリース・タイムは入力音がスレッショルド値を下回った瞬間から、圧縮された音量が元に戻るまでの時間を設定するパラメーターです（P109の**図②**参照）。

　リリース・タイムが短いと圧縮がすぐに解除されて元に戻るので、結果として余韻が強調されます。逆に余韻を少なくしたい場合はリリース・タイムを長くすればよいということになります（**図④**）。使い方のコツとしては、リリース・タイムも長めに設定しておいて、徐々に短くしながら調整するとよいでしょう。

　以下は、リリース・タイムの試聴素材です。素材はスネアとループの2種類を収録

> ダウンロード素材
>
> Cubase用 → Cubase → 13
> → 01_original_loop.wav〜13_release_10ms.wav（オーディオ・ファイルのみ）
>
> 他のDAW用 → Other_DAW → 13
> → 01_original_loop.wav〜13_release_10ms.wav

しました。スレッショルドを−15dB、レシオを4：1、アタック・タイムを0.1msに設定したコンプを元音にかけて、リリースの量を調整しながら皆さんも試してみてください。

- 元音（スネア）：06_original_snare.wav
- リリース・タイム／1,000ms（スネア）：07_release_1000ms_snare.wav
- リリース・タイム／100ms（スネア）：08_release_100ms_snare.wav
- リリース・タイム／10ms（スネア）：09_release_10ms_snare.wav
- 元音（ループ）：10_original_loop.wav
- リリース・タイム／1,000ms（ループ）：11_release_1000ms_loop.wav
- リリース・タイム／100ms（ループ）：12_release_100ms_loop.wav
- リリース・タイム／10ms（ループ）：13_release_10ms_loop.wav

なお、リリース・タイムが極端に長いと、圧縮が元へ戻る前に次の入力音がスレッショルドを越えてしまって、コンプがかかりっぱなしになる場合もあります。楽曲のテンポや素材の音量変化を見極めて、ゲイン・リダクション・メーターも監視しながら適切に設定しましょう。

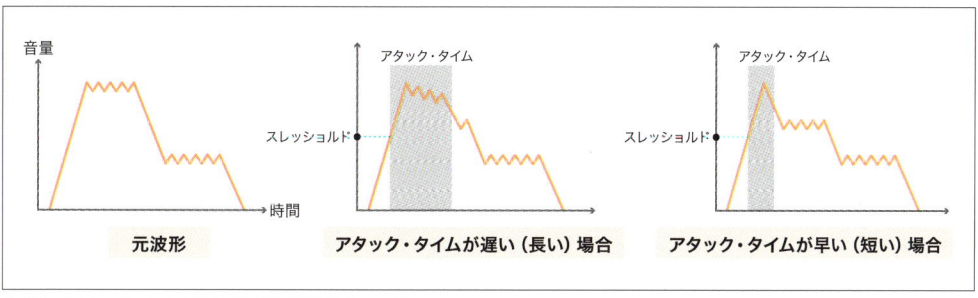

PART 2　マスタリングのためのミックス技法

▲図③　アタック・タイムによる波形の変化のイメージ

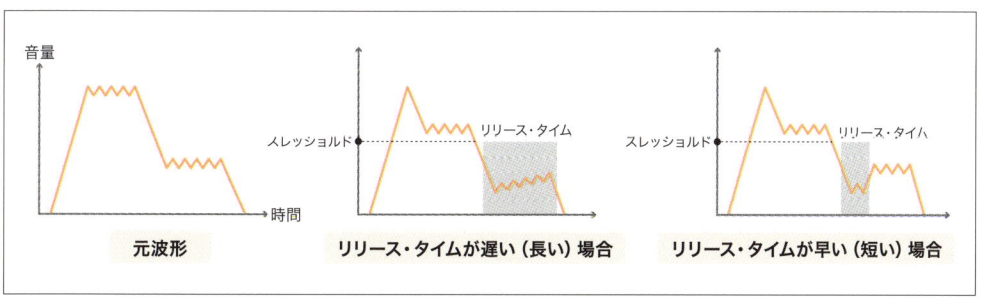

▲図④　リリース・タイムによる波形の変化を極端に示したイメージ図

chapter 13
ミックスにおけるコンプレッサーのテクニック

ドラスティックな効果を求める場合

極端なコンプ設定を試す

　ここまで読んできて、"どうせコンプを使うならドラスティックにかっこいい音を作れる方法が知りたい"という方もいらっしゃるでしょう。ここではそうした期待に応えた使用方法を紹介してみたいと思います。ここまでくるとマスタリングとは関係なくなってしまいますが、動作原理を習得する練習としては面白いでしょう。まずは以下のファイルを聴き比べてみてください。

- 14_original_sound.wav
- 15_comp_sound.wav

　14_original_sound.wavが元音で、15_comp_sound.wavが極端にコンプをかけたサウンドです。ピークの音量自体は変わっていませんが、音質が激変していることが分かると思います。余韻が多くなり小さい音が強調されている一方で、大きな音は詰まったような印象になっています（**画面①**）。

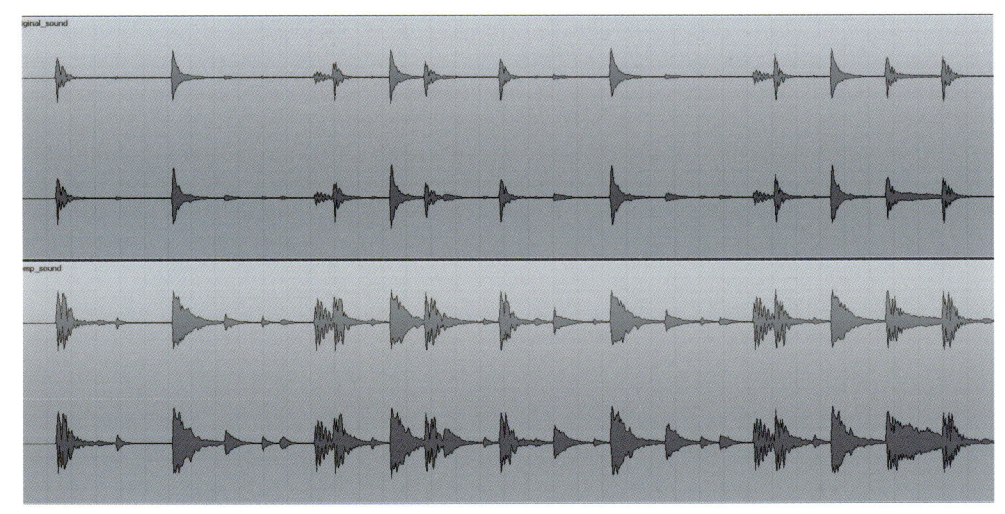

▲**画面①**　上が14_original_sound.wavの波形で、下が15_comp_sound.wavの波形。これを見ても音が大きく変化していることが分かるだろう

| ダウンロード素材 | Cubase用 | Cubase → 13
→ 14_original_sound.wav
→ 15_comp_sound.wav（オーディオ・ファイルのみ） | 他のDAW用 | Other_DAW → 13
→ 14_original_sound.wav
→ 15_comp_sound.wav |

　画面②がコンプの設定画面です。14_original_sound.wavを読み込んでフェーダーを0dBに設定し、コンプをインサートして以下の設定を行えば再現していただけます。

　スレッショルドは−20dBと深めで、レシオは8：1、アタック／リリース・タイムとも最短にすると音は極端に小さくなります。このときにコンプをバイパスして元音とコンプ後の音量差をチェックしてみてください。その差が13dBであれば、メイクアップ・ゲインを13dB上げます。すると、15_comp_sound.wavと同じようなサウンドになるはずです。この設定を応用すれば個性的なサウンド・メイキングも可能になるので、ほかの素材でも試してみてください（スレッショルドは素材によって変えてみましょう）。

習うより慣れろ！

　繰り返しになりますが、コンプは音質を大きく変えてしまう場合もあるエフェクトです。また設定だけでなく、プラグインの種類によって音質が変わる場合もあります。それだけにいろいろな音作りにも使える奥が深いエフェクトと言えるでしょう。苦手意識を持っている方は、とにかくいろいろなかけ方を試して経験値を積んでいってください。コンプレッサーはまさに"習うより、慣れろ！"なのです。

▲画面②　15_comp_sound.wavにかけたコンプの設定画面。スレッショルドは−20dBで、レシオは8：1、アタック／リリースは最短だ

chapter 14 2ミックス・ファイルのバウンス方法

高音質ファイルを書き出すのが基本

アップコンバートも有効な手段

　ミックスが終わったら、いよいよ2ミックス・ファイルをバウンス（書き出し）します。基本的にはミックスで使用していたビットとサンプリング・レートのまま、非圧縮のファイル・フォーマットでバウンスすればよいでしょう。一般的なファイル・フォーマットはWAVです。ネットで公開するからといってMP3などの圧縮フォーマットにしないようにしてください。ここで音質を落としてしまってはマスタリングする意味がありません。

　また、44.1kHzでミックス作業をしていたものを96kHzなどのハイサンプリング・レートへアップコンバートして2ミックスを書き出す場合もあります。これによって2ミックスの音質自体が向上するわけではありませんが、メリットはあります。マスタリングで使用するプラグインが32ビットや96kHz以上に対応している場合、プラグインをかけた際の精度が高まり、最終的な仕上がりに差が出る可能性があるのです

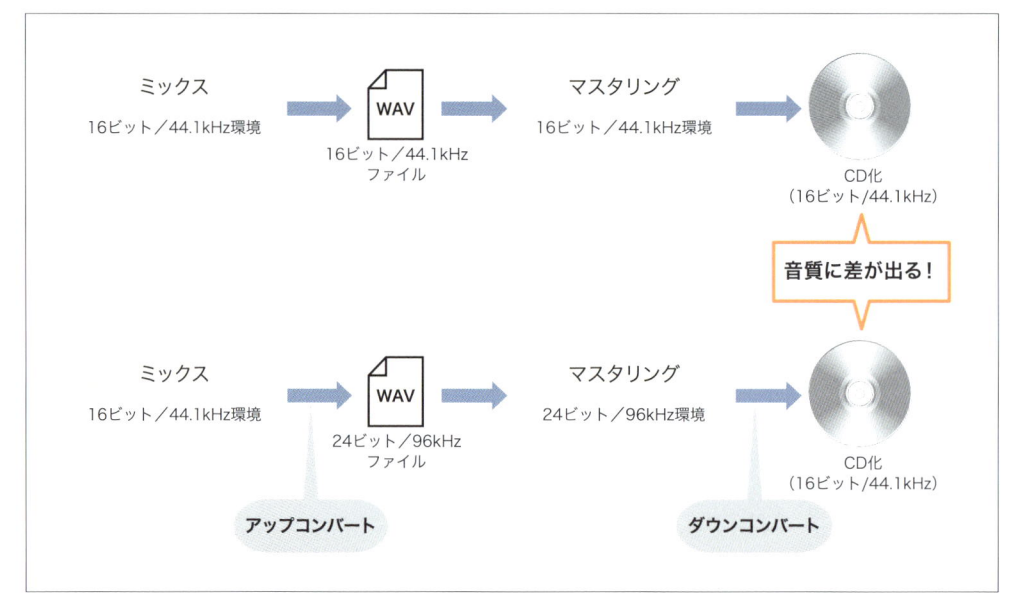

▲図①　上はミックスからCD化まで16ビット／44.1kHzで進めた場合で、下は2ミックスの書き出し時にアップコンバートを行った場合。プラグイン・エフェクトのかかり具合(精度)によって最終的な仕上がりには差が出る可能性がある

（**図①**）。もちろん、録音やミックスの段階からハイビット／ハイサンプリング・レートで作業できればそれに越したことはありません。しかし、多くのトラックやプラグインを使用するとパソコンへの負荷が大きくなり過ぎてしまう場合もあるでしょう。しかし、マスタリングでは1トラックのみしか使いませんし、プラグイン数もさほど多くないため、ハイビット／ハイサンプリング・レートの設定も可能です。マスタリング時の音質に不満を感じた方は、一度2ミックスのアップコンバートを試してみてください。

バウンス時の注意

2ミックスを書き出す場合は、ファイル内の音が始まる前と終わった後に数秒の余裕（無音部分）を持たせておきましょう（**画面①**）。これはマスタリング時の曲間調整などを考えての処理です。

またバウンス時はマスターにインサートしていたメーター系プラグインはオフにしてください。稀ではありますが、パソコンに負荷がかかって2ミックス・ファイルにノイズが入ることがあります。

そのほか細かいことですが、バウンスした2ミックス・ファイルは、それがマスタリング前の2ミックスであると一目で分るようにファイル名のどこかに"pre_master"と入れておくと後から整理しやすくなり、ファイルを間違える事故も防げます。

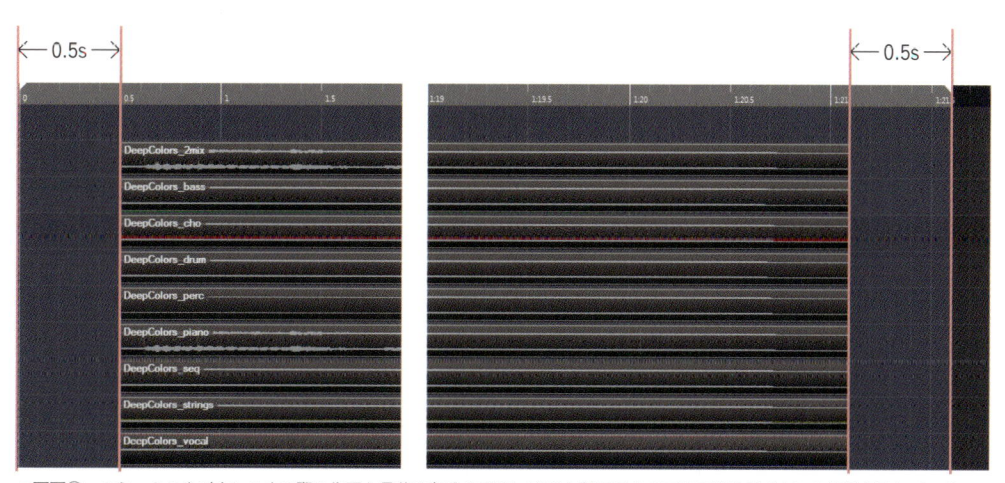

▲**画面①** 2ミックスをバウンスする際の先頭と最後の部分の画面。画面上部に見える三角の記号がバウンス範囲を示している。この設定では曲が始まる前に0.5s、曲が終わった後に0.5sの空白時間を持たせている

chapter 14
2ミックス・ファイルのバウンス方法

リミッターの活用方法

"クリップ"についてのおさらい

　2ミックスを書き出すときはマスター出力のクリップにも注意が必要です。"クリップ"とはピーク・メーターが0dBを越えようとして、"赤ランプ"が付いた状態になること。chapter 06のP49でも述べた通り、デジタル音声信号は0dBfsを超えて記録することはできません。アナログ・レコーダーでは"音が歪み始める目安"として0dBの設定があり、実際上は0dBを超えても信号を記録することが可能でした。ですので、少しくらい0dBを超えても聴感上で歪んで聴こえなければ"問題ない"とすることもよくあったのです。しかし、デジタル環境ではそういうわけにもいきません。デジタル音声信号の波形が0dBの壁にぶつかり、連続したフルビットの情報が存在してしまうと不快な歪みが生じやすくなってしまいます（図①）。

　ただし、最近のDAWは軽くクリップしたくらいでは聴感上でノイズを感じない仕様になっている場合も多く、クリップしたからといって必ずNGということではありません。しかし、それでも0dBfsを越えないようにするのはデジタル音声信号を扱う

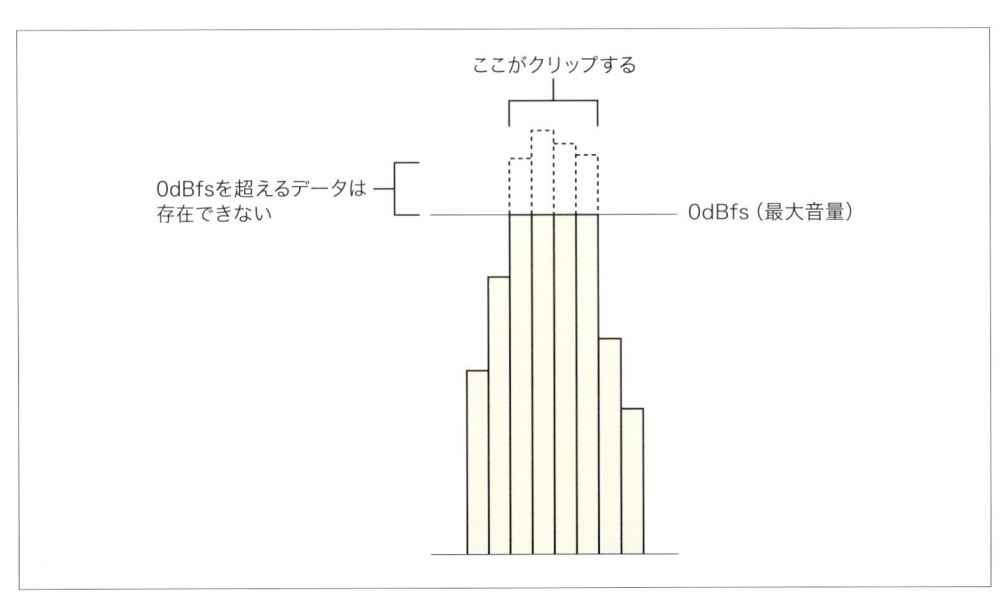

▲図①　クリップが発生する仕組み

上で基本ですし、単にモニター環境の精度が低くてノイズに気付いていないだけかもしれません。いずれにしろピーク・メーターは0dBを越えないようにしましょう。

最後は自分の耳で確認しよう

前項で"0dBを越えないように"と書きましたが、chapter 10の生音系ミックスやchapter 11のインスト系ミックスでは、DAWによって1dB程度ではあるもののマスターのピーク・メーターが0dBを越えることも考えられます。この場合の対処法としてはバランスを取り直すのが基本ですが、筆者はリミッターでこのオーバー分を抑えています。越えているレベルがわずかで、しかも一瞬であれば、リミッターを活用することでバランスはそのままにクリップを回避できるのです。

プラグインのリミッターは0dBを越える信号をあらかじめ予測して、オーバーする分を設定したレベルまで抑えることが可能です。基本的な設定としては、リミッターの出力レベル（OUTPUT）を−0.1dBに設定しておけば、クリップを避けられます（図②）。ただレベルを抑えすぎたり、極端に大きな信号が入力されると、リミッターといえども歪むことはあります。最終的には自分の耳で確認してノイズが生じていないかどうかは必ず確認するようにしてください。

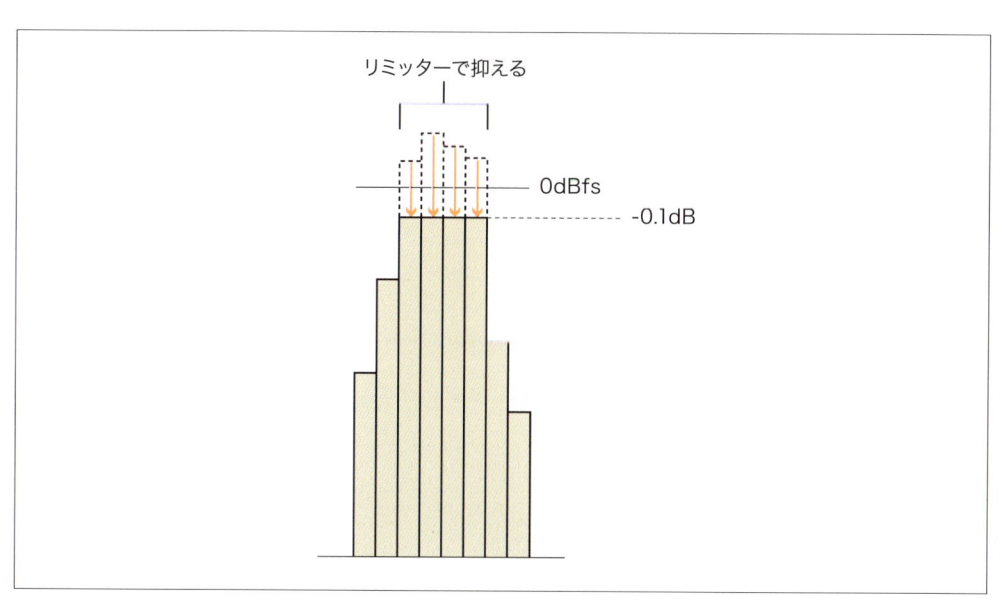

▲図②　リミッターの出力レベル（OUTPUT）を−0.1dBに設定した場合のリミッターの動作イメージ

COLUMN

音圧リファレンス・ディスク・ガイド②

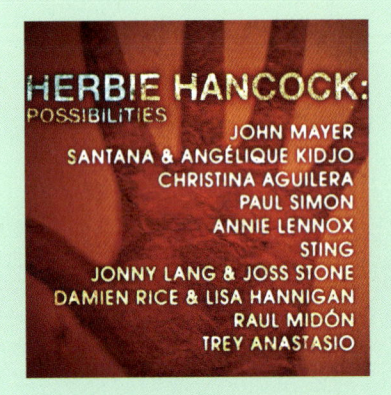

『POSSIBILITIES』
ハービー・ハンコック

●ジャンルを越えた音圧バランス感覚

　ジャズ・ピアノの巨匠、ハービー・ハンコックがジャンルを飛び越えてジョン・メイヤー、サンタナ、スティングなど多彩なアーティストと共演したアルバムで、ロック的要素からポップ、ジャズに至るまで非常に幅の広い作品に仕上がっています。ジャンルをまたがって作品を作っている人はぜひ参考にしてみてください。RMSメーターはさほど高い値を示してはいないのですが、ミックスが絶妙なのでしょう、楽曲によっては音圧感もしっかりとあります。

『4x4=12』
デッドマウス

●聴感重視のマスタリング

　ミックス、マスタリングともにワイド・レンジでメリハリのある現代的な仕上がりのクラブ・トラック作品です。聴感上の音圧でアルバム全体を調整していると思われ、RMSメーターや波形を見るとばらつきがあるように見えるのですが、そういったことを感じさせない仕上がりになっています。5曲目の「animal rights」はピーク・メーターで−2dB弱のヘッドルームを残しており、無理に音圧を上げず、前後の楽曲とのバランスが取られています。

PART 3

楽曲タイプ別マスタリング

いよいよマスタリングを実践していただくPART 3へ突入します。PART 2でミックスした4タイプの楽曲を素材として使用しますが、もちろん、皆さんが自分でミックスした素材を使っていただいても構いません。

▶ Cubaseユーザーの方へ
各chapterのプロジェクトには複数の楽曲を並べました。文中のオーディオ・ファイル名を参照して該当トラックをソロ再生してください。解説の段階に応じてバリエーションのプロジェクトを用意していますが、各プロジェクトには全エフェクトも設定済みなので、バイパスをオン／オフして各段階を追っていくことも可能です。

▶ 他のDAWユーザーの方へ
マスタリング前の2ミックスは「18」フォルダ内の下記です。chapter 19～21の各フォルダにはマスタリング後のファイルのみを用意しているので、比較したい場合はこれらを処理前の状態として参照してください。

- 01_DeepColors_2mix.wav
- 02_Alternate_2mix_normal.wav
- 03_Alternate_2mix_loud.wav
- 04_FamigliaTrueman_2mix.wav
- 05_Captured_2mix.wav

chapter 15	マスタリング用のDAWプロジェクトを作成	P120
chapter 16	音圧や音質を参照できるリファレンス曲を準備	P122
chapter 17	スペアナを活用しよう	P126
chapter 18	最初は"おおまか"に音圧を稼いでいこう	P130
chapter 19	EQによる音質調整は低域と高域がポイント	P140
chapter 20	定位の確認とステレオ音場の広げ方	P148
chapter 21	マキシマイザーで最大RMS値－8dBを目指す	P150
chapter 22	MSも面白い！	P156

chapter 15 マスタリング用の DAWプロジェクトを作成

ミックスとマスタリングでプロジェクトを分ける

新規プロジェクトを立ち上げよう

　2ミックスを書き出してミックス用のプロジェクト・ファイルを保存したら、次はいよいよマスタリング用のプロジェクト・ファイルを新規に作成します。1曲だけマスタリングするのであれば、ミックス時のプロジェクトをそのまま使ってもよいのですが、複数楽曲をマスタリングしたい場合やマスタリングで問題を発見してミックスの段階まで戻りたいときに作業が繁雑になってしまいます。ここは気分を新たにして新規のプロジェクトを立ち上げましょう。

　プロジェクトのビットやサンプリング・レートは、ミックスで書き出した2ミックスに合わせて設定します。最近のDAWは自動でオーディオ・ファイルのサンプリング・レートを変換する場合もあるので、間違えないようにしましょう。ダウンロード素材の「Other_DAW」（他のDAW用）に用意したオーディオ・ファイルは基本的に16ビット／44.1kHzで作成しています。chapter 08〜11までのミックス用素材を使用して自分でミックスした2ミックスを使用される方は、バウンス時にハイビット／ハ

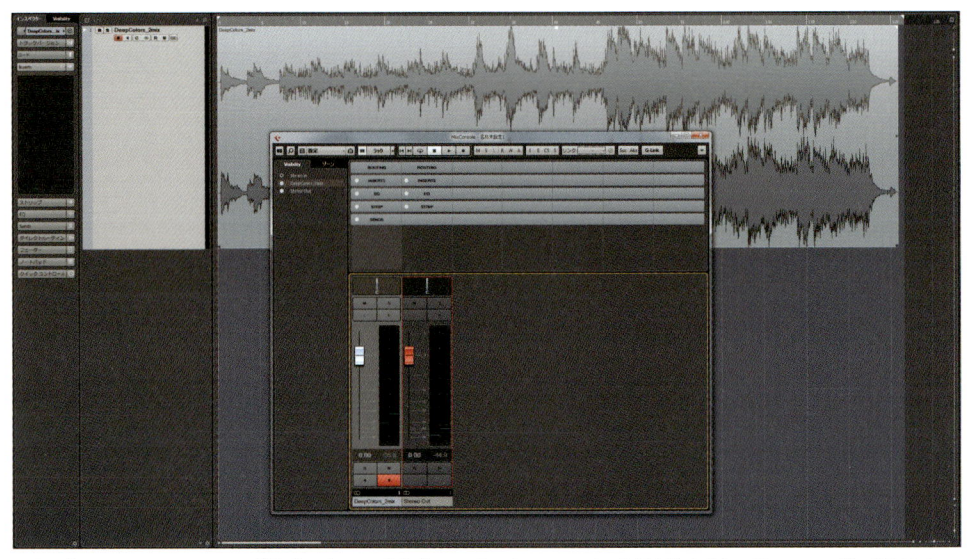

▲画面① Cubaseでマスタリング用プロジェクトを作成し、2ミックス・ファイルを読み込んだところ。フェーダーは0dBで、マスタリング中もいじることはない

イサンプリング・レートで書き出し、その設定に合わせてマスタリング用プロジェクトを作成してもよいでしょう。そして、16ビット／44.1kHzの2ミックス素材とエフェクトのかかり具合がどのように違うのか比較してみるのも面白いと思います。

マスターにRMSメーターをインサート

　新規プロジェクトを立ち上げたら2ミックスをトラックに読み込みます。フェーダーは0dBです。マスタリングではフェーダーをさわることはありません（**画面①**）。また、マスターには音圧調整のために使用するRMSメーターをインサートします。本書では筆者が使い慣れているUNIVERSAL AUDIOのUADシリーズ用のプラグイン、Precision Limiterに装備されたRMSメーター（**画面②**）を使いますが、DAW付属のメーターやほかの製品でも構いません。RMSメーターにはさまざまな種類がありますが、できるだけ細かくレベルを監視できるタイプがお勧めです。サイズ的に小さいものや目盛りが粗いタイプは追い込んだ調整をしづらいので注意してください。

　マスタリングでは大きな音を出すことはあまりありませんが、微調整が作業の中心なので集中力を要します。できるだけ静かな環境で行った方がよいでしょう。そして、定位や低域を確認するためにヘッドホンも用意してください。

▲画面②　本書で使用するのは、リミッター・プラグインのUNIVERSAL AUDIO Precision Limiterに装備されたメーター。リミッターとしては使用せずにRMSメーターのみを使う

chapter 16 音圧や音質を参照できる リファレンス曲を準備

明確なコンセプトを持つために

音圧や音質は実にさまざま

　ミックスと同様にマスタリングにも明確なコンセプトを持って臨むことが重要です。本書の冒頭でも述べましたが、現在は音圧競争も収まってきており、いかに楽曲に合ったマスタリングを行うかがポイントになってきています。しかし、マスタリング初心者の方は最終的な仕上がりをイメージしづらいと思います。そこで、お勧めしたいのは音圧や音質にフォーカスしながら、いろんな楽曲を聴いてみることです。複数のアーティスト、それも国内外の作品を並べて聴いてみると、意外なほど音圧や音質に違いがあることに気付くと思います。そこで大まかな傾向をつかんで、さらに一人のアーティストの作品をじっくり聴いてみると、そのアーティストのマスタリングに対する考え方が見えてくるでしょう。その中から、自分が理想的と思える作品を選んでリファレンス曲にすればよいのです。

耳と波形で確認

　幾つか気に入ったリファレンス曲が見つかったらパソコンに取り込んでみましょう。このときはMP3やAACなどの圧縮された作品ではなく、CDからデジタル・リッピングしてください。MP3などは既にオリジナルから音質が変化していますし、CDをアナログで取り込むとレベルが変化してしまう危険があります。

　リッピングした曲をDAWに並べて、再生しながら波形を確認してみましょう。きっと波形の大きさもさまざまであることに気付くと思います。波形が大きいと音も当然大きいわけですが、大きすぎて波形の上下がつぶれてベッタリとして見える楽曲は音圧を上げ過ぎている場合が多いです。これはchapter 01のP14で紹介した通り。いわゆる海苔のような波形です。逆に適切なマスタリングが施されている楽曲は、波形のギザギザがある程度残っているものが多いでしょう。

　ほかにも例えば、静かな印象の音数が少ない楽曲は、ある程度の波形の大きさがあれば、見た目以上に個々のパートが大きく聴こえることも多いかと思います。一方、ロックやクラブ・ミュージック、ポップスなどで音数が多い楽曲は、波形がある程度の大きさであっても、あまり音圧を感じられないものもあるでしょう。これらの原因

には、使用されている楽器の周波数帯域や演奏方法、そしてミックスの方向性などさまざまな要素が複雑に絡んでいます。ぜひそうしたことも分析しながら聴いてみてください。音を聴きながらどんな波形になっているかを想像してみるのも良い訓練になるでしょう。

最後はRMSメーターをチェック

次に試してもらいたいのが、理想的な音圧と感じた曲がRMSメーターではどれくらいの数値を示すのかを調べてみることです。筆者はRMSメーターが－10dB前後を推移するような楽曲を適正な音圧と感じ、RMSメーターが－6dBを超えるようなら少し高すぎると感じます。そうした楽曲をよく聴いてみると、ダイナミクスを失っていたり、音が歪んでいる場合もあります（**画面①**）。

皆さんも耳と波形、そしてRMSメーターでいろいろな楽曲をチェックしてみてください。これを繰り返せばマスタリングに必要な感覚を訓練することができ、理想とする仕上がりをイメージできるようになると思います。特に音楽制作初心者の方は、いきなりマスタリングを始めるのではなく、リファレンス曲を聴き込むことが結果としては近道になると思います。

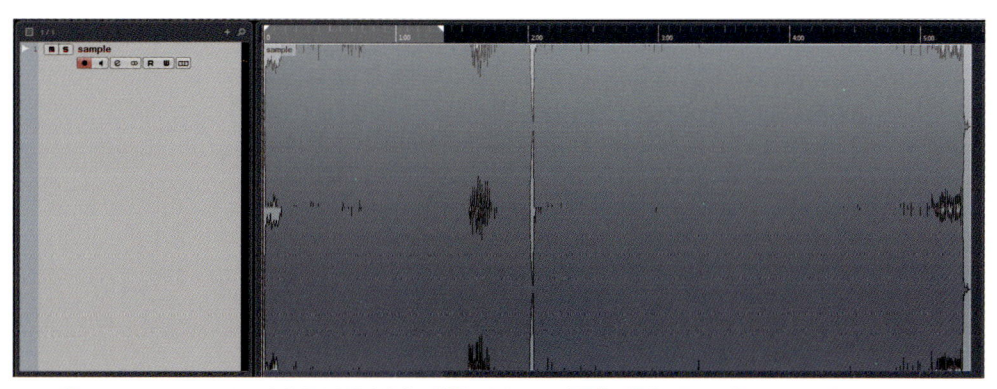

▲**画面①** RMSメーターが－6dBを越えるような楽曲の波形。もちろん、意図的に過激な歪ませ方をしている作品もあるが、そうでない場合はこうした波形はなるべく避けた方がよいだろう

chapter 16
音圧や音質を参照できるリファレンス曲を準備

楽曲タイプ別のリファレンス曲探し

　ここからはさらに細かく、楽曲のタイプ別にリファレンス・トラックの探し方を紹介してみましょう。

●歌もの系

　ボーカルとバック・トラックの関係が、自分のミックスと似ているものを探してみてください。今まで何気なく聴いていた曲でも、じっくり聴き込むと実は意外なほどボーカルが大きい、あるいは小さいということに気が付くかもしれません。そんな感触がつかめてくれば、マスタリングもスムーズに行えます。

●打ち込み系（クラブ・ミュージック系）

　クラブ・ミュージック系の楽曲は低域が命ですので、低域がしっかり出ている作品を選びましょう。その際はモニター・スピーカーだけでなく、ヘッドホンでも低域チェックを忘れずに。また高域の抜けも大切です。ややドンシャリ気味であっても、十分リファレンスにはなると思います。

●生音系

　生音が中心の楽曲は、楽器間の空間を感じられるようなハイファイなサウンドをリファレンスにするとよいでしょう。低域や高域に自然な伸びがあるものが向いています。

●インスト系

　メインとなる楽器があれば、それを歌もの系のボーカルと同じように考えればよいでしょう。また、低域から高域までのバランスが良い楽曲の方がリファレンスに向いていると思います。なお、chapter 11（P94）でミックスしたようなロック・テイストのサウンドは音圧を上げることでダイナミクスが失われる傾向にあることを頭に入れておいてください。

　そのほか、リファレンス曲はなるべく新しい作品の中から選ぶようにしてください。90年代半ば以前の楽曲には音圧が低いものが多く、現代的なマスタリングには適さない作品が多いのです（ミックスのリファレンスにするには問題ありません）。また、リファレンス曲はあくまで道しるべのようなものなので、全く同じにする必要はありません。リファレンス曲の良い部分を吸収して、最終的には自分なりのマスタリングが行えるようになりましょう。

メモ用紙とペンも忘れずに

　マスタリング中の比較試聴方法ですが、1曲だけマスタリングする場合は、マスタリングする曲とリファレンス曲を別々のトラックに並べて、SOLOボタンなどで瞬時に切り替えられるようにしましょう（**画面②**）。

　また、低域／中域／高域のそれぞれに注意を向けてマスタリング曲とリファレンス曲とを聴き比べることも大切です。なお、音圧は最終段階で合わせていくので、マスタリングの初期段階ではあまり執着しないようにしてください。

　アルバム制作などで複数曲をマスタリングする場合は、そのアルバムの中でメインとなる曲、あるいは1曲目となる曲に対してリファレンス曲を用意すればOKです。最初にそのメイン曲をマスタリングして、あとはそれに合わせてほかの曲をマスタリングすればよいので、全曲にリファレンス曲を用意する必要はありません。ただし、楽曲の雰囲気が大きく違う曲に関しては、それに応じてリファレンス曲を用意してもよいでしょう。

　なお、比較試聴して気付いたことはすぐにメモを取るようにしてください。マスタリングは客観性が大切な作業ですので、メモを取ることで作業の整理ができるようになります。ぜひ、メモ用紙とペンを用意してください。

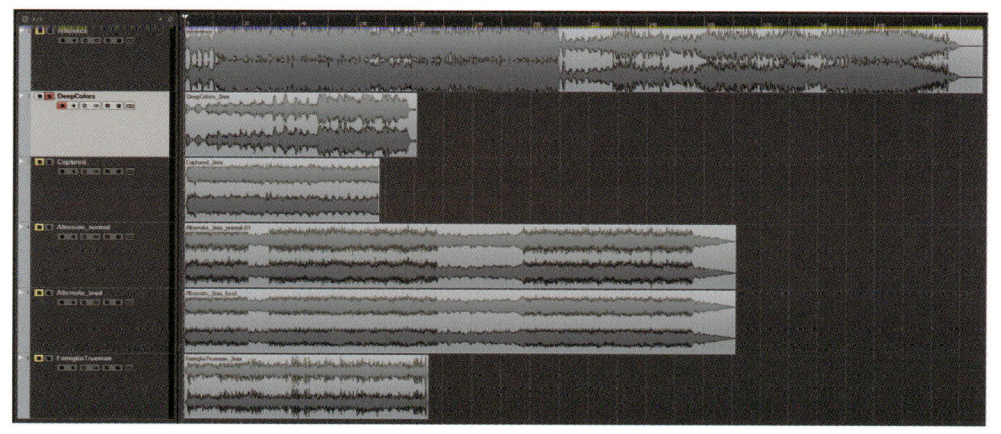

▲画面②　上がマスタリング曲、下がリファレンス曲。SOLOボタンなどで瞬時に切り替えることによって比較試聴の精度が高まる

chapter 17 スペアナを活用しよう

音の周波数特性を可視化する便利ツール

スペアナとは？

"スペアナ"は、音の周波数的な特徴（周波数特性）をグラフで可視化してくれるメーターの一種で、正式名は"スペクトラム・アナライザー"です。

DAWの多くには何らかの形でこのスペアナが用意されているので、皆さんの環境でもチェックしてみてください。

CubaseではチャンネルストリップのEQでスペアナを表示可能です（デフォルトで表示される仕様です）。入力した音声の周波数特性は薄い緑色のグラフで、EQ後の周波数特性は濃い緑色のグラフで同時に表示されるので、イコライジングで周波数がどのように変化したかをリアルタイムに確認でき、ミックスやマスタリングの際にとても重宝します。

また付属プラグインのStudio EQでも、「Spectrum」ボタンをオンにすると入力時の周波数特性をグレーのグラフで、EQ後を赤いグラフで表示してくれます。そのほか付属プラグインのMultiScopeでは、棒グラフの形式でスペアナを表示可能です。

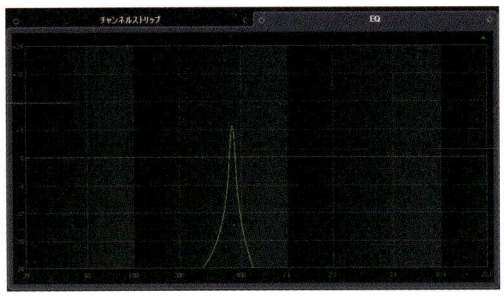

◀画面① スペアナ表示の例。サイン波で440Hzを鳴らすと、スペアナでも440Hzの部分の音量が盛り上がったグラフになる

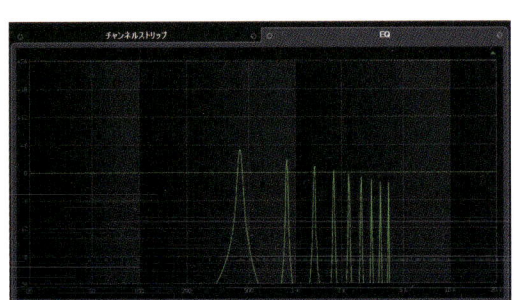

▶画面② 440Hzのノコギリ波をスペアナで表示した例。440Hzより上の周波数帯域にもグラフの山が見える。これは倍音成分

スペアナを使ってみよう

では、実際にスペアナがどんな風に周波数を表示してくれるのか見てみましょう。画面①はCubaseのチャンネルストリップに装備されたEQでのスペアナ表示です。このトラックではCubase付属のTestGenerator（テスト用信号を出力するプラグイン）をインサートして440Hzのサイン波を出力しています。他のDAWでも、TestGeneratorと同じような機能を持つ信号発生用のプラグインが装備されている場合があるので、探してみてください。

さて、画面①ですが、サイン波は倍音を持たないので、スペアナでは440Hz部分が持ち上がったグラフになっています。

画面②はノコギリ波、画面③は矩形波、画面④は三角波で、それぞれ440Hzを出力した状態です。こちらは倍音なども表示されていることがわかるでしょう。

このようにスペアナは周波数帯域の音量を可視化してくれるとても便利なツールです。例えば、ある特定の周波数帯域をうるさいと感じた場合には、スペアナ上で音量が不自然に上がっているところを探し、ピンポイントでEQするといった使い方ができます。あるいは、ベースをスペアナで見てみたら、聴いているだけでは気づかなかった超低域成分を見つけられるかもしれません。

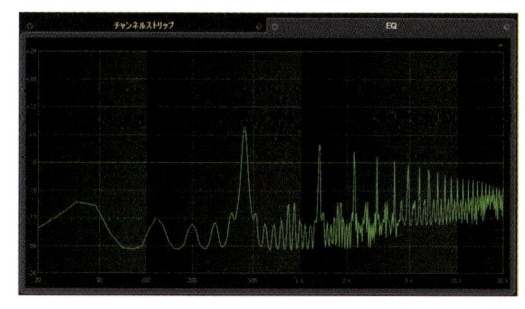

◀画面③　440Hzの矩形波のスペアナ表示

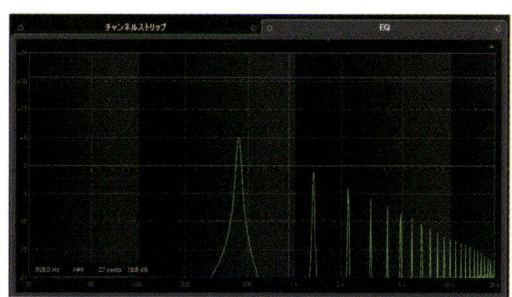

▶画面④　440Hzの三角波のスペアナ表示

chapter 17
スペアナを活用しよう

使用上の注意

　このようにスペアナは周波数バランスのチェックにとても有効ですが、過信してはいけません。例えば、高い音が中心のピアノのワンフレーズをスペアナで表示してみると、**画面⑤**のように思ったより高域が出ていなかったりします。

　また、低域を強く感じるキックをスペアナで見たものが**画面⑥**ですが、実は高域にもエネルギーがあることがわかると思います。すなわち、スペアナの表示と聴感は必ずしも一致するわけではないのです。

　さらに、P52で解説した通り、人間の耳は音量が下がると低域と高域の感度が落ちる傾向にあります。ですから、もしスペアナがフラット（水平）なグラフを表示していたとしても、小さい音量でモニターしていれば、スペアナの見た目ほど低域と高域を感じない可能性があるわけです。スペアナを見るときは、このようなヒトの耳の特性も考慮することが大切です。

処理前後の確認に有効

　トラック単位だけでなく、楽曲全体（2ミックス）の周波数特性をチェックする際にもスペアナは活躍してくれます。しかし前述の通り、その見た目に頼り過ぎると方

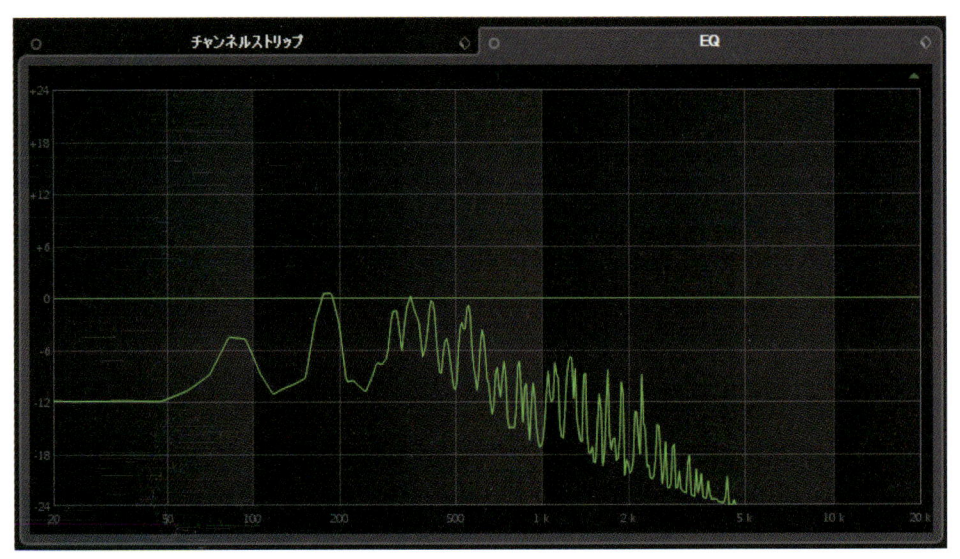

▲**画面⑤**　ピアノの高い音のフレーズをスペアナで表示した状態。500Hzより上の周波数帯域のレベルが低くなっていて、5kHzより上はほとんど表示されていない。しかし、聴感上ではそこまで高域がない印象は受けない

向性を誤りかねません。

　一般的に、ミックスは低域から高域までがフラットな周波数特性になる状態が良いとされています。しかし、ピアノ曲などにおいては、高域成分のエネルギーがかなり小さくなることもよくあります。そういう場合はスペアナも高域にかけて少なくなるような表示になります。だからといって、高域をほかの曲よりも少なく感じるかというと決してそうではありません。これは前述の**画面⑤**のピアノのフレーズ例でも紹介した通りです。

　こうしたことを踏まえると、実際の作業では、まず自分の耳を信じて聴感上のバランスを大切にすることを優先したほうがよいでしょう。その上で、スペアナでも周波数特性の変化を確認して、バランスを整えていくという使い方がお勧めです。特に、聴いているだけでは気づきにくい低域のチェックにはスペアナを活用するとよいと思います。

　また、マスタリングではEQやコンプの処理前後で、周波数特性が激変することはあまり好ましくありません。そういう意味では、プロセッシング前後をチェックするためのツールとしてスペアナを利用するのもよいでしょう。耳とスペアナを上手に使いわけて作業を進めていくと、仕上がりの精度も格段に上がると思います。

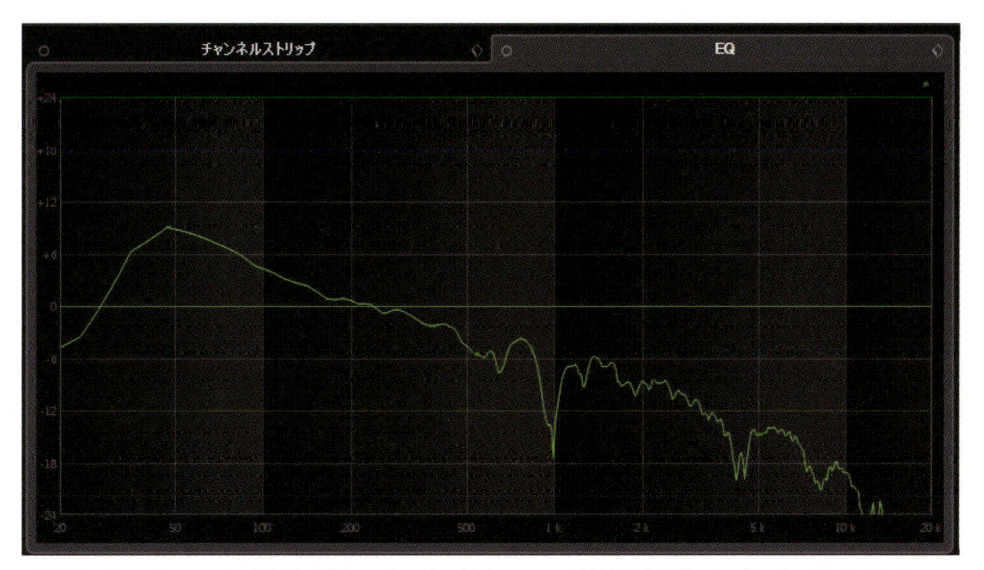

▲画面⑥　キックをスペアナで見た例。低域のエネルギーが大きいのは一目瞭然だが、高域にもエネルギーがあることがわかる

chapter 18 最初は"おおまか"に音圧を稼いでいこう

リミッターで音圧アップ

まずは軽い気持ちでトライ

　リファレンス曲で最終的なサウンドのイメージがつかめたら、最初はおおまかに音圧を上げていきます。RMSメーターの値（RMS値）は−10dB前後を目指しますが、この段階では"おおまかに"で構いません。"まずはどれくらい上げられるかな"という軽い感じでトライしてみてください。

　音圧を上げるにはリミッターを使用するのが最も簡単でミックス・バランスに与える影響も小さくて済みます。リミッターの種類はDAW付属のもので構いません。マスタリング曲を読み込んでトラックに手持ちのリミッターをインサートしてみてください。本書ではCubase付属のLimiterを使います（**画面①**）。なお、プラグインによっては音質に多少の違いがあります。慣れてきたらサードパーティ製も試して、好みの音質のリミッターを探してみるのも楽しいでしょう。

インプット・ゲインを上げてみる

　ここからはchapter 08〜11で作成した2ミックスを素材に、それぞれの音圧の変化を見てみます。まずは以下のファイルをDAWへ読み込んでください（Cubaseプロジェクトは18.cprに読み込み済み）。

- 歌もの系：01_DeepColors_2mix.wav
- 打ち込み系ノーマル・ミックス：02_Alternate_2mix_normal.wav
- 打ち込み系ラウド・ミックス：03_Alternate_2mix_loud.wav
- 生音系：04_FamigliaTrueman_2mix.wav
- インスト系：05_Captured_2mix.wav

　DAWに2ミックスを読み込んだら、リミッターのインプット・ゲインを上げてRMS値が−10dB近辺になるように音圧を稼いでいきます。このとき音圧感が大きく変わる楽曲とそうでない楽曲があると思います。こうした音圧の上がり方を感覚的につかむようにしましょう。その見極めがマスタリングでは重要ポイントになります。

　P132からは楽曲タイプ別に音圧の上げ方を解説していきますが、リミッターにはインプット・ゲインではなく、スレッショルド（Threshold）で調整するタイプもあ

| ダウンロード素材 | Cubase用 | Cubase → 18 → 18.cpr | 他のDAW用 | Other_DAW → 18 → 01_DeepColors_2mix.wav～05_Captured_2mix.wav |

ります。その場合はスレッショルドを下げると音圧が上がります。RMS値を参考に調節してみてください。またインプット・ゲイン／スレッショルド以外のパラメーターは共通です。それぞれの説明と設定は以下を参照してください。

●アウトプット（Output）：－0.1dB

出力のレベルを決めるパラメーターで、マスタリングの場合はクリップを避けるために－0.1dBに設定します。

●シーリング（Ceiling）：－0.1dB

リミッターの種類によってはアウトプットではなく、シーリング（Ceiling）と表記されている場合もあります。役割としてはアウトプットと同じなので－0.1dBに設定しておきましょう。

●リリース（Release）：最小値～1ms程度

リミッターの種類によって同じ値でも音質に変化が生じる場合があるため、決まった値がありません。マスタリングでは短い方が自然な音に仕上がる場合が多いようです。Cubase付属のLimiterでは最小値の0.1msにしています。

◀画面① 本書で使用するリミッターはCubase付属のLimiter

chapter 18
最初は"おおまか"に音圧を稼いでいこう

歌もの系　　　　　　　　　　　　　　　　　　　　素材●01_DeepColors_2mix.wav

　この曲は前半の平歌と後半のサビで音量にかなり差があります。そこで、サビの部分でRMS値が－10dB辺りまで振れるように、リミッターのインプット・ゲインを上げてみましょう。Limiterを使った場合では3dB程度上げると、RMS値が－10dB近辺まで振れました（**画面②**）。音圧を上げた例は01a_DeepColors_limiter.wav／18a_limiter.cprです。01_DeepColors_2mix.wavと聴き比べると、この時点で既に十分な音圧を感じられると思います（CubaseプロジェクトはLimiterをバイパスして比較してください）。

　また作業中はリミッターをバイパスして元音と聴き比べ、ボーカルのバランスをチェックしましょう。特にサビの歌い上げるような部分で確認してみてください。もしリミッターをかけてボーカルを大きく感じるようなら、ミックスをやり直した方がよいでしょう。リミッターで3dB上げても音圧を感じられない場合も、chapter 08（P66）を参考にミックスをやり直してみてください。

▲**画面②**　歌もの系にかけたリミッターの設定。インプット・ゲインは＋3dB

ダウンロード素材

Cubase用
Cubase → 18
→ 18a_limiter.cpr

他のDAW用
Other_DAW → 18
→ 01a_DeepColors_limiter.wav
→ 02a_Alternate_normal_limiter.wav
→ 03a_Alternate_loud_limiter.wav

打ち込み系　素材●02_Alternate_2mix_normal.wav／03_Alternate_2mix_loud.wav

　打ち込み系の中でもクラブ・ミュージックでは、強いエネルギーを持つ低域パートのキックとベースがいずれもセンターに定位しているので、これらがRMS値にも大きな影響を与えます。音圧アップは低域に注意しながら行いましょう。

　ではまず、02a_Alternate_normal_limiter.wav／18a_limiter.cprがノーマル・ミックスでの音圧アップ例です。リミッターのインプット・ゲインを5dB程度上げるとRMS値は－10dB近辺まで上がりました（**画面③**）。一方、ラウド・ミックスも**画面④**のように5dBほどのアップでRMS値が－10dBまで振れました（03a_Alternate_loud_limiter.wav／18a_limiter.cpr）。しかし、ラウド・ミックスの方はまだまだ音圧を上げられそうな感じがするのではないでしょうか？　これはミックス時にサイド・チェインでキック以外のパートをまとめてコンプレッションしているためです。ノーマル・ミックスではキックとほかのパートが重なって鳴っていますが、ラウド・ミックスはキックが鳴っている部分では他パートがコンプレッションされるので、ノーマル・ミックスに比べて音圧を上げる余地が残っているのです。ただ、もしアルバムに収録することを考えるのであれば、ほかの曲との音圧差を考えるとこれくらいが適切だと筆者は考えます。音圧は作品の発表形態なども考慮して決めていきましょう。

▲**画面③**　ノーマル・ミックスにかけたリミッターの設定。インプット・ゲインは＋5dB

▲**画面④**　ラウド・ミックスにかけたリミッターの設定。インプット・ゲインは＋5dB

PART 3　マスタリングの基礎知識

chapter 18
最初は"おおまか"に音圧を稼いでいこう

生音系　　　　　　　　　　　　　　　　　　　　素材●04_FamigliaTrueman_2mix.wav

　この楽曲は、**画面⑤**のようにリミッターのインプット・ゲインを7dBくらいまで上げたところで、－10dBのRMS値に到達すると思います。サウンドは04a_FamigliaTrueman_limiter.wav／18a_limiter.wavで確認できますが、これを聴くと音質的にはダイナミクスを保ったまま、もっと上げられそうにも感じるのではないでしょうか。しかし7dBアップの状態でも、既に聴感上の音圧はインスト系や打ち込み系に比べてかなり大きくなっているでしょう。アルバム内でほかの作品と並べることなどを考えると上げ過ぎは要注意です。ぜひ、ほかの音圧アップを施した曲と音圧感を聴き比べてみてください。

　この曲の音圧を上げやすいのは、ミックス時のRMS値が低いことが大きな理由と言えるでしょう。また、0dB近辺まで達する瞬間的なピークもあるのでピーク・メーターは0dB近くまで振れますが、そのピークがそれほど連続していないのでリミッターで自然に抑えることができ、小さい音を持ち上げやすくなっているのです（**画面⑥**）。

　ただし、むやみに音が大きければよいというものでもありませんし、上げ過ぎて気付かないうちに歪んでしまっているということも考えられるので、適度な音圧感を自分の耳で判断するようにしましょう。

▲画面⑤　生音系にかけたリミッターの設定。インプット・ゲインは＋7dB

▼画面⑥　生音系のリミッターをかける前の波形（一部）。きれいな起伏を描き、上下にも十分な余裕がある

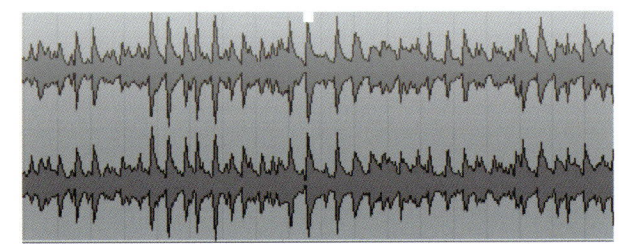

ダウンロード素材　Cubase用 → Cubase → 18 → 18a_limiter.cpr　他のDAW用 → Other_DAW → 18 → 04a_FamigliaTrueman_limiter.wav ／ 05a_Captured_limiter.wav

インスト系

素材●05_Captured_2mix.wav

　この曲はRMS値で－10dBを目指してリミッターをかけます。筆者が作った例は05a_Captured_limiter.wav／18a_limiter.wavです。この場合は6dBほどインプット・ゲインを上げました（**画面⑦**）。これをP132の歌もの系と聴き比べてみましょう。すると歌もの系にはまだ音圧に余裕があり、インスト系はやや飽和しているように感じられるのではないでしょうか？

　その理由は元の2ミックス波形を見比べてみると推測できます（**画面⑧**）。歌もの系は全体的に波形が大きいものの、インスト系と比べて波形の起伏に大小の差がはっきりとあります。このことから大きな波形（＝音量）を抑えて、全体の音量を底上げすることでまだ音圧を稼げそうであることが分かります。

　一方、インスト系をぱっと見た限りでは全体的に歌もの系のサビより波形が小さく、波形の大小の差も少ないので音圧を稼げそうです。しかし、同じくらいの音量の素材が集まって、すき間なく波形を形成しているため、リミッターをかけていくと全体的に音量が持ち上がり、かけ過ぎると波形が潰れて聴感上は歪みとなって表れます。さらにリミッターを強くかけていくと波形の大小の差が少ないため全体的に音が潰れることになります。これが"飽和感"の正体です。このインスト系は音数が多い上、オルガンのような持続音が音の隙間を埋めるので飽和しやすくなっているのです。このような音の物理的特性を理解しておくのもマスタリングでは重要です。

▲**画面⑦**　インスト系にかけたリミッターの設定。インプット・ゲインは＋6dB

▼**画面⑧**　上が歌もの系のサビ部分の波形、下がインスト系の波形。歌もの系では波形が大きな起伏を描いているのに対し、インスト系はほぼ同じようなレベルが続いている中で、突発的なピークが多いことが分かる

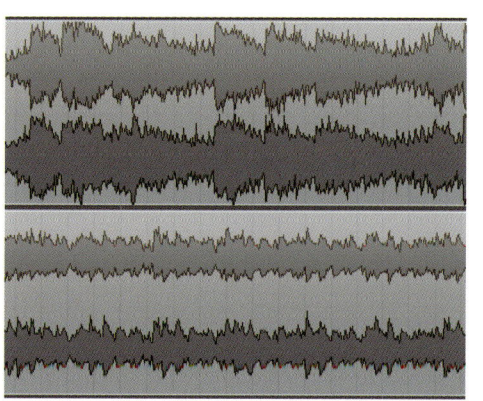

PART 3　マスタリングの基礎知識

chapter 18
最初は"おおまか"に音圧を稼いでいこう

コンプレッサーで音圧アップ

軽めの音圧アップ設定

　リミッターとコンプは動作原理が似ているエフェクトなので、コンプでの音圧アップも可能です。軽く音圧感を得たいときやコンプがあらかじめ持っている音質的な個性を生かしたいときなどには有効な手段と言え、特にバンド系やクラブ・ミュージック系のサウンドに適しています。ただし、コンプはリミッターよりもパラメーターが多く自由度が高い反面、それだけ操作も難しいので、せっかく丁寧にミックスしたバランスを損なうこともあるので注意しましょう。

　それでは、まずは軽めに音圧を整える設定例を歌もの系の01_DeepColors_2mix.wavで試してみます。アタック・タイムは1ms前後、リリース・タイムはやや遅めの100msに設定し、レシオは3：1、3.5dBくらいゲイン・リダクションするようにスレッショルドを調整してみてください。メイクアップ・ゲインはゲイン・リダクションした分だけブーストします（**画面①**）。このコンプをかけたサウンドが01b_DeepColors_comp.wav／18b_comp.cprです。自然に音圧を上げる感じに仕上がっていると思います。

▲画面① 01b_DeepColors_comp.wavで使用したコンプ画面。ある程度の音圧感があるトラックをトータル・コンプでさらに音圧を上げる際は、アタック&リリース・タイムを短めにしておかないとクリップしやすいので注意しよう

ダウンロード素材

Cubase用
→ 18b_comp.cpr

他のDAW用
→ 01b_DeepColors_comp.wav
→ 05b_Captured_comp.wav

なお、この設定ではリミッターのように完全に音量を抑えきっていないので、クリップに注意してください。クリップしそうなときはchapter 14のP117で紹介した設定のリミッターをコンプの後にインサートしてもよいでしょう。またアタック・タイムやリリース・タイム、ゲイン・リダクション量は楽曲によって変わります。ミックス・バランスを崩さないような値を探してみてください。

積極的なコンプ活用

積極的にコンプの個性を生かす場合は、アタック／リリース・タイムは最短に設定し、レシオもできるだけ大きな値にします。スレッショルドは5dBくらいゲイン・リダクションするまで下げ、メイクアップ・ゲインで7dBほど上げてみてください。

インスト系の05_Captured_2mix.wavで実践してみると**画面②**のような設定になりました。サウンドは05b_Captured_comp.wav／18b_comp.cprを聴いてみてください。音圧もある程度稼ぐことができ、いわゆるコンプ感のあるサウンドになっていると思います。この設定は、コンプそのものの持つ音質を楽曲の色付けとして利用したいときに効果的です。なお、この設定のコンプをかけると若干クリップする個所が出てくる場合があるので、コンプの後にリミッターをインサートしてクリップを防ぐようにしましょう。

▲**画面②** 05b_Captured_comp.wavで使用した**コンプ画面**。スレッショルドが−10dB、レシオが8:1、メイクアップ・ゲインは7dB

PART 3 マスタリングの基礎知識

chapter 10
最初は"おおまか"に音圧を稼いでいこう

マルチバンド・コンプレッサーで音圧アップ

EQ的に使えるコンプ

　コンプの中でも周波数帯域ごとに設定が行えるタイプをマルチバンド・コンプレッサーと呼びます。3バンドもしくは4バンド仕様のモデルが多く、各バンドの周波数帯域も任意に変更可能な場合がほとんどです。いわばEQ的に使えるコンプで、使い方によっては通常のコンプよりも音圧を上げることができ、周波数帯域的にもワイドに仕上げることができます。例えば、歌もの系の楽曲ではマスタリング時に中域が膨らみ過ぎる場合がありますが、低域や高域は強めにコンプレッションして音圧を上げ、中域はコンプレッションしないことで、バランスを取ることもできます。

3バンドのマルチバンド・コンプで実践

　それでは実際にマルチバンド・コンプを使ってみましょう。まず周波数帯域は3バンドに設定すると使いやすいでしょう。また帯域幅は楽曲にもよりますが、低域の上限は150Hz～200Hzくらいに、また高域の下限を5kHzあたりに設定すると音をまとめやすいと思います。ここでは打ち込み系ノーマル・ミックス、02_Alternate_2mix_normal.wavで試してみます。使用するマルチバンド・コンプはCubase付属のMultibandCompressorです。
　この曲は低域と中域に音量感があるので、両帯域ともにスレッショルドを－13dB、レシオを4：1でコンプレッションして、メイクアップ・ゲインは低域を6dB、中域は5.1dBブーストします。またキックのアタック感や力強さを失わないように低域のアタック・タイムは40msと遅め、中域はしっかりとコンプレッションすることを考えてアタック・タイムは最短の1msに設定。リリース・タイムは両帯域とも早めにすると自然なかかり具合になりますが、ここではAUTOを選択しました。高域（5～18kHz）はスレッショルドを－13.2dB、レシオを中低域より少し抑えめの3：1とし、アタックは最短の1msに、リリースはAUTOとし、ゲインを6dBと少し強めにすることでドンシャリ的な仕上がりにしました。超高域の18kHz以上は、今回はサウンドに大きな影響を与えないと判断しバイパスしました（**画面①**）。マルチバンド・コンプによる処理後のサウンドは02c_Alternate_normal_multicomp.wav／18c_multico

ダウンロード素材　Cubase用　→ 18c_multicomp.cpr　他のDAW用　→ 02c_Alternate_normal_multicomp.wav

mp.cprでチェックしてみてください。

　なお各帯域にソロ・ボタンがあれば、コンプのかかり具合を個別にチェックできるので活用してみましょう。またリミッター機能が無いモデルでは、クリップを防ぐためにマルチバンド・コンプ後にリミッターをインサートしてください。ここではLimiterをインサートしています。

◀画面① 02c_Alternate_normal_multicomp.wavに使用したマルチバンド・コンプの設定。3バンドで中域を200Hz～5kHzに設定し、低域と中域をコンプレションして強調している

chapter 19 EQによる音質調整は低域と高域がポイント

■ なぜイコライジングが必要なのか?

低域と高域の聴こえ方に注目

　chapter 18（P130）のリミッター処理で、ある程度の音圧感は確保できたと思います。では次に、音圧をアップした2ミックスとリファレンス曲を比較してみてください。このときモニター音量を小さくしたり、ヘッドホンや複数のスピーカーでチェックできるとベストです。どうでしょうか？　恐らく、音圧感は近づいたものの高域の抜けを悪く感じたり、低域の力強さが不足しているように感じるのではないでしょうか？　特に小音量でのモニター時にこうした問題を感じることが多いと思います。

　これはミックスが悪いわけではありません。そして、恐らくモニター音量が大きい方が、抜けや力不足の問題をそれほど感じなくなると思います。これはどういうことなのでしょうか？　ここでchapter 06（P48）で解説した音圧と周波数の関係を思い出してください。人間の耳は中域に比べて低域と高域の感度が低いため、音圧を上げた2ミックスは中域がより強調されて聴こえます。そのため相対的に高域の抜けや低域の力強さが目立たなくなっているのです。

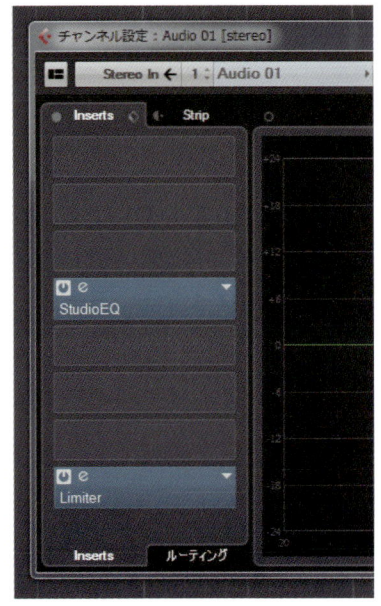

◀画面① EQはリミッターの前にインサートしてクリップを防ごう。画面はCubaseのプラグイン・スロットでEQ→リミッターをインサートした状態

こうした現象を解決するために必要なのがEQです。特に高域と低域の聴こえ方をイコライジングで調節していきます。簡単に言えば、EQで高域と低域をブーストすればよいわけです。

ただし、モニター音量を上げるとそれほど気にならなくなるということは、上げすぎると大音量で聴いたときに逆に高域と低域が出過ぎてしまう可能性もあるので、慎重なEQ処理が必要です。

リミッターの前にEQをインサート

プラグインのルーティングですが、マスタリングではリミッターの前にEQをインサートするのが基本です（**画面①**）。なぜならここでのEQではブーストするのが前提なので、リミッターで音圧をアップした後にEQをインサートするとクリップする恐れがあるからです。

それでは次ページからchapter 18（P130）のリミッターをインサートした状態で、EQをインサートして試していきましょう。皆さんが使用するEQはDAW付属のパラメトリックEQで構いません。ここではCubase付属の4バンド・パラメトリックEQ、Studio EQを使います（**画面②**）。

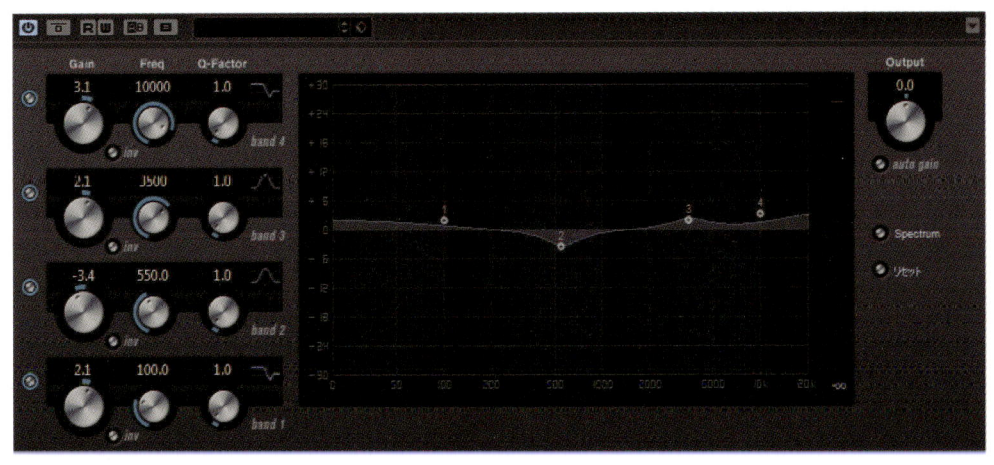

▲画面② 次ページからの実践で使用するEQはCubase付属のStudio EQ。4バンドのパラメトリックEQだ

chapter 19
EQによる音質調整は低域と高域がポイント

イコライジングを実践してみよう

歌もの系　　素材●01_DeepColors_2mix.wavにEQ→リミッターをインサート

　この曲はシェイカーに高域成分が多く含まれています。従って高域をブーストする際はシェイカーの音質変化に注目すると分かりやすいと思います。

　まずはシェルビングEQで、Qを緩やかなカーブにして5kHzから上を5dBブーストしてみてください（**画面①**）。シェイカーの音色がガラっと変わると思います。音圧も上がった印象になり、楽曲の輪郭が明確になってくるでしょう。さらに細かく各パートに注意して聴いてみると、ボーカルの高域成分やリバーブ成分などが持ち上がって、全体的に抜けが良く感じるようになったと思います。01a_DeepColors_hi-EQ.wav／19a_hi-EQ.cprがEQ処理後のサウンドなので確認してみてください。

　ただその反面、ボーカルのサ行などのいわゆる歯擦音が強調される部分があって気持ち悪かったり、ハイハットやシェイカーなどもうるさく感じるかもしれません。そんなときはディエッサーを使ってみましょう。ディエッサーとはコンプに似た動作をするエフェクトで、マルチバンド・コンプのようにある帯域の音量を抑えることがで

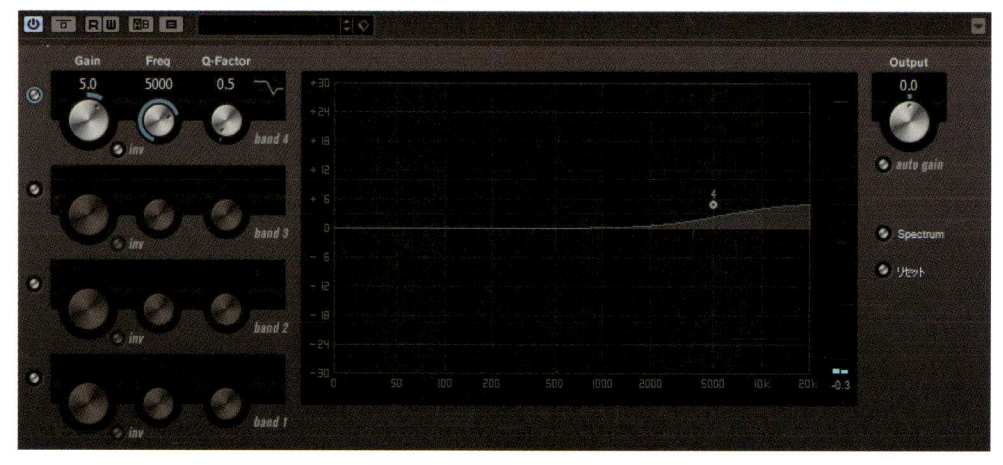

▲**画面①**　歌もの系の高域EQ例。Qを0.5にして、5kHzから上を5dBブーストして抜けを良くしている

→ 19a_hi-EQ.cpr～19c_hi+lo-EQ.cpr

→ 01a_DeepColors_hi-EQ.wav～01c_DeepColors_hi+lo-EQ.wav

きます。もともと歯擦音を抑えるために開発されたものですが、高域をマイルドにしたいときにはボーカル以外にもよく使用されます。

　ディエッサーはパラメーターもコンプに似ていますが、モデルによって装備されている種類や名称がかなり異なります。多くの場合はコンプレッションする周波数を設定でき、コンプレッションする量やリリース・タイムなどを調節できます。また、ゲイン・リダクション・メーターでコンプレッション量も確認可能です。ここではCubase付属のDeEsserを使います。EQとリミッターの間にインサートし、THRESH（スレッショルド）はAUTO、RELEASEは100msにしてREDUCT（リダクション）を2前後にすると、バランスを損ねずに高域のうるさい感じを抑えることができました（**画面②**）。01b_DeepColors_DeEsser.wav／19b_DeEsser.cprでディエッサー処理後の音を確認してみてください。

　低域に関してですが、この曲には既にかなりの低域成分が含まれているので、音圧アップ後もそれほど不足を感じないと思います。試しにシェルビング・タイプのEQで150Hzを緩やかなカーブのQでブーストしてみると、3dB程度上げただけでベースやキックの音が歪んでくるような印象を受けます。このEQを施したのが01c_DeepColors_hi+lo-EQ.wav／19c_hi+lo-EQ.cprですが、これを聴くと低域ブーストの必要性は高くないことが分かるかと思います。

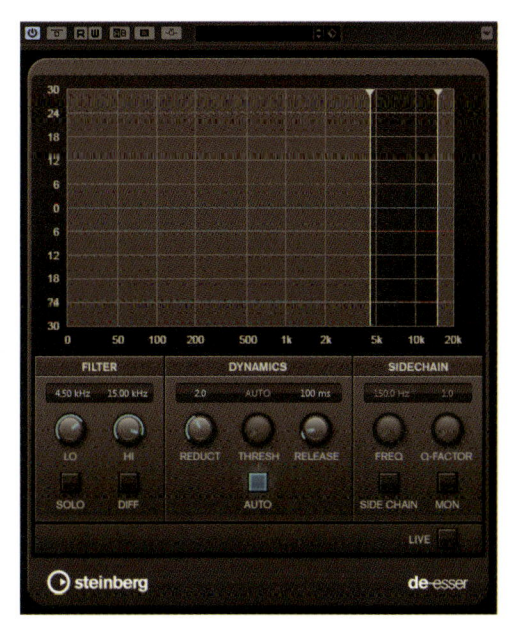

◀**画面②**　ディエッサーの設定例。ここではCubase付属のDeEsserを使用し、THRESHをAUTOにしてREDUCTを2、RELEASEを100msに設定

chapter 19
EQによる音質調整は低域と高域がポイント

打ち込み系　素材●01_Alternate_2mix_normal.wavにEQ→リミッターをインサート

　ここではノーマル・ミックスで試してみます。シェルビング・タイプのEQでQを緩やかにして5kHzから上を5dBほどブーストしてみると全体的に音抜けは良くなりますが、ハイハットがかなり強調されます（02a_Alternate_normal_hi-EQ.wav／19a_hi-EQ.cpr）。もし、気になるようであればディエッサーで高域を抑えてみてください。Cubase付属のDeEsserではTHRESHをAUTO、REDUCTを1.5、RELEASEを100msくらいにすると、ハイハットを落ち着かせることができるでしょう（**画面③**、02b_Alternate_normal_DeEsser.wav／19b_DeEsser.cpr）。

　なお、この曲は低域重視のミックスを行っているので低域をブーストする必要はないでしょう。もし、不足を感じたらミックスに戻ってやり直してみてください。

生音系　素材●04_FamigliaTrueman_2mix.wavにEQ→リミッターをインサート

　この曲は、各楽器の低域から高域まで余さず収音できるようなマイク・セッティングでレコーディングしています。そのためミックスの段階ではそれほど高域不足を感じないかもしれません。しかし音圧アップ後は、軽く高域を上げることで音抜けが良くなり生楽器らしい空気感も増します。

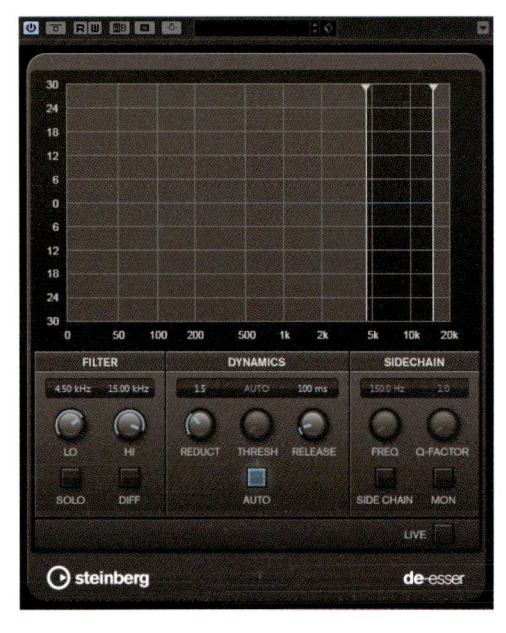

◀**画面③**　打ち込み系のハイハットを落ち着かせるためのディエッサー設定例。THRESHはAUTO、REDUCTは1.5でRELEASEは100ms

ダウンロード素材

Cubase用 → 19a_hi-EQ.cpr〜19c_hi+lo-EQ

他のDAW用 → 02a_Alternate_normal_hi-EQ.wav 〜03c_FamigliaTrueman_hi1+lo-EQ.wav

　具体的には、シェルビング・タイプのEQでQを緩やかにして、5kHzを4dBくらいブーストするとちょうど良い仕上がりになるでしょう（03a_FamigliaTrueman_hi1-EQ.wav／19a_hi-EQ.cpr）。これで少し高域成分が強いと感じる場合は周波数を7kHzくらいまで上げてみてください。すると抜けの良さはある程度保ちつつも、高域のうるさい印象が薄らぐと思います。パーカッションのリバーブ成分で音の変化が分かりやすいので、確認しながら周波数を調節してみてください（**画面④**、03aa_FamigliaTrueman_hi2-EQ.wav／19a_hi-EQ.cpr）。

　低域は、シェルビング・タイプのEQでQを中間よりやや急なカーブにして、100Hzを2dBほど上げてみてください（**画面⑤**）。ベースとカホンにパンチが出てく

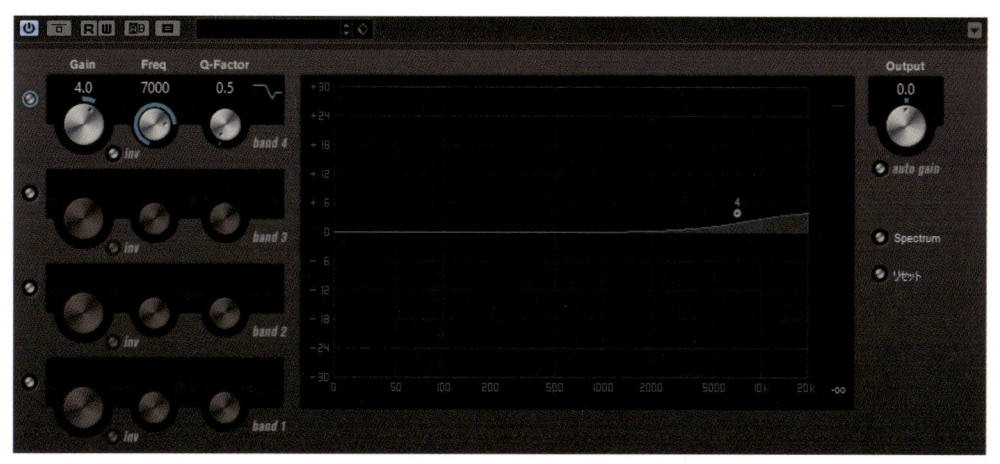

▲画面④　高域を強調し過ぎないEQ例。周波数を7kHzまで上げている

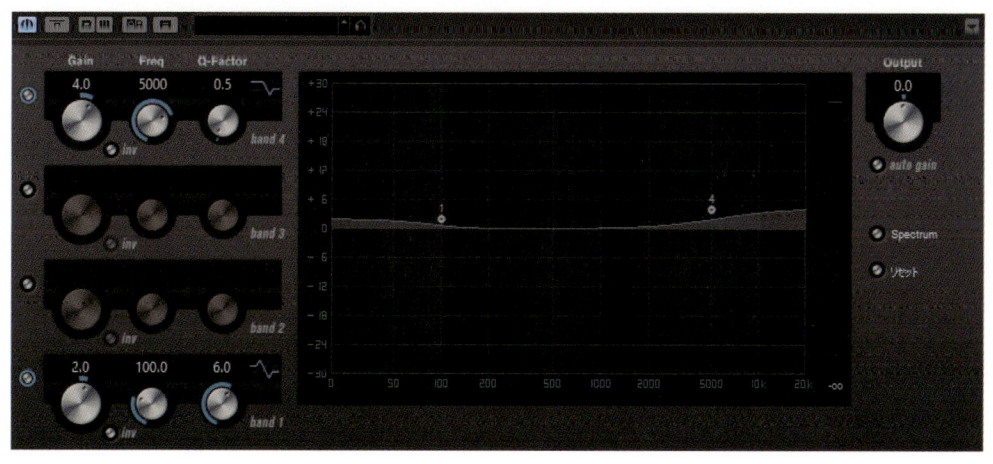

▲画面⑤　生音系の低域EQ例。シェルビング・タイプのEQで100Hzを2dBブースト。できるだけ自然な低域感を保つのがコツだ

chapter 19
EQによる音質調整は低域と高域がポイント

ると思います（03c_FamigliaTrueman_hi1+lo-EQ.wav／19c_hi+lo-EQ.cpr）。ただし、生音に作為的なEQを施すと不自然に感じるので、ローエンドが軽く伸びる程度にとどめておきましょう。EQをバイパスしながらしっかりと元音との差も確認してください。またヘッドホンでのモニタリングも忘れずに行いましょう。

インスト系　　素材●05_Captured_2mix.wavにEQ→リミッターをインサート

　リミッターで音圧をアップしたインスト系を、小音量でモニターしてみるとモコモコした感じに聴こえると思います。これを解消するには、まずシェルビング・タイプのEQでQを中間よりやや急なカーブにして5kHzより上を5dBほど上げてみてください。これで音の抜けが良くなるとともにスネアの音色も大きく変化すると思います。ミックスのコンセプトでもあるビンテージ感を持った軽く歪んだ音になるでしょう。

　また周波数を4kHz辺りまで下げるとよりザラついた感じにすることもできます。どちらが良いかは人それぞれだと思うので、4kHz〜5kHzの間で調整してみてください。ダウンロード素材には4kHzをブーストした04a_Captured_hi-EQ.wav／19a_hi-EQ.cprを収録しました。

　次に低域ですが、音を歪ませると一般的に高域や低域は減衰する傾向にあります。すなわち、この曲のドラムは最初から軽く歪ませたサウンドになっているので、低域をブーストすると力強さを補強できます。シェルビング・タイプのEQで100Hzを2.5dBほどブーストしてみてください（**画面⑥**）。これでローエンドがかなり強調され、

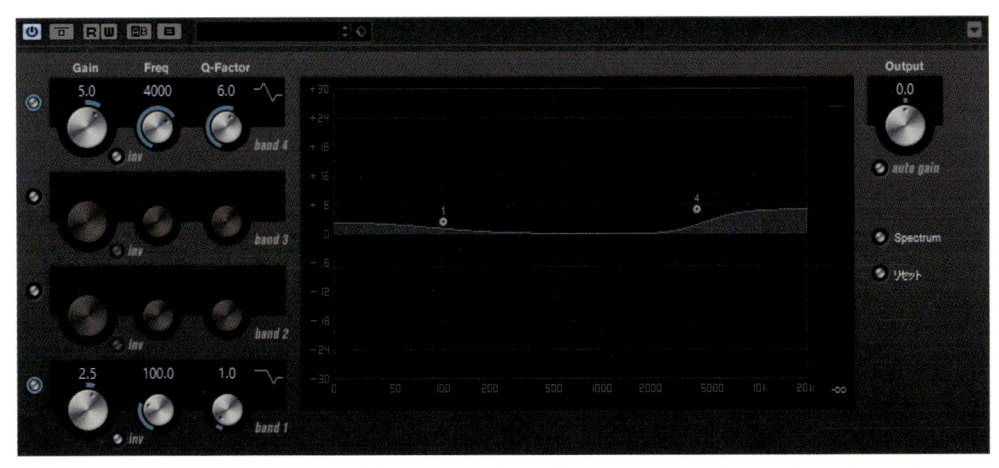

▲**画面⑥**　インスト系の高域と低域のEQ例。高域はシェルビング・タイプで4kHzより上を5dBブースト。低域はシェルビングEQで100Hzより下を2.5dBブーストしている

ダウンロード素材

Cubase用
Cubase → 19
→ 19a_hi-EQ.cpr
→ 19c_hi+lo-EQ.cpr

他のDAW用
Other DAW → 19
→ 04a_Captured_hi-EQ.wav
→ 04c_Captured_hi+lo-EQ.wav

ベースの細かいニュアンスも聴こえるようになります。04c_Captured_hi+lo-EQ.wav／19c_hi+lo-EQ.cprを聴いていただくと、全体としてはビンテージな雰囲気でありながら、低域が出てくることによって現代的な周波数レンジの広い仕上がりにもなっているのが分かると思います。また小音量モニター時もモコモコ感が無くなりスッキリしたサウンドに聴こえるでしょう。皆さんが自分で試してみるときはEQをバイパスしてみると、EQ後は曲が前に出てくるような印象を受けると思います。

イコライジング時の注意

まず基本的なことですが、EQはあくまで音質を微調整するために用いるものなので、EQで音圧を稼ごうとしないでください。何度も調整を繰り返していると客観性を失って、どんどんブーストしてしまう傾向になると思います。特に低域のブーストは要注意です。バイパスを活用しながら慎重に行いましょう。

高域／低域ともにブースト量は最大でも6dBを目安としてください。これ以上はミックスのバランスが崩れる恐れがあります。また、リミッターでクリップは防げても、大きな音量を突っ込み過ぎてしまうと音が歪んでしまう場合もあるので注意深くモニターしてください。

なお、ここまでの説明で既にお分かりかと思いますが、低域のブーストに関しては必ずしもすべての曲で必要とは限りません。低域は音圧を感じにくいのでついついブーストし過ぎになりがちです。低域を無駄に強調すると音圧も上げられなくなり、音が歪む場合もあります。もし、クラブ・ミュージック系の曲などで低域不足を感じたら、潔くミックスへ戻りましょう。

PART 3 マスタリングの基礎知識

chapter 20 定位の確認とステレオ音場の広げ方

音圧を稼げないときは定位を再確認

V字配置を思い出そう

　EQやリミッター、マキシマイザーなどを使っても、リファレンス曲の音圧感に達する前に音が割れてきたり、歪み感が出てきたりすることもあると思います。また、RMSメーターは高い数値を示しているのに聴感上では思ったほど音圧を感じられないといったこともあるでしょう。その最も大きな原因と考えられるのは定位です。

　ある定位に複数のパートが集中し過ぎると、各パートの周波数帯域が重なり合って聴こえづらくなります。それを聴こえるようにしようと無理に各パートの音量を上げ過ぎると、当然、音圧も上げにくくなるわけです。その解決方法の一つはP59で紹介したV字配置です。定位は音楽表現にもかかわるため、必ずV字配置にする必要はありませんが、"音圧を上げやすい"という観点からは有効だと思います。また定位でも解決できない場合は、P104で解説したEQテクニックの出番となります。いずれにしても、マスタリング作業でスムーズに音圧を稼げない場合は、ミックスに戻って定位を見直すのが先決です。

◀画面① Cubase付属のStereoEnhancer。単に音場を広げるだけでなく音質なども調整できる

ダウンロード素材

Cubase用 → Cubase → 20
→ 20.cpr

他のDAW用 → Other_DAW → 20
→ 01_DeepColors_2mix.wav
→ 02_DeepColors_Enhancer.wav

イメージャー系プラグインを活用

　音楽的に定位やバランスは保ったまま音圧を上げたい場合は、ステレオ音場の広がり感を調節できるイメージャー系プラグインが有効です。楽曲の雰囲気をある程度保ったまま左右の広がりを拡張でき、音圧を上げる効果も得られます。インサートする位置はEQやリミッターの前、すなわちプラグイン・スロットの先頭になります。

　ここではCubase付属のStereoEnhancer（**画面①**）を歌もの系に使ってみましょう。サウンドの変化をわかりやすくするために、マスタリング前の01_DeepColors_2mix.wavを素材に使います（Cubaseプロジェクトは20.cpr）。

　広がり感を調整するパラメーターのWidthを150に設定してみると、RMS値で約2dBほど音圧がアップします。ただし、ややクリップする部分も出てきたのでリミッターもインサートしました。サウンド的には元に比べてかなり広がった印象に変化しています。処理後のサウンドが02_DeepColors_Enhancer.wavです。ちなみにWidthをさらに大きな値にしてみると、音量が大きい部分では歪んだ印象になります。やはりかけ過ぎには注意が必要です。

歌もの系以外では？

　インスト系／打ち込み系／生音系にもStereoEnhancerを試してみましたが、ほとんど音圧アップの効果はありませんでした。これらの楽曲は音圧アップのためのステレオ成分が少ないのがその理由だと思われます。イメージャー系プラグインの多くは位相を変えることになるので、素材やかける量によって位相のズレを不快に感じる場合もあり使い過ぎは禁物です。音楽性になじまないこともあるので慎重に判断しましょう。特に、ステレオ成分が少ない楽曲では不自然な広がりとなる場合が多く、位相ズレなども気になってくるので、こうした楽曲ではイメージャー系プラグインを使わない方がよいでしょう。

　音場の演出はマスタリングでもよく行われることではありますが、楽曲の方向性を考えながら使うことが大切です。イメージャー系プラグインの効果をよく理解した上で、マスタリングのコンセプトを立てるようにしましょう。

PART 3 マスタリングの基礎知識

chapter 21 マキシマイザーで最大RMS値−8dBを目指す

■ マキシマイザー登場

リミッターでは音圧を稼げないときに

　chapter 20までの説明で、音圧を上げた際の音質変化、そしてそれを補正する際のEQやイメージャーの使い方は把握していただけたと思います。もし、ここまでのEQ→リミッターというルーティングで、理想とする音圧と音質に調整できたのであれば、そこでマスタリングは終了です。しかし、場合によってはリファレンス曲の音圧まで到達しないことも多いでしょう。

　そんなときはリミッターの代わりにマキシマイザーを使用します。基本的構造はリミッターに似ているのですが、リミッターがある一定の音量に抑えることを主目的としているのに対し、マキシマイザーは音圧アップにフォーカスしています。"それならchapter 18でもリミッターではなくマキシマイザーを使えば良かったのでは？"と思われるかもしれません。もちろん、それでもよいのですが、マキシマイザーはプラグインのモデルによって音質に個性があるものが多いと言えます。そのため音圧を上げる訓練としては、音質的な色付けが少ないとされる一般的なリミッターの方が適しているのです。

　またマキシマイザーは一般的なリミッターに比べると簡単に音圧を上げることができるため、ともすれば気付かないうちに音圧を上げすぎて音を歪ませている場合もあります。そうした音質変化を慎重に見極めるために本書ではまずリミッターでの音圧調整を解説しました。マスタリングに慣れてきたら、最初からマキシマイザーを使ってもよいと思います。

マキシマイザーとEQの相性も大切

　P152からは、Cubase付属のマキシマイザーであるMaximizer（**画面①**）を使用して、音圧を調整してみます。目指す音圧はRMS値の平均で−10dB、最大で−8dBほどを目安にしてください。−6dB辺りまで振れると上げすぎです。多くの場合は音が歪んでしまうので注意しましょう。

　またここではEQとイメージャーも組み合わせていきます。使用するのはCubase付属のStudio EQとStereoEnhancerです。基本のインサート順はEQ→マキシマイ

ザーで、そこにイメージャーを加えていくという形です。

　少し複雑なので、Cubaseプロジェクトは完成形のみを用意しました。1つのプロジェクト、21.cprに5曲分のトラックを並べています。各エフェクトのバイパスをオン／オフして、処理の過程を確認してみてください。

◀画面①　Cubase付属のマキシマイザー、Maximizer。Optimizeツマミで音圧を上げる

PART 3 マスタリングの基礎知識

chapter 21
マキシマイザーで最大RMS値−8dBを目指す

歌もの系　　　　　　　　　　　　　　　　素材●01_DeepColors_2mix.wav

　まず音圧アップ後の音抜けを考慮し、Studio EQのシェルビング・タイプで4kHz以上を3.5dBブーストしました。そして、RMS値が最大で−10dB程度になるようにStudio EQのOutputを2dB上げました（**画面②**）。これだけでも音圧感はかなり出てきます。

　MaximizerはOptimizeツマミで音圧を上げていきます。このツマミを10に設定してみると一般的なCDの音圧にかなり近づきました（**画面③**）。なお、Outputは−0.1dB、soft clipはONにしました（以降の曲も同様です）。01_DeepColors_Maximizer.wav／21.cprで処理後のサウンドをチェックしてみてください。比較的、柔らかい印象に仕上がっていると思います。

打ち込み系　　素材●02_Alternate_2mix_normal.wav／03_Alternate_2mix_loud.wav

　まずはノーマル・ミックスから解説していきましょう。これはラウド・ミックスのようなサイド・チェインによるコンプレッションが無い分、周波数帯域的にはバランスが良いので、Studio EQでは4kHz以上をシェルビング・タイプで2dBだけブーストし、Outputを5dBほど上げました（**画面④**）。これでRMS値は最大で−9dBまで達します。

　次にマキシマイザーはRMS値が最大で−8dBまで振れるように調整しました。その結果、MaximizerのOptimizeは15という値になりました（**画面⑤**）。音は02_Alternate_normal_Maximizer.wav／21.cprで確認してください。低域が非常に豊かに聴こえると思います。

　次はラウド・ミックスです。Studio EQとMaximizerはノーマル・ミックスと同じ設定にすると、RMS値の最大が−8dBまで達して低域もよい感じの仕上がりになりました。03_Alternate_loud_Maximizer.wav／21.cprを聴いてみてください。

| ダウンロード素材 | Cubase用 → Cubase → 21 → 21.cpr | 他のDAW用 → Other_DAW → 21 → 01_DeepColors_Maximizer.wav 〜03_Alternate_loud_Maximizer.wav |

▲画面② 歌もの系のStudio EQは4kHz以上をシェルビング・タイプで3.5dBブースト。またOutputを2dB上げている

◀画面③ 歌もの系のMaximizerはOptimizeを10にして、音圧を一般的なCDのレベルまでアップ。soft clipはオンにしている

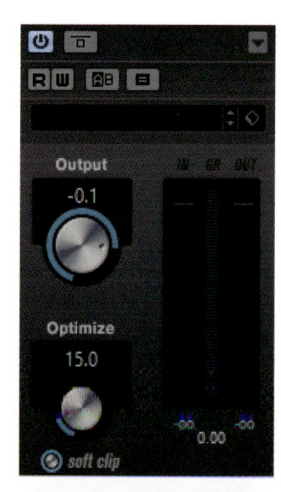

▼画面④ 打ち込み系のStudio EQは4kHz以上をシェルビング・タイプで2dBブーストし、Outputを5dBに設定。ノーマル／ラウド・ミックスともに同じ値だ

▶画面⑤ 打ち込み系のMaximizerはOptimizeを15にして、soft clipもオンに。こちらもノーマル／ラウド・ミックスとも同じ設定だ

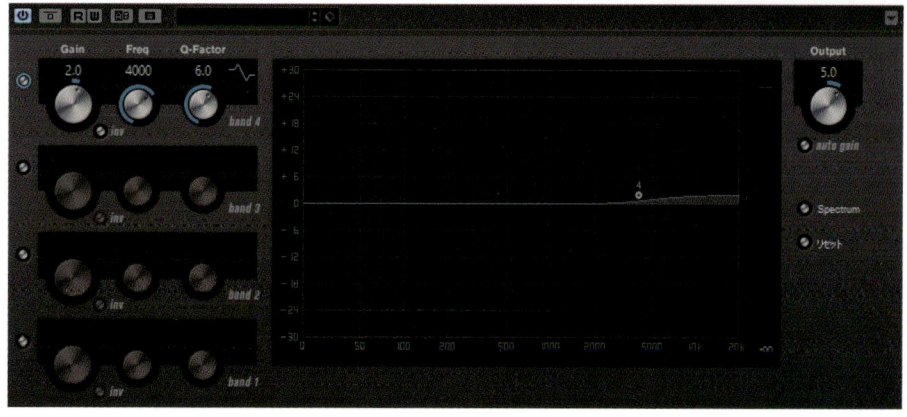

PART 3 マスタリングの基礎知識

153

chapter 21
マキシマイザーで最大RMS値−8dBを目指す

生音系　　　　　　　　　　　　　　　　素材●04_FamigliaTrueman_2mix.wav

　ダイナミクスのある生音中心の楽曲は、RMS値がそれほど大きくなくても音圧をかなり感じることはchapter 18のP134でも説明した通りです。これを前提に考えると仕上がりのRMS値は最大で−9dBくらいが適切と思われます。

　そこでStudio EQは4kHz以上をシェルビング・タイプで2.5dBだけブーストし、Outputを5dB上げました（**画面⑥**）。また、MaximizerはOptimizeを20に設定しました（**画面⑦**）。すると、ちょうど良い音圧感を得られました。音質としては中域がかなりふくよかでアナログ的な印象になっています。04_FamigliaTrueman_Maximizer.wav／21.cprで確認してみてください。

インスト系　　　　　　　　　　　　　　　素材●05_Captured_2mix.wav

　この曲では、イメージャー→EQ→EQ→マキシマイザーというインサート順で仕上げました。つまり、EQを2段がけしているわけです。

　まず、StereoEnhancerのWidthを160にして音場を広げました（**画面⑧**）。次に音量感を稼ぐために1つめのStudio EQのOutputを5dB持ち上げます。そして、サウンドにメリハリを付けるために200Hz以下をシェルビングで4dBブーストしたほか、ピーク・タイプで2kHzを2dB上げて、4kHz以上もシェルビングで6dBブーストしました（**画面⑨**）。さらに2つめのStudio EQのシェルビング・タイプで、1kHz以上を2.7dBブーストし、モコモコ感を取り除きました（**画面⑩**）。

　最後に、MaximizerのOptimizeを20まで上げて全体の音圧を稼いでいます（**画面⑪**）。これでRMS値は−8dB程度まで上がり、ビンテージ・テイストと現代的な音圧感を両立したバンド系サウンドに仕上がりました。05_Captured_Maximizer.wav／21.cprで確認してください。

| ダウンロード素材 | Cubase用 | Cubase → 21 → 21.cpr | 他のDAW用 | Other_DAW → 21 → 04_FamigliaTrueman_Maximizer.wav → 05_Captured_Maximizer.wav |

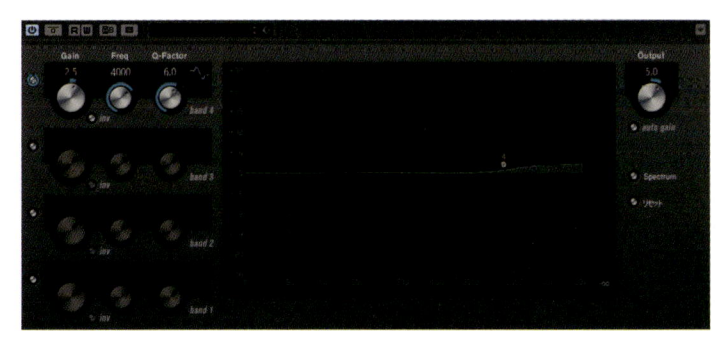

▲画面⑥ 生音系のStudio EQ。シェルビング・タイプで4kHz以上を2.5dBブーストし、Outputを5dBに設定

▶画面⑦ 生音系のMaximizer。Optimizeは20で、soft clipはオン

▲画面⑧ インスト系のStereoEnhancerはWidthを160に設定し広がりを出している

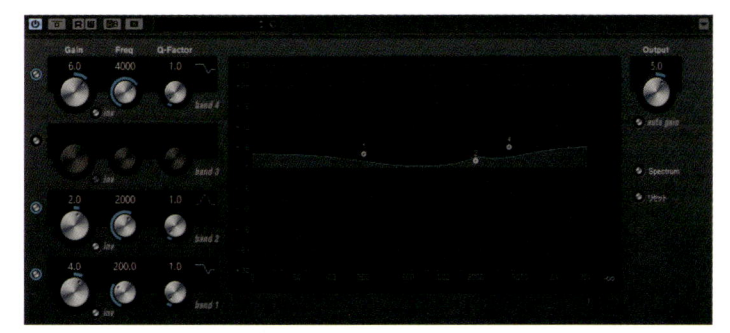

▲画面⑨ インスト系の1つめのStudio EQ。Outputは5dBに設定。200Hz以下を4dB、2kHzを2dB、4kHz以上を6dBブースト

▼画面⑩ インスト系の2つめのStudio EQ。1kHz以上を2.7dBブースト

▶画面⑪ インスト系のMaximizerはOptimizeを20まで上げて音圧を上げている。soft clipはオン

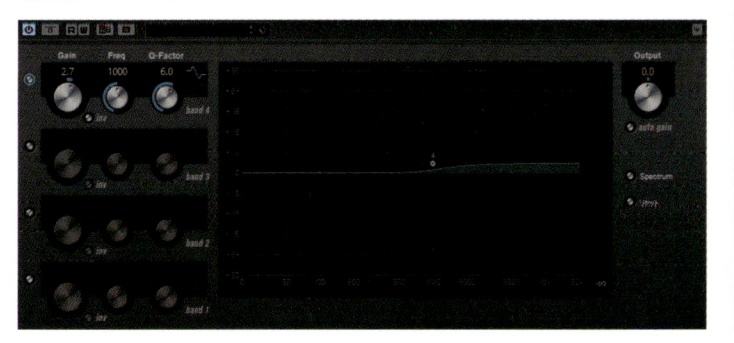

PART 3 マスタリングの基礎知識

chapter 22 MSも面白い！

MidとSideでステレオ感をコントロール

MSとは？

　chapter 20（P148）では、ステレオの音場コントロールにイメージャー系プラグインを使用しましたが、ほかの方法として"MS"があります。

　通常のステレオは左チャンネル（Lch）と右チャンネル（Rch）の2chで構成されていますが、MSはちょっと変わった方式になっています。MSのMは"Mid"、Sは"Side"のことで、ステレオ音声をセンター成分（M）と左右成分（S）の2chに分けるのです。これによりセンターと左右の音量バランスを調節したり、センターに定位するパートにコンプをかける、あるいは左右に定位するパートをEQするといったことが可能になります（原理的な解説は割愛しますが、L成分＋R成分でMid、L成分－R成分でSideを生成するため、"サム＆ディファレンス"とも呼ばれます）。

フリーウェアで試してみよう

　MSはもともと単一指向と双指向のマイクとを組み合わせたステレオ・レコーディングで作り出していました。しかし現在では、DAW上のプラグインでL/RのステレオをMSのステレオへ手軽に変換できます（DAWによっては、MS変換可能なプラグインが付属している場合もあります）。

　例えばフリーウェアのプラグイン、Voxengo MSED（**画面①**）は、L/Rの信号をMSに変換（エンコード）したり、逆にMSをL/Rに戻したり（デコード）といったことが可能です。さらに、MSEDでは「INLINE」というモードを選ぶと、エンコードとデコードをプラグインの内部で行い、Mid GainつまみでMidの音量を、Side GainつまみでSideの音量を調節できます（MidとSideを個別にミュートすることもできます）。P158では、このMSEDを使用した例を紹介しましょう。

　そのほかにもよく知られているMS処理が可能なフリーウェアのプラグインとして、HOFAのフリーウェア、4U Meter, Fader & MS-Pan（**画面②**）があります。これはフェーダーとパン、メーターが一体化したプラグインで、MSのエンコード／デコードも可能です。また、IK MultimediaのT-RackS Custom Shopの無償版ではClassic Equalizer（**画面③**）というEQを使用できるのですが、M/Sモードに切り替えて、

MidとSideで個別のイコライジングが可能となっています。ちなみに、このT-RackS Custom Shopの無償版でもメーター系の機能が装備されています。

▶画面① Voxengo MSED。L/RからMSへのエンコードやその逆のデコードが可能。MSED内でエンコード＆デコードを行い、Mid Gainでセンター定位のパートの音量を、Side Gainで左右に定位しているパートの音量をコントロールすることも可能。フリーウェアとして配布されており、VoxengoのWebサイトから無償で入手できる。入手方法は下記の通り。

①VoxengoのWebサイト「http://www.voxengo.com」へアクセス
②トップ・ページ上部の「Free VST, AAX and AU Plugins」をクリック
③「Free VST, AAX and AU Plugins Downloads」ページが開く。ページ中段に「Mid-Side Coder Plugin」の欄があり、OSやプラグイン・フォーマット別にダウンロード・ボタンが用意されている。
④インストーラーをダウンロードしたら、ダブル・クリックして起動し、画面の指示に従ってインストールを行えばOK。

◀画面② HOFA 4U Meter, Fader & MS-Pan。MODES欄で「STEREO」をクリックして「M/S」にすると、エンコード／デコードが可能になる。HOFAのWebサイト「https://hofa-plugins.de/en/」で入手できる（E-Mailアドレスの入力が必要）

▲画面③ IK Multimedia T-RackS Custom Shopに付属するClassic Equalizer。画面左のボタンで「M/S」を選択し、その上の「M」「S」をクリックして、それぞれを個別のイコライジング可能。IK MultimediaのWebサイト「http://www.ikmultimedia.com/」にアクセスして、アカウントを作成するとT-Racks Custom Shopのフリー版をダウンロード／インストールできる

PART 3 マスタリングの基礎知識

157

chapter 22
MSも面白い!

ルーティング方法

　では、MSEDの使用例を紹介します。まず2ミックスを読み込んだトラックに、MSEDをインサートして、Mode欄で「ENCODE（エンコード）」を選びます。

　次にAUXトラックを2つ用意します。Cubaseではグループチャンネルを2つ作ってください。片方をMid、もう片方をSideという名前にするとわかりやすいでしょう。そして、Midチャンネルのパンを左に、Sideチャンネルのパンを右に振り切ります。その後、2ミックスのトラックでLchの出力をMidに、Rchの出力をSideに割り当てましょう。Cubaseではダイレクトルーティングを利用すれば簡単です。これでMidとSideの音量を各グループチャンネルのフェーダーでコントロールできるようになりました。

　しかし、このままでは左からMidの信号、右からSideの信号が聴こえてくる状態なので、通常のステレオに戻さなくてはいけません。そこで3つめのグループチャンネルを作成してDecode（デコード）と名付け、MidとSideのチャンネルの出力をDecodeチャンネルに割り当てます。Cubaseではインスペクターの「アウトプットのルーティング」もしくはMixConsole画面のROUTINGで行えます。

　このDecodeチャンネルにもMSEDをインサートして、Mode欄で「DECODE」を選びます。これでMSがデコードされて通常のステレオ状態で聴こえるようになります（**画面④**）。

MSによる広がり感調整のコツ

　Sideチャンネルの音量を少しずつ上げてみると、左右の広がり感が増していくのがわかると思います。しかし、上げすぎると広がり感が崩れて不快なサウンドになります。どこが適正なのかを探るのはなかなか難しいのですが、そんなときに活躍するのが位相メーター（Correlationメーター）です。Cubaseでは付属プラグインのMultiScopeで「Scope」モードを選ぶと、画面左上に「＋1」、左下に「－1」という表示が現れます（**画面⑤**）。その間を動くインジケーターが位相の状態を表していて、プラス側が正相、マイナス側が逆相という意味です。ですから、マイナス側にばかり大きく振れているとサウンドが破綻している可能性が高いと言えます（意図的な場合は別です）。基本はインジケーターがプラス側にあり、時々マイナス側に振れる程度であれば、適正なステレオ感を得られていると言えるでしょう。

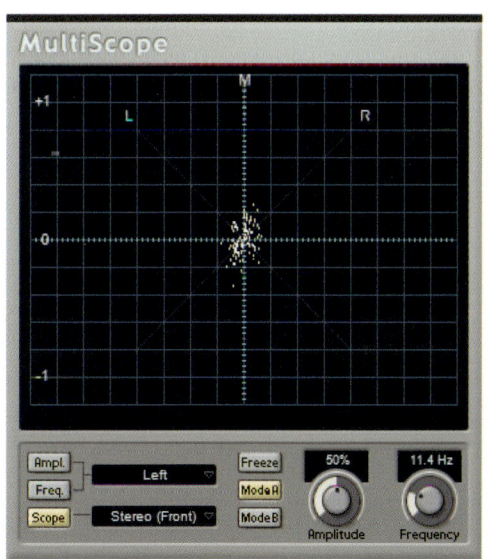

▲画面④　MSEDを使用したMSルーティングの例。左から2ミックスを読み込んだトラック、Midのグループチャンネル、Sideのグループチャネル、Decodeのグループチャンネル。右のプラグイン画面は上が2ミックスにインサートしたMSEDでMode欄は「ENCODE」に、下はDecodeチャンネルにインサートしたMSEDでMode欄を「DECODE」に設定。2ミックスのトラックはダイレクトルーティング（DIRECT）でMidとSideの各グループチャンネルに送っている。また、この2つのチャンネルはパンをそれぞれ左右に振り切って、Decodeチャンネルへと出力

◀画面⑤　Cubase付属のMultiScopeで「Scope」モードを選ぶと、画面左側に位相メーターが表示される。中央の0を中心として、上側の「＋1」が正相、下側の「－1」が逆相であることを示す

ダウンロード素材

Cubase用
Cubase → 22
→ 01_DeepColors_original.wav
→ 02_DeepColors_MS-EQ.wav（オーディオ・ファイルのみ）

他のDAW用
Other_DAW → 22
→ 01_DeepColors_original.wav
→ 02_DeepColors_MS-EQ.wav

また、Midチャンネルのキックやボーカルなどがしっかり音量を持っていれば、Sideチャンネルに含まれている音量的に低い上モノに多少の逆相成分が多く入っていても不快なサウンドにはなりにくいという傾向があります。そのため、Midチャンネルの中低域はそのままに、Sideチャンネルの高い周波数帯域をブーストすると、広がりの欲しい部分だけをコントロールできます。

01_DeepColors_original.wavが元の2ミックスで、02_DeepColors_MS-EQ.wavがSideチャンネルにEQをインサートし、2kHzより上をシェルビング・タイプで＋6dBブーストしたものです（**画面⑥**）。上もののストリングスなどに注目して比較してみると、自然に広がり感が増していることがわかるでしょう。

ここまでの解説から導かれるMSマスタリングの基本ルーティングは下記になります（製品によっては、この工程を1つのプラグイン内で行えるものもあります）。

MS（エンコード）→EQ→MS（デコード）→Limiter（Maximizer）

なお、音に広がりを持たせてから音圧処理を行うと、MS処理する前の状態よりも音圧感を得られることが多いと言えます。これもぜひ試してみてください。

ただし、このMS処理はとても繊細な工程でもあります。思ったような広がり感を得られないときは、ミックスを見直したほうが良い場合もあるので、ケースに応じて試行錯誤してみてください。

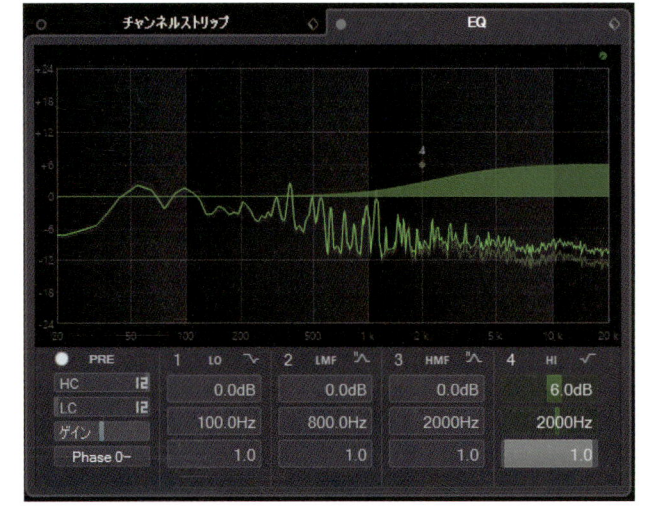

◀**画面⑥** 02_DeepColors_MS-EQ.wavでのEQ例。Sideチャンネルのチャンネルストリップ EQを使い、シェルビングEQで2kHzから上を＋6dBブーストしている

PART 4

用途別マスタリング

PART 3では楽曲のタイプ別に最適なマスタリング方法を紹介しました。ここまでの解説で、マスタリングの基本的な知識とテクニックを学んだかと思います。次に、本章では楽曲を発表するシーンや目的に応じたマスタリングのノウハウについて触れていきたいと思います。PART 3と基礎編とするなら、PART 4は応用編というわけです。一歩進んだマスタリングの世界をお楽しみください。

chapter 23 とにかく音圧が欲しい場合 P162
chapter 24 ハイレゾ等の高音質を最優先したい場合 P168
chapter 25 ミックスに戻れないときの対処法 P172
chapter 26 ライブ用のオケに使いたい場合 P176

chapter 23 とにかく音圧が欲しい場合

EQでの下ごしらえが大切

「大きい音」と感じられる工夫をしよう

　音圧競争が落ち着いたと言えど、やはりネットなどで配信する場合は音圧を優先したいこともあることでしょう。ただし、経験された方も多いと思いますが、リミッターやマキシマイザーでどんどん音圧を上げていっても、ある段階から音が歪んでしまって音圧感も感じられなくなり、結果として音が大きくならないといった現象に陥りがちです。

　そもそも、デジタルの最大値"0dB"の中にすべての音を収めなければならないわけですから、無理やりリミッターやマキシマイザーの値を上げても思ったような効果は望めません。それら以外の方法で"音が大きい"と感じられる処理を施す必要があります。

　すなわち、等ラウドネス曲線（P52）において人間の耳の感度が良いとされている周波数帯域に効率よくエネルギーを持っていくという工夫が求められるのです。例えば、超低域や超高域に大きなエネルギーを入れた場合、メーターは振れるかもしれませんが聴感上の音圧感は得られません。そこで、上手に高域や特に低域のエネルギーを中域にシフトすることが大切になります。

　また、音圧を重視した場合は高級オーディオ・システムやPAシステムで再生したときに、低域を物足りなく感じたり、うるさく感じたりする可能性もあります。そういう場合も、中域で目立つ音を少し際立たせるような処理を行うと、上手に音圧感を稼ぐことができます。

EQは2〜3段がけがオススメ

　例えば、スネアやハイハットあるいはギターのカッティングのように、減衰系サウンドのパートの目立つ部分を、EQなどで軽く持ち上げてマキシマイザーをかけると、かなり音圧感が得られることがあります（図①）。

　逆に、シンセの白玉サウンドやストリングス、パッド系サウンドのような広い周波数帯域にまたがる持続音系に同じ処理を行っても、思ったような音圧感は得られにくいといえます。

| ダウンロード素材 | Cubase用 | Cubase → 23
→ 23.cpr | 他のDAW用 | Other_DAW → 23
→ 01_Alternate_2mix_normal.wav（マスタリング前）
→ 02_Alternate_2mix_normal_onatsu.wav（マスタリング後） |

　またEQ処理を行う際も2段がけ、あるいは3段がけが有効です。DAW付属のEQは複数の周波数帯域を処理できるパラメトリック型が主流なので、つい1つのEQだけで処理してしまいがちですが、ある周波数帯域を細かくイコライジングしたいと思った場合には、複数のEQを使って少しずつ変化を加えていくことで、近い周波数帯域を増減する際もEQカーブが重なる部分も気にすることなく調整できるようになります。

　マキシマイザーなどで音圧を上げることに関して言えば、最近リリースされているプラグインはとても優秀で、びっくりするくらい上げることも可能です。しかし、"良い音"を保持しながら音圧感を上げたいという要素も加えて考えると、本項でのノウハウを理解した上で、そうした優秀なマキシマイザーを使うと効果的でしょう。

　当然、ここまでにもよく登場してきたRMSメーターで監視することも忘れないでください。一般的に、音圧が高いと感じる作品をRMSメーターで確認すると、おおよそ−5dBから−6dBくらいを指していることが多いといえます。

　ただし、メーターが大きく振れていてもあまり音圧を感じず、むしろ振れていない作品の方の音圧を音大きく感じるといったことも生じます。これは先ほど触れた等ラウドネス曲線などに見られる人間の耳の特性に起因するものです。

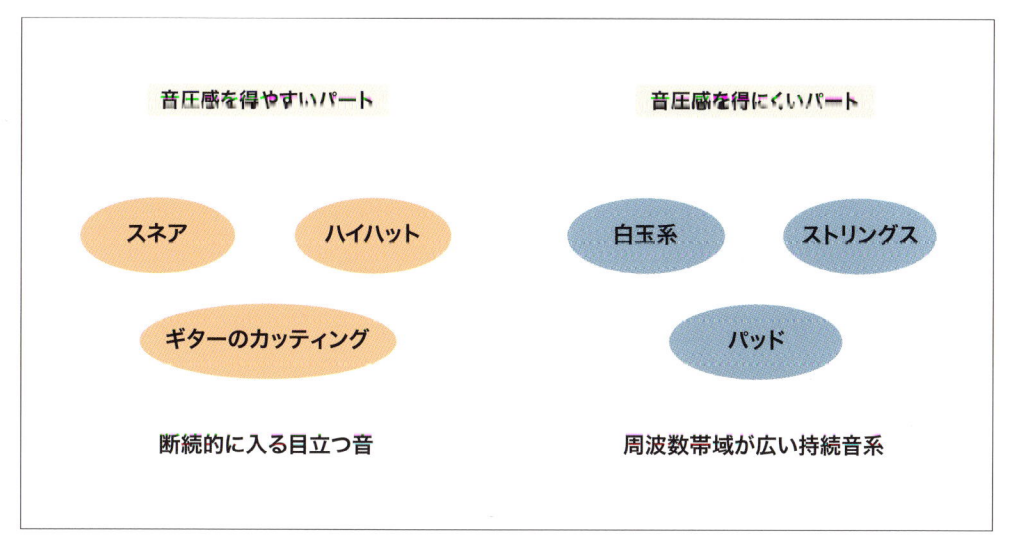

PART 4 用途別マスタリング

音圧感を得やすいパート	音圧感を得にくいパート
スネア　ハイハット ギターのカッティング	白玉系　ストリングス パッド
断続的に入る目立つ音	周波数帯域が広い持続音系

▲図① 音圧感を得やすいパートとそうでないパートがある

chapter 23
とにかく音圧が欲しい場合

まずはノーマライズ

では実践してみましょう。ここでは01_Alternate_2mix_normal.wavを素材に、音が破綻しない限界まで音圧を上げてみます。Cubaseプロジェクトは23.cprです。

「chapter 09」(P76)で作成したAlternate_2mix_normal.wavは、バランスを重視したミックスを行っているので、ヘッドルームに少しゆとりがあります(ヘッドルームとは、楽曲の最大音量から0dBまでの余裕のことを指します)。そこで、ダウンロード素材の01_Alternate_2mix_normal.wavにはノーマライズを施しました。

ノーマライズとは音量が最大になるポイントを基準に、歪まないギリギリのところまで全体の音量を上げることを指します。多くのDAWにはこのノーマライズを自動的に行ってくれる機能が用意されています(**画面①**)。

ノーマライズではリミッターやコンプレッサーなどのような圧縮工程は含まれないので、単純に最大まで音量を上げたと解釈してもらえばよいでしょう。

キックのエネルギーを中域にシフト

次に、この楽曲はダンス・ミュージックなので、キックにとても大きなエネルギー

◀ 画面① Cubaseのノーマライズ画面。イベントを選択してメニューの「Audio > 処理 > ノーマライズ」を選ぶとこの画面が開く

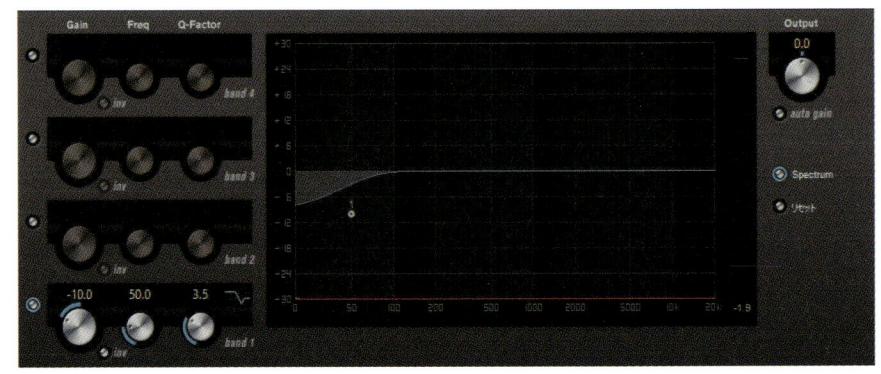

▲ 画面② まずは50Hz以下をシュルビングEQで−10dBカット。使用したのはCubase付属のStudio EQ

が含まれています。そこで、EQで超低域の50Hz以下を－10dBカットします(**画面②**)。少し迫力は落ちるもののRMSメーターの振れ幅が少し小さくなります。

さらに、2つめのEQでハイハット／スネア／ピアノのフレーズが集中する中域の2.5kHzを3.5dBほどブーストします(**画面③**)。これだけで少し音にメリハリが生まれ音が大きくなったように感じると思います。

最後に、超低域をカットした影響でキックのパワーに少し物足りなさを感じたので、音圧感を出すために3つめのEQで150Hzを3dBブーストしました(**画面④**)。本来のキックのパワー感とは違った雰囲気にはなりますが、この処理によりキックの強い印象は戻ってきます。すなわち、キックのエネルギーを中域に軽くシフトして、パンチ感を残したというわけです。これらの3つのEQをそれぞれバイパスしながら比較してみてください。かなり中域にシフトした印象を受けると思います。

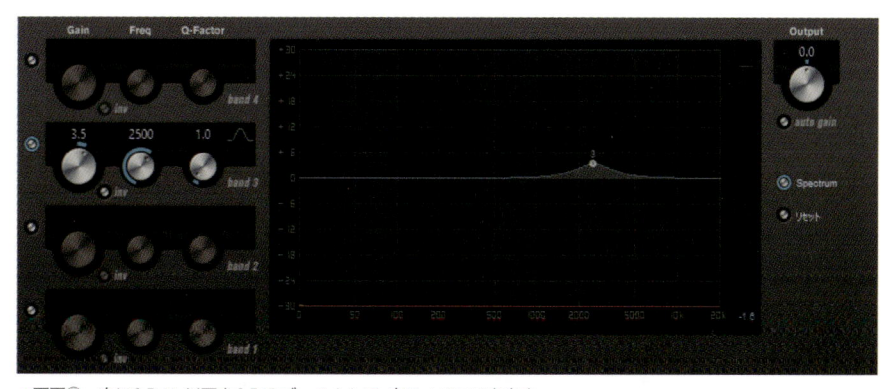

▲**画面③**　次に2.5kHz以下を3.5dBブーストして、音にメリハリを出す

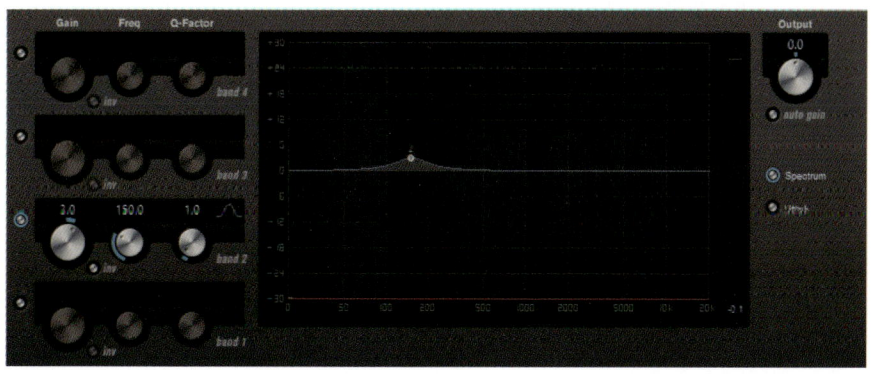

▲**画面④**　150Hzを3dBブーストしてキックのパンチ感を強調

chapter 23
とにかく音圧が欲しい場合

まずはリミッターで音圧上げ

　ここからは音圧を上げる作業に移ります。まずはリミッターをインサートして、ある程度の音圧まで上げておきましょう。ただし、ここでは音圧の上がり方よりもバランス良く音圧が上がるかに注目してください。

　ここで使用したCubase付属のLimiterでは、インプットを5dBまで上げて、アウトプットはマキシマイザーで処理することを考えて歪まないように−0.5dBにしました（**画面⑤**）。ほんの少しですが余裕を持たせた方がマキシマイザーの効果は得られやすくなるはずです。

マキシマイザーでさらに音圧上げ

　次に、さらに音圧を上げていくためにマキシマイザーもインサートします。アウトプットは−0.1dBにして、音圧を稼ぐためのパラメーターを上げていきます。Cubase付属のMaximizerではOptimizeのつまみを上げればOKです。

　どれくらい上げるかは環境や好みにもよりますが、一般的なモニター・スピーカーでは、Optimizeが40を超えると、音圧はさほど変わらないのに歪んだ印象に変化してくると思います（**画面⑥**）。つまり、40近辺がこの楽曲の音圧の最高レベルという

◀ **画面⑤**　リミッターはCubase付属のLimiter。インプットは5dBで、アウトプットは−0.5dB。

わけです。

「もっと攻めたい」と思う方もいるかと思いますが、この時点でもうほかの楽曲と比べて音が小さいと感じることは無いはずです。楽曲のミックス・バランスも考えると十分に音圧を重視した仕上がりと言えるでしょう。この時点でRMSメーターは最大－6.9dBまでに達します。

「他のDAW用」素材では、02_Alternate_2mix_normal_onatsu.wavがこのマスタリングを施したものなので、01_Alternate_2mix_normal.wavと聴き比べてみてください。Cubaseプロジェクトの23.cprでは、Inserts全体をバイパスして処理の前後を聴き比べるとよいでしょう。

場合によってはミックスに戻ろう

リミッターやマキシマイザーで音圧を上げた際に、本来のミックス・バランスから大きくかけ離れてしまったら、EQの段階に戻って処理を見直してみましょう。しかし、音圧を重視するということは、場合によっては音質を犠牲にする場合も多々あります。その点をよく理解して、音圧を上げていくことを勧めます。

◀画面⑥　マキシマイザーのアウトプットは－0.1dBにして、Optimizeを上げて音圧を出していく。この楽曲では40前後が適正

chapter 24 ハイレゾ等の高音質を最優先したい場合

広いダイナミクスを確保することが大切

コンプの使用は必要最小限に

　マスタリングで音質を重視するのは当然のことですが、「音圧はそれほど上げる必要はないから、とにかく音質を最優先した作品にしたい」という場合に、どのくらいの音圧感にするかは考えどころです。特に、ハイビット／ハイサンプリング・レートのいわゆる"ハイレゾ"作品において、そのバランス感覚が問われるところでしょう。

　ハイレゾ作品に限ったことではありませんが、一般的に音が良いとされる作品は、豊かなダイナミクスや広い周波数レンジを感じさせるものが多いようです。すなわち、ミックス段階からできるだけダイナミクスを残すように作っていくのが基本となります。使っていけないわけではありませんが、ミックス時にはコンプを多用しないことが音質を最優先する際にはポイントといえるでしょう。

高域パートを立たせよう

　ダイナミクスを保つには、高い周波数を持つパート、例えばハイハットやシンバルなどの成分がほかのパートに埋もれないようなバランスを作ることも重要です。これらのパートは音量が若干大きいくらいのほうが音質重視のマスタリングには向いているといえます。

　なぜなら、高域成分の多いパートは"空間"を感じさせてくれるのです。"空間"を感じると、音も良いと感じやすくなります。

　リバーブも空間作りに効果的です。このときアタック感が強くて、なおかつ減衰系のサウンドはリバーブのかかりが良く、より空間を感じさせる効果があります。例えばクラベスやウッドブロックなどです。こうしたパートにリバーブをかけると、空間が生まれて、抜けの良い印象を作ることができます。

低域はなるべく残すことも大切

　低域成分も、できるだけEQでカットすることは避けましょう。フェーダーでのバランス調節を中心としたミックスを心がけてください

　特にピアノのような低域を多く含むパートでは、ミックス時に低域をカットしたく

ダウンロード素材

Cubase用
→ 24.cpr

他のDAW用
→ 01_FamigliaTrueman_2mix.wav（マスタリング前）
→ 02_FamigliaTrueman_2mix_onshitsu.wav（マスタリング後）

なると思いますが、できるだけそういったことは避け音量バランスで最善のミックスを作るようにしてください。音圧に関しては、少しパンチが足りないと感じるくらいのほうが音質最優先のマスタリングには向いています。

ミックス段階から楽曲全体の音量感にも注意しましょう。特にリミッターをかけなくてもクリップしないようにフェーダー・バランスで調節してください。

もちろん、楽曲によってはどうしてもクリップする箇所が出てくる場合もあると思います。そんなときはリミッターを使ってもよいのですが、かかり過ぎるとダイナミクスが失われていくので、必要最小限にとどめておきましょう。

高域で空間を演出

では、ここまでの解説を踏まえて実践してみましょう。素材には01_FamigliaTrueman_2mix.wavを使用します（Cubaseプロジェクトは24.cpr）。

この楽曲には空間を感じさせるパーカッション・サウンドがあります。高域で若干広めに分布しているので、まずはEQで5kHzを4dBほど持ち上げます。Qは少し広めがよいでしょう。Cubase付属のStudio EQでは0.5くらいです（**画面①**）。これだけで空間をより感じるようになったと思います。

このEQ処理を行うことで、スネアのエッジも立ち、全体的に奥行きを感じるサウンドになり、抜けも良くなりました。

もう少し派手に仕上げたい場合はシェルビング・タイプで5kHzより上を4dBほど持ち上げてもよいと思います。この場合は抜け感だけでなく、明るい印象に変化する

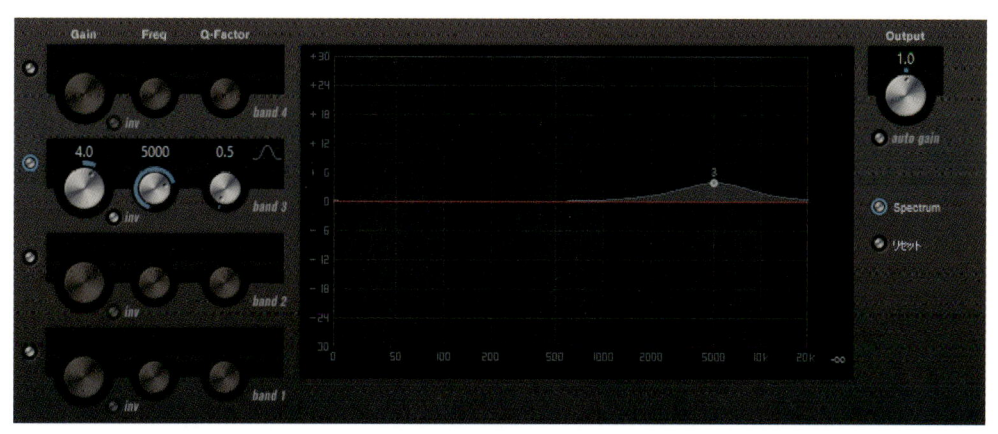

PART 4 用途別マスタリング

▲**画面①** 広めのQで5kHzを4dBブーストして奥行き感と抜けを演出

chapter 24
ハイレゾ等の高音質を最優先したい場合

でしょう。好みで選んでみてください。

　さらに、EQのボリューム（Studio EQではOutput）を1dB上げて、少し音量感を出します。同時に後段へリミッターをインサートしてクリップを防ぎましょう。リミッターのインプットは0のままにしておいてください。

低域も広めのQで

　次は2つめのEQで低域を立たせていきます。この曲ではベースとカホンのちょうど良い低域成分が120Hz辺りになるので、3dBほどブーストします。これも少し広い帯域にまたがっているので、Qを広めの0.5にしました（**画面②**）。

　これでベースの動きをより明確に感じるようになったと思います。よりパンチを出したい場合は、EQのボリュームを1.5dB上げるとよいでしょう（Cubaseプロジェクトでは、1.5dB上げた状態です）。

　ここで2つのEQをバイパスして、オリジナルと聴き比べてみてください。EQ後のほうがレンジの広さをグッと感じる仕上がりになったと思います。

リミッターのインプットは2dB程度に

　音質を最優先させる場合は、本来ならばここで終わりにしたいところですが、もう少し音量感が欲しいという方は、先ほどインサートしたリミッターのインプットを2dB程度上げるとよいでしょう（**画面③**）。ミックス・バランスを損なわずに音圧を

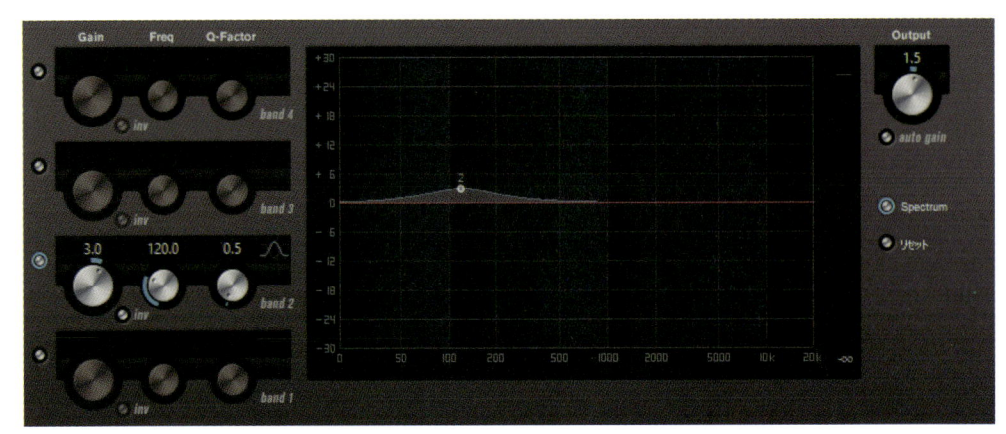

▲**画面②**　広めのQで120Hzを3dBブーストし、EQ自体のボリュームも1.5dB上げてベースの動きを明確にして、パンチ感を出す

上げられると思います。

ただし、3dB以上まで上げてしまうと飽和感が生じて、ダイナミクス感がなくなる印象に変化していきます。これはプラグインの性質の差にもよりますが、リミッターやマキシマイザーのインプットやスレッショルドは2dB前後までであれば、ミックス感を大きく損なうことなく音圧を上げられます。

モニター音量を上げて再生してみよう

こうして仕上げた2ミックスを、モニター音量を徐々に上げて聴いてみてください。すると思った以上に高域や低域を感じ、飽和感はあまりないはずです。ダイナミクスは残しながらもレンジ感がグッと広がり、音質を重視した仕上がりになっていると思います。

2ミックスを作る過程で気づく方もいるかもしれませんが、音圧競争が始まる前の"音の良い楽曲"はこのような印象を受けることが多かったと思います。

音圧重視の場合は、小さいボリュームでも音量を感じさせるようにダイナミクスを抑えて、できるだけ音量を詰め込むようなマスタリングをしましたが、音質最優先の場合はできるだけダイナミクスをつぶさないことが大切です。

ちなみに、音圧感がないことを心配する方は「この楽曲を聴くときには少し音量を上げて聴いてみてください」といった文言をジャケットやインフォメーションに注記するのもよいかもしれません。

◀画面③　リミッターのインプットは2dB程度にとどめておこう

chapter 25 ミックスに戻れないときの対処法

■ オートメーションで音量をコントロール

ピンポイントでの補正に

　マスタリングでは2ミックスに対してEQやコンプ、リミッター、マキシマイザーなどをかけていくので、例えば「EQを曲全体にかけたことにより、一部のパートのニュアンスが思ったようにならずに苦労した」といった経験をされた方もいらっしゃると思います。

　そうした場合、本書ではミックス段階に戻ることを推奨していますが、依頼されてマスタリングを行う場合にはミックスに戻れないことも多々あるでしょう。ここでは、そんなときの対応方法を紹介したいと思います。

　DAW最大のメリットの一つとも言えるのがオートメーションです。これをうまく活用すると、一部分の音量をコントロールするだけで、全体には影響を及ぼさず、全体の質感をコントロールできます。

　例えば、リズム・パートの一部分だけ音量が飛び出しているという2ミックスがあった場合、その補正のためだけにEQやコンプを使うと、ほかのパートにまで影響を及ぼしてしまい、せっかくのミックス・バランスを崩してしまう可能性があります。

　そんなときはボリュームのオートメーションを利用すれば対処可能です。この場合、もし手持ちのDAWにイベントやリージョン単位で音量変化を編集できる機能が備えられているなら、ぜひ活用してください。通常のトラック全体に作用するオートメーションよりもピンポイントでコントロールでき効率的です。

　例えば、Cubaseには「イベントエンベロープ」という機能があり、イベントに音量変化を書き込むことができます。

音量の大きな部分を整えていく

　それでは、01_DeepColors_2mixを素材に使って説明しましょう（Cubaseプロジェクトは25.cpr）。

　この楽曲の前半は、後半部分に比べて音量が比較的小さくなっています。これはダイナミクス感を重視する音質優先マスタリングではとても効果的な手法です。しかし、あえて前半部分にも音量感を持たせたい場合は、ボリュームのオートメーションで対

ダウンロード素材

じCubase用
Cubase → 25
→ 25.cpr

他のDAW用
Other_DAW → 25
→ 01_DeepColors_2mix.wav（オートメーション前）
→ 02_DeepColors_2mix_auto.wav（オートメーション後）

応します。ここでは前述したCubaseのイベントエンベロープを使用しましょう。

　まず鉛筆ツールを選択します。そして、イベント上に持っていくと鉛筆の横に波形のようなアイコンが表示されます（画面①）。これがイベントエンベロープを書き込めるという印で、鉛筆ツールでオートメーションの線を書いて、音量をコントロールしていきます。

　では波形を見て、音量が大きくなっている部分を探し、その部分を中心に拡大表示しましょう。そして、イベント上でクリックします。そうすると青いオートメーションの線が表示されて、クリックしたところにポイントが作成されます（画面②）。試しに幾つかポイントを作成し、そのポイントを移動させると青い線も一緒に動いて、波形の大きさも変化することがわかると思います（画面③）。つまり、イベントの音量を波形の大きさで把握できるというわけです。具体的に、その使い方を素材を使って説明しましょう。

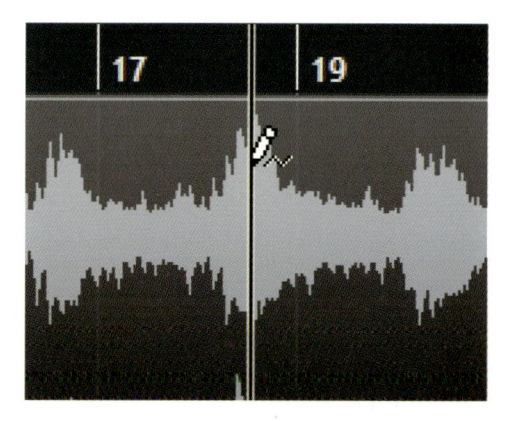

PART 4 用途別マスタリング

◀ 画面① Cubaseのイベントエンベロープ機能を使うには、鉛筆ツールを選択してイベント上で書き込んでいく

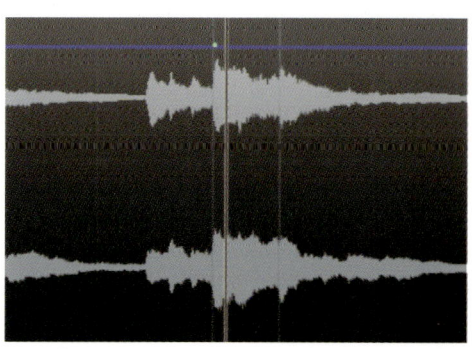

▲ 画面② イベント上で鉛筆ツールをクリックすると、青い線上にポイントが打たれる。このポイントをドラッグしてオートメーション・カーブを作っていく

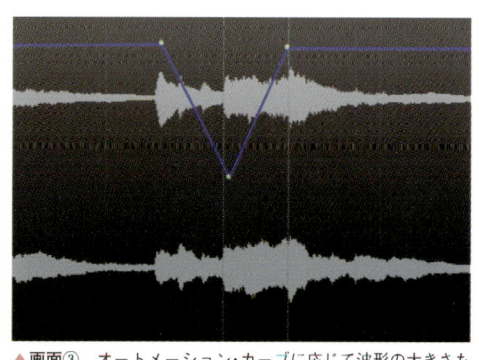

▲ 画面③ オートメーション・カーブに応じて波形の大きさも変化する

chapter 25
ミックスに戻れないときの対処法

　まず、いったんポイントを作成しイベントの一番上までドラッグし、変更したい位置を中心にその左右にもポイントを作ります。そして、中央のポイントを下にドラッグして音量を変更します。もちろん、あまり下げすぎると不自然になるので、楽曲の雰囲気を損なわないように加減してください。ポイントを増やして、カーブを緩やかにするといった工夫も必要になる場合もあります（**画面④**）。

　Cubaseプロジェクトを使用している方は、25.cprで実際に筆者がどのようにポイントを打っているか確認してみるとよいでしょう。また、その他のDAWを使用している方は、筆者が書き込んだオートメーションの画面を掲載しておくので参照してみてください（**画面⑤**）。

音量差を減らして音量感を稼ぐ

　オートメーションで全体的なダイナミクスを整えていくと、ヘッドルームが生まれ曲全体の音量を上げていくことができます。その結果、冒頭の音が小さい部分にもしっかりとリミッターやマキシマイザーがかかり、音量感を持たせることができます。

　ダウンロード素材のCubaseプロジェクトでは、あえてリミッターをインサートしていません。皆さんで試してみてください。他のDAWを使っている方は、02_Deep Colors_2mix_auto.wavが**画面④**のオートメーションをかけてオーディオ化したものなので、こちらを使ってみてください。

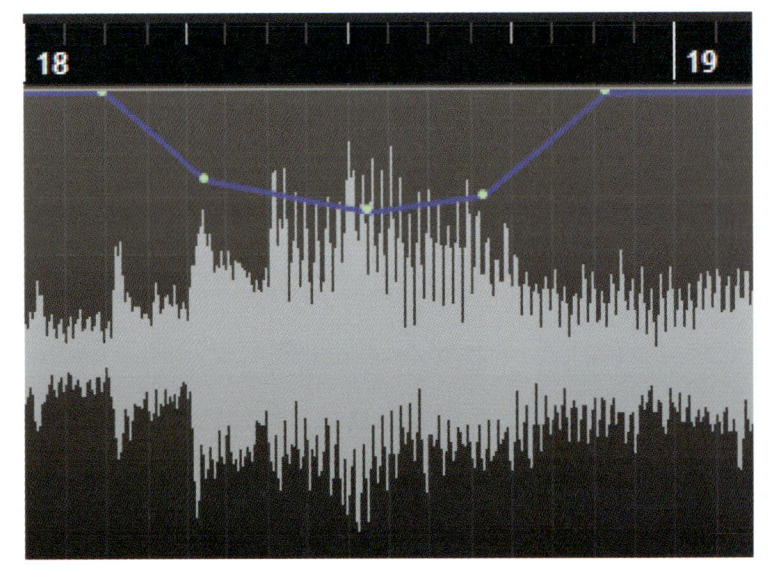

◀**画面④**　波形の山に対して、できるだけ自然に音量が下がるようなカーブを描いていこう

自然な変化を心がけよう

オートメーションであまりドラスティックな音量変化を書き込んでしまうと、最終的に不自然な音量感になってしまうことがあります。オートメーションを書き込む際は何度も再生してチェックし、不自然にならないようにしましょう。

特にマキシマイザーなどで音圧感を出していくと、音量差のコントラストが調整時よりも大きくなり、不自然なオートメーションの部分が強調されてしまいます。ボリュームのオートメーションはできるだけ、その変化が一聴しただけではわからないくらいにとどめておくのが大切です。慎重に作業を進めましょう。

プラグインのオートメーションを利用する

DAWではプラグインのパラメーターもオートメーション可能なので、ピンポイントでEQをかけるという方法も考えられます。この場合も、急激な変化はかなり不自然な仕上がりになりがちです。できるだけ自然に変化させることを心がけましょう。

場合によってはプラグインのバイパス・スイッチをオートメーションするという方法も有効です。曲が大きく展開するようなところで切り替えれば、その変化をわかりにくくさせることができます。

ボリューム、プラグインのいずれにおいても、自然にオートメーションさせるには少し慣れが必要になります。焦らずトライアンドエラーを繰り返して理想の仕上がりを目指しましょう。

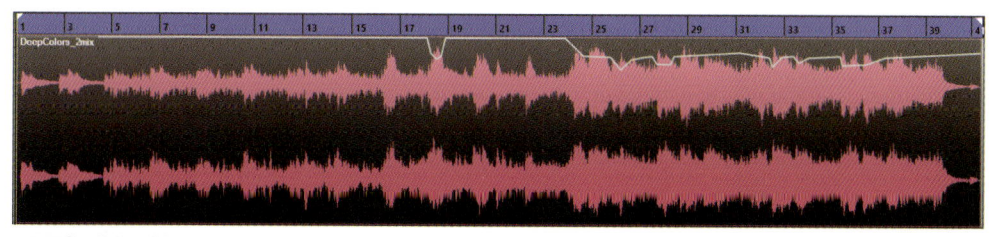

▲画面⑤　筆者が設定したオートメーションの例。波形の山が大きい部分に対して、その山が反転したようなカーブを描いている

chapter 26 ライブ用のオケに使いたい場合

ダイナミクスとヘッドルームに余裕を持たせよう

－3dB～－5dBのヘッドルームを

　ライブで使うバックトラック、いわゆる"オケ"のマスタリングについて考えてみましょう。ダイナミックな良い音でライブしたいのは当然だと思いますが、ここでは音圧の考え方が今までとは少し変わってきます。

　ライブでオケを流す場合は、現場の環境に合わせて調整できるようにステムやパラデータを使用することが一般的です。しかし、最近は2ミックスを使うケースも増えてきました。ここではそんなときのポイントを紹介したいと思います。

　ライブ用オケは音圧を上げずにダイナミクスを残し、広い周波数バランスを持たせた余裕のあるものが現場では良い音で再生できる傾向にあります。

　特にライブハウスなどで使うオケの2ミックスは、PAエンジニアの方が現場で調整しやすいようにヘッドルームに少し余裕をとっておきましょう。厳密に何dBと

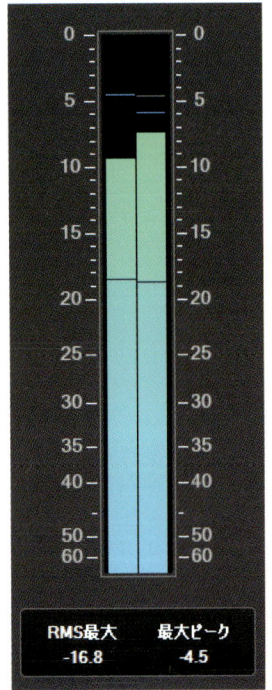

◀画面① ピーク・メーターの最大値が－3～－5dBくらいになるようにしよう

いった決まりはありませんが、少なくとも－3～－5dB程度のヘッドルームがあると現場でのEQやコンプといった調整を行いやすくなります（**画面①**）。

この場合、音圧的にはとても低くなります。スタジオでこのマスタリングを行っているとかなり小さい音になるので、不安になる方もいると思います。しかし、この方が現場での出音は圧倒的に良くなることが多いのです。

低域はできるだけ残しておく

PAを通すということはかなり広いレンジで再生されることが考えられます。そこで、キックやベースなどは、あまり低域をカットしない方がよいでしょう。そうすると、PAでは低域がサブウーファーから再生されることになり、とても豊かな音で再生されます。

ちなみに"サブウーファーと"は低域専用のスピーカーのことで、ライブ・ハウスなどある一定の規模以上のPAシステムでは、一般的に用いられています。

音圧重視系サウンドは要注意

chapter 23（P162）で紹介した音圧重視系の場合は、中域にエネルギーをシフトさせるので、PAでの再生ではうるさいわりに低域のパワー不足を感じる結果になる場合があります。

また音圧重視系2ミックスは、ダイナミクスやヘッドルームが小さいので、現場での調整がしにくい上に、歪んだ印象になってしまったり、飽和感の強いサウンドになってしまったりしがちです。ライブでは、そのオケにボーカルや楽器などが重なるわけですから、全体の音もまとまりにくくなり、結果的に音が悪いといった印象を与えることになりかねません。

PAを介する場合、最終的にはかなり大きな音量になることが一般的です。ライブ用オケはとにかくすっきりとダイナミクス、ヘッドルームを残した2ミックスを作りましょう。そして現場ではPAエンジニアの方にしっかり音量を出してもらい、余裕のある音作りをしてもらうことを勧めます。そうすることでボーカルや楽器が重なっても全体的に音がまとまり、音質向上につながります。

また、複数のオケを用意する場合は、どの楽曲も同じレベルの音量にまとめるとPAで調整しやすくなります。音量、音質のばらつきが無いようにマスタリングすることも良いオケを作るコツでもあります。

> COLUMN

音圧リファレンス・ディスク・ガイド③

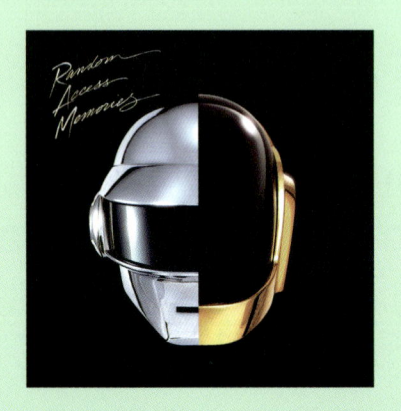

『ランダム・アクセス・メモリーズ』
ダフト・パンク

● **音圧競争に一石を投じた作品**

　2014年に行われた第56回グラミー賞で、「年間最優秀レコード」をはじめ数々の栄冠に輝いた作品です。実は音圧はかなり抑えられ、ダイナミクスが非常に大きく取られた、とても音が良い作品でもあります。しかも、「音が小さい」といった意見はほとんど聞きません。筆者もこの作品を初めて聴いたとき、低域から高域までとてもバランス良くミックスされていて、音が小さいとは全く感じませんでした。そんなに音圧を上げなくてもこれだけのセールス、評価を得ることができるわけです。ダフト・パンクのような有名アーティストが音圧をバランスよくコントロールしてくれたことは、音圧競争にある意味一石を投じたと言えるかもしれません。もし機会があれば、ある程度のクラス以上のオーディオ・システムでこの作品を聴いてみてください。音楽も素晴らしいですが、素晴らしいミックスであることもわかるかと思います。

PART 5
マスタリング用プラグインを活用

ここまでは DAW と付属のプラグインのみで作業する前提で解説を進めてきました。しかし、現在はマスタリングに使えるさまざまなプラグインが多数市販されています。その中でも、近年プロからも注目を集めているのが iZotope OZONE です。本章ではこの OZONE を中心に、幾つかの"使える"プラグインを紹介していきたいと思います。

chapter 27	OZONEの魅力	P180
chapter 28	OZONEで実践	P186
chapter 29	その他のお薦めプラグイン	P192

chapter 27 OZONEの魅力

魅力的なプロセッサーを多数搭載したマスタリング・ソフト

プロにも高い人気

　マスタリング・ソフトとして、DAWユーザーの間でも注目されているのがiZotope OZONEです（画面①）。これはEQ、コンプレッサー、リミッター、マルチバンド・コンプレッサー、イメージャー、エキサイター、マキシマイザー等の各種プロセッサーを備えた複合型で、高解像度で明瞭度の高い最先端サウンドから、温かさやまとまり感を重視したビンテージ系まで、さまざまなマスタリングに対応するポテンシャルの高さが話題となっています

　中でもマキシマイザーには定評があり、歪みや不自然さを感じさせずに音圧を強力に引き上げることが可能です。その明瞭かつパワフルな仕上がりは、プロのマスタリング・エンジニアにもファンが少なくありません。

　本書執筆時点でのバージョンは7で、スタンダードな機能を備えたOZONE 7と、ビンテージ系エフェクトや高機能なメーター類を備えたOZONE 7 ADVANCEDの2種類があります。いずれもプラグインとスタンドアローンの両形式で使用可能です。

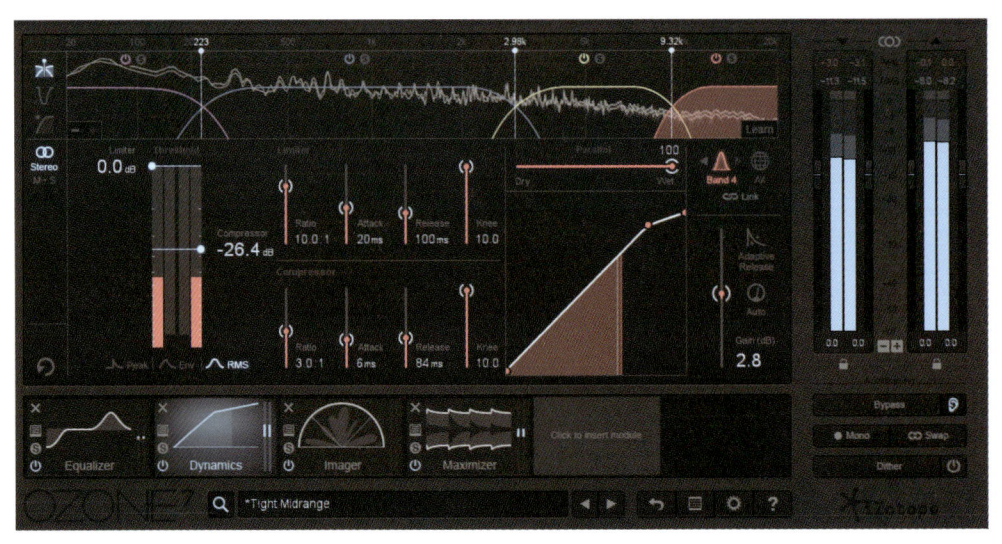

▲画面① iZotope OZONE 7。複数のプロセッサーからなるマスタリング・ソフトで、プラグインおよびスタンドアローンの両方で使用できる。各プロセッサーを画面下の部分で直列に接続し、それぞれの画面を開いてエディットしていくのが基本的な使い方となる

豊富なプリセット

OZONEはiZotope社の創設者Mark Ethier氏によって、「誰にでもマスタリングを」という発想のもとに2000年に開発がスタートされました。当時、MIT（マサチューセッツ工科大学）に在学中だったEthier氏は、マスタリング・エンジニアの作業工程を研究し、それをソフトウェア上で完結できる仕組みを考えたのだそうです。

そんな経緯もあり、OZONEには「マスタリングは難しい」という概念を覆す工夫が随所に施されています。その一つが目的別にカテゴライズされた豊富なプリセットです（**画面②**）。これらは、その名前から受ける印象をもとに感覚的に選ぶだけで目的のサウンドへと近づけることができます。コントロールの難しいコンプやマルチバンド・コンプは、プリセットを活用することが効率的にノウハウを習得するコツでもあります。

また、プリセットを選ぶとそのサウンドに必要な各種プロセッサーがかける順番で接続された形で読み込まれます。これによってプロセスが明確になるので何を操作すべきなのかが分かります（**画面③**）。そして何度か使っているうちに、「こういうサウンドを作りたいときは、このプロセッサーを使えばよい」といったコツがつかめてきます。すなわち使っているうちにマスタリングのメカニズムを理解できるわけです。

▼**画面③** プロセッサーの選択画面（OZONE 7）。プリセットを選ぶだけでプロセッサーは接続された状態で読み込まれるが、新規に追加したり、順番を入れ替えることも可能

▲**画面②** プリセット選択画面。世界的に有名なマスタリング・エンジニア、グレッグ・カルビによるプリセットも用意されている

PART 5 マスタリング用プラグインを活用

chapter 27
OZONEの魅力

主要プロセッサー紹介

　それでは、OZONE 7の主要なプロセッサーを簡単に紹介していきましょう。

Vintage Limiter　　　　　　　　　　　　　　　　　　　　画面④

　ビンテージ・リミッターとして有名なFAIRCHILD 670をモデルに設計されたリミッターです。アナログ感とデジタルの精密さを兼ね備えていて、音のまとまり感が良く、マキシマイザー的な使い方も可能です。EQやコンプの前段に配置して音量感を調整する場合にも効果を発揮します。

Dynamic EQ　　　　　　　　　　　　　　　　　　　　　画面⑤

　設定した音量（スレッショルド）に応じて、ブースト／カット量が変化するユニークな6バンドEQです。ブースト方向ではスレッショルド以下で通常のEQとして動作しますが、スレッショルド以上ではブースト量が抑えられます。カット方向ではスレッショルド以下では動作せず、スレッショルドを超えた時点からカットが始まります。つまり、EQとコンプレッサーが一体化したような効果を得られるのです。一般的にこのような動作をするEQを"ダイナミックEQ"と呼びます。

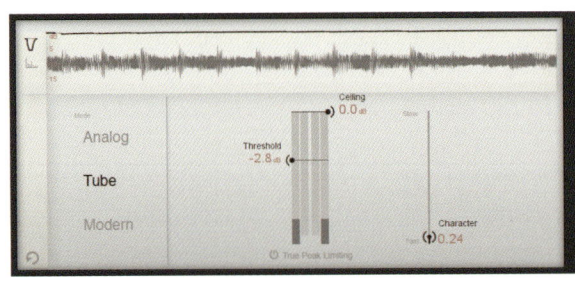

◀画面④　Vintage Limiter。アナログ感を得られるリミッター

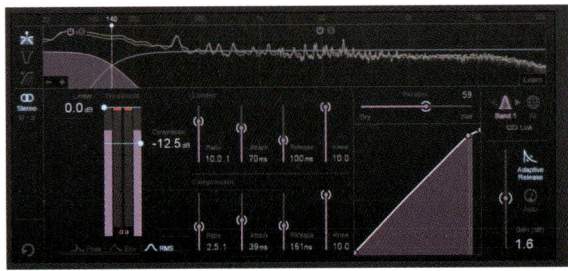

◀画面⑤　Dynamic EQ。入力音量によってゲイン量が変化するEQ

Equalizer

画面⑥

　オールマイティな8バンドEQです。温かみを持ったアナログ・タイプと位相がずれないデジタルのリニアEQタイプの2種類が選べます。スペアナ表示を見ながら、ゲインやQをマウスだけでも操作が可能。MS処理も行えます。なお、同等の機能を備えたPost Equalizerも用意されています。

Maximizer

画面⑦

　OZONEを代表するプロセッサー、マキシマイザーです。特にIRC（Intelligent Release Control）と呼ばれるアルゴリズムの選択が重要となります。これはⅠ〜Ⅳまでの4タイプが用意されていて、素材や目的に応じて選びます。例えば、IRC ⅣはOZONE 7から搭載された新しいアルゴリズムで、自然な"音圧上げ"に向いています。またアグレッシブに音圧を上げたいときはIRC Ⅲを選ぶと良い結果が得られることが多いようです。一般的に音圧を上げる際には歪みやポンピング（音量が急激に変化してデコボコな感じになること）が起こりやすいのですが、iZotopeではその原因となるリリースの設定を研究してきた成果をIRCのメカニズムにフィードバックしているとのこと。音圧の調整にはこのプロセッサーの使いこなしがポイントとなるので、OZONEを導入したら、ぜひいろいろなタイプのIRCを試してみてください。

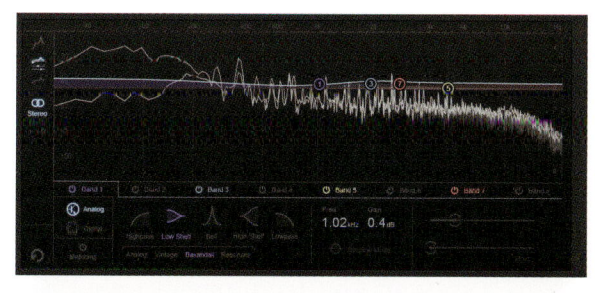

◀画面⑥　Equalizer。8バンドEQ

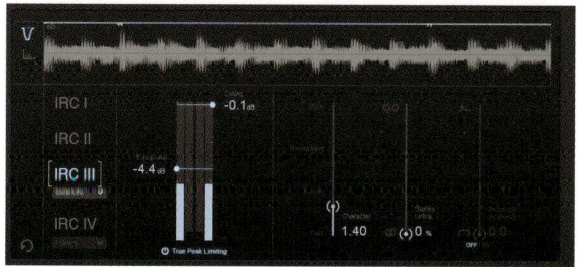

◀画面⑦　Maximizer。強力な音圧上げツールとして活躍するマキシマイザー

PART 5　マスタリング用プラグインを活用

chapter 27
OZONEの魅力

Dynamics　　　画面⑧

　マルチバンドのコンプレッサー／リミッター／エクスパンダーとして使用できるダイナミクス系エフェクトです。最大4バンド仕様で、帯域ごとに複雑なダイナミクス・コントロールが可能ですが、パラメーターの数も多いので、慣れるまではプリセットを選んでから、エディットしていくとよいでしょう。また各バンドをソロやバイパスで、個別に試聴していくと効果がわかりやすいと思います。このプロセッサーもスペアナ表示やMS処理が可能になっています。

Exciter　　　画面⑨

　高域にきらめきや明るさを与え、中低域には太さや存在感を与えるエキサイターです。Amountスライダーでかかり具合を、Mixスライダーで元の信号とのバランスを調整します。例えば抜け感が欲しいときなどに使うと、EQとは違った効果が得られるので試してみてください。またマルチバンド仕様なので、最大4つの帯域で個別に調整できるのも特徴です。サウンド・キャラクターをWarm／Retro／Tape／Tube／Triode／Dual Triodeの6種類から選べるのですが、高域に明るさが欲しいときには"Tape"、低域に芯が欲しいときには"Warm"を使うと良い結果を得やすいようです。このプロセッサーもMS処理やスペアナ表示が可能です。

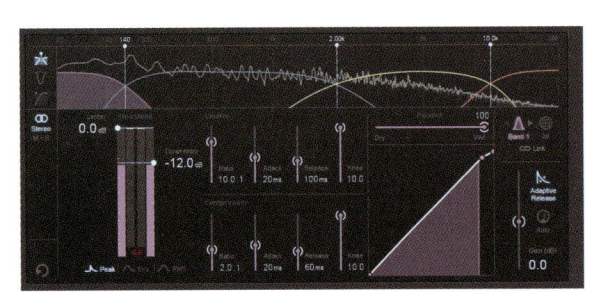

◀画面⑧　Dynamics。4バンド仕様のコンプ／リミッター／エクスパンダー

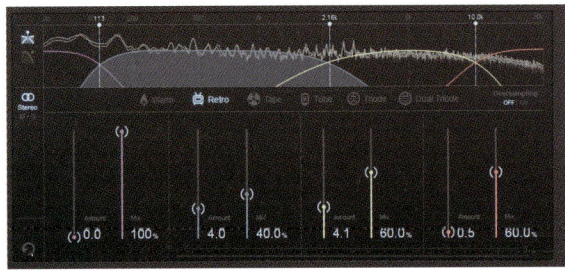

◀画面⑨　6種類の質感を選べる4バンド・エキサイター

Stereo Imaging

画面⑩

ステレオの広がり感を調整できるイメージャー系プロセッサーです。4バンド仕様で、帯域ごとに広がり感を設定できます。またステレオ音場をグラフィカルに確認できるリサージュ・メーターや位相メーターなども装備されているので、他のプロセッサーでMS処理した後に、このプロセッサーのメーターで確認するという利用方法もお勧めです。

●

ここまでに紹介した8個のプロセッサーがOZONE 7のスタンダード版に用意されているもので、これだけでもマスタリングは十分に行えます。

また上位版のADVANCEDにはVintage Tape、Vintage Compressor、Vintage EQといったビンテージ系のサウンド・キャラクターを持つプロセッサーが装備されています。また単体の製品としても販売されている高機能なメーター・プラグイン、Insightも同梱されています。そのほか各プロセッサーを単独のプラグインとして使用できるのもADVANCEDのメリットです。

ビギナーであれば、まずはスタンダード版のOZONE 7から始めて、プリセットをいろいろ試してみるとよいでしょう。自分好みの設定を見つけたら、どんどん保存して"引き出し"を増やしていきましょう。

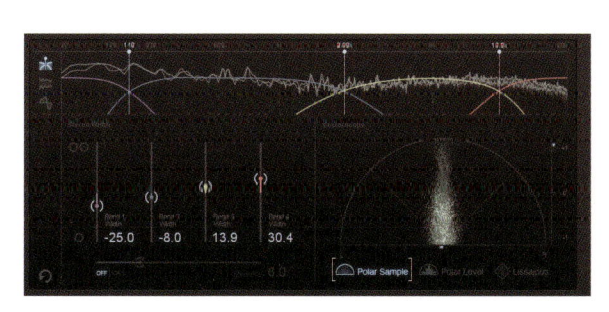

◀画面⑩　Stereo Imaging。4バンド・ステレオ・イメージャー

chapter 28 OZONEで実践

音圧重視のアプローチ

ダイナミクスを整える

　ここからは、実際にOZONEを使ったマスタリングの過程を紹介しましょう（スタンダード版を使用します）。まずは音圧上げにフォーカスした例です。素材は01_Alternate_2mix_normal.wavを使用します。

　この2ミックスはダイナミクスが大きいので、最初にVintage Limiterを使って、ダイナミクスを整えます。これは音圧を上げるのが目的ではないので、2ミックスの段階で既にある程度の音圧がある楽曲では、この工程は必要ありません。

　Vintage LimiterのModeでは真空管リミッターのTubeを選択し、Thresholdは−4.0dBに設定、アタックとリリースの時間を調整するCharacterは8.20にしました（**画面①**）。

　これらの数値は楽曲次第なのですが、軽く真空管的なサウンドを色付けするような処理です。処理後のサウンド、02_Alternate_2mix_normal_VL.wavで確認してみてください。

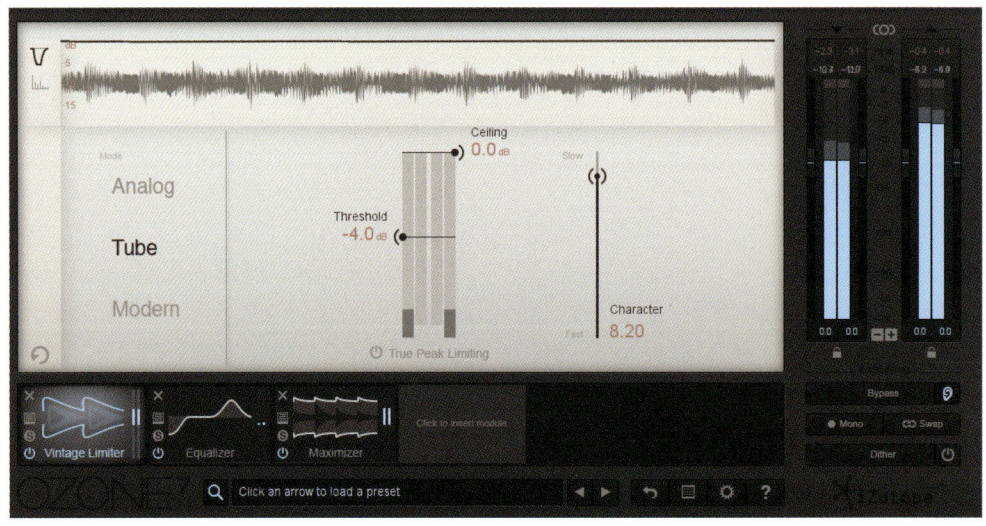

▲画面①　最初はVintage Limiterでダイナミクスを整える。ModeはTubeを選択

ダウンロード素材

Cubase用
→ 01_Alternate_2mix_normal.wav
~04_Alternate_2mix_normal_Maxi.wav
（オーディオファイルのみ）

他のDAW用
→ 01_Alternate_2mix_normal.wav
~04_Alternate_2mix_normal_Maxi.wav

中域を強調して音圧感を演出

　Vintage Limiterの後段にはEqualizerをセットして、音圧感のあるサウンドに仕立てていきます。まずは聴感上、感度が低くなる超低域の100Hz以下をシェルビング・タイプで－6dBカットしました。モードはAnalogを選んでいます（以降もすべて同様です）。ちなみに、Equalizerの各バンドではハイパス・フィルター／ローパス・フィルター／シェルビング／ピーク（ベル）の各タイプを選択できます。

　次に抜けが良くなるように、4kHzから上をシェルビング・タイプで2.5dBブーストしました。楽曲にもよりますが、もし6dB以上のブーストが必要になる場合はミックスに戻って修正した方が音圧は上がりやすくなるでしょう。

　さらに、中域に存在する目立つ要素を軽くブーストします。これはできればピッチの変化が少ないものにフォーカスしたほうがよいでしょう。例えばスネアやハイハットのアタック、クラップやシンセのシーケンス・サウンドなどです。この曲では6kHzを4.6dBブーストしました（画面②）。これらのイコライジングでドラスティックに変化させる必要はありません。「ちょっと変わったかな？」くらいが適切です。あまりに音質が変化すると、音圧を上げる際に音がバラバラになってしまう危険性があります。EQ後の音は03_Alternate_2mix_normal_EQ.wavを参照してください。

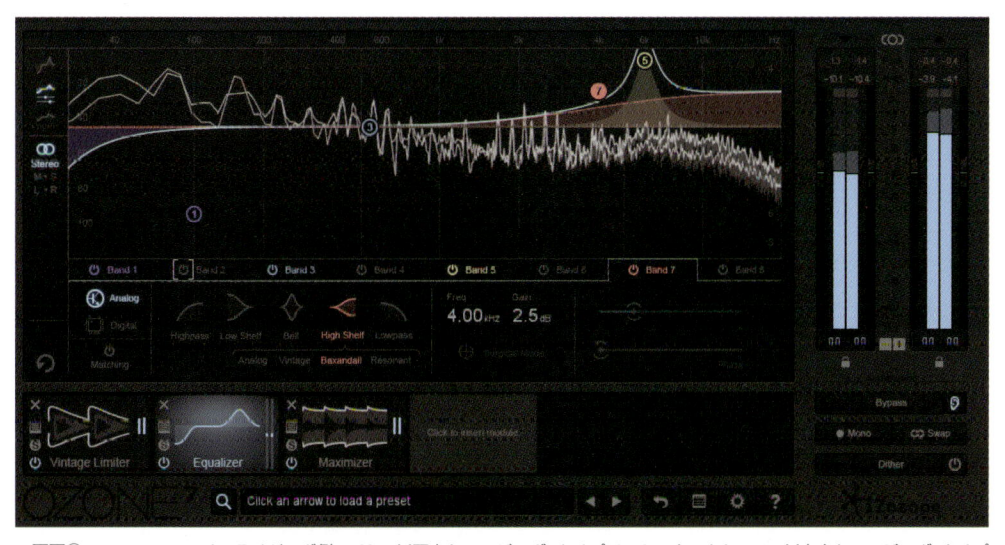

▲画面② Equalizerでのイコライジング例。100Hz以下をシェルビング・タイプで－6dBカットし、4kHz以上をシェルビング・タイプで2.5dBブースト。さらに、6kHzを中心にピーク・タイプで4.6dBブースト

chapter 28
OZONEで実践

IRC Ⅲで音圧上げ

　最後にマキシマイザーのMaximizerをセットします。効率よく音圧を上げたいときのモードはIRC Ⅲがお勧めです。またIRC Ⅳもとても自然に音圧を上げられます。好みで選んでみてください。

　またIRC Ⅲでは4つのスタイルを選択できます。ここでは少し派手に仕上げるために、Clippingを選択しました。これは最大限に音圧を上げたいときに有効です。ほかにCrisp、Balanced、Pumpingというスタイルがあり、それぞれリリースの扱いが異なります。

　そのほかの設定も紹介しておきましょう。Thresholdは−5.0dBで、クリップを防ぐためにCeilingは−0.4dBに設定しています。またCharacterのスライダーを調節すると音質が微妙に変化していきます。ここでは7.52にしました。少しずつスライダーを調節して、納得できる音質を探ってみるといいでしょう。最終的な仕上がりは04_Alternate_2mix_normal_Maxi.wavで確認してください（**画面③**）。

　なお、OZONEはとても自然に音圧を上げられますが、決して歪まないわけではありません。複数のモニター環境で歪みをよくチェックしてください。他人にチェックしてもらうのも良い方法です。

▲画面③　最後はMaximizerで音圧上げ。モードはIRC ⅢでClippingを選択。音圧を最大まで上げたいときに有効な選択肢だ

| ダウンロード素材 | Cubase用 | Cubase → 28
▶ 05_FamigliaTrueman_2mix.wav
～07_FamigliaTrueman_Maxi.wav
（オーディオ・ファイルのみ） | 他のDAW用 | Other_DAW → 28
▶ 05_FamigliaTrueman_2mix.wav
～07_FamigliaTrueman_Maxi.wav |

音質重視のアプローチ

自動マッチゲインが便利！

　次は音質重視編です。"音質"だけを考えれば、本来はミックスが終わった直後の状態が最良のはずです。しかし、そのままでは音量が小さいので、等ラウドネス曲線の項で学んだように、音量が大きいものと比べると周波数レンジを狭く感じ、音が悪いという印象を受けやすくなります（ボリュームを上げればよい話なのですが）。

　そこで音圧を上げるわけですが、どの程度上げれば音質とのバランスが取れるのか悩みどころであります。そこで活躍するのがOZONEの自動マッチゲイン機能です。これはプロセッシング前の2ミックスと、各プロセッサーで処理した後のサウンドを、同じ音量で比較試聴できるという機能です。マスターセクションにある"耳"アイコン（画面①）をオンにして、バイパスをオンにすると、各プロセッサーはバイパスされますが、音量はプロセッシング後と同等になります。「一体何のために？」と思う方もいらっしゃるかもしれませんが、ここに音質重視のためのヒミツが隠されています。音圧を上げていくとダイナミクスの差は小さくなり、周波数レンジも狭くなる傾

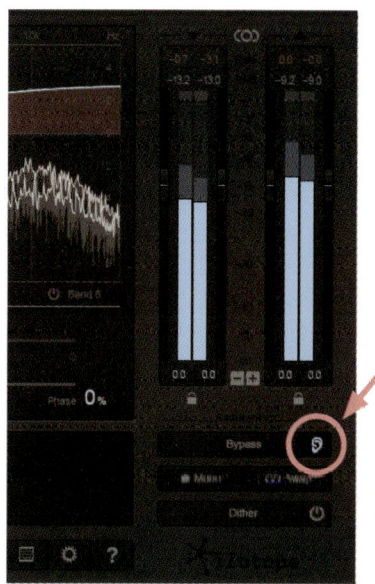

PART 5 マスタリング用プラグインを活用

◀画面① 「Bypass」スイッチ横の耳アイコンが自動マッチングのオン／オフ・スイッチ。オンにするとバイパス時にプロセッサーの効果はオフになり、音量感はプロセッシング後と同等になる

chapter 28
OZONEで実践

向にあります。その変化をこの自動マッチゲインで聴き比べられます。音質が変化し始める直前がオリジナルのミックスをギリギリ損ねていないポイントになるわけです。

　自動マッチゲインは、マスタリングを客観的に行うためにとても優れた機能です。ただし、モニター環境には気を付けましょう。モニター・スピーカーではあまり変化が感じられなくてもヘッドホンや他のスピーカーでは差が出ていることもあります。複数のモニター環境で音量の大小などを試しながらチェックしてください。

IRC Ⅳでマキシマイズ

　それでは、05_FamigliaTrueman_2mix.wavを素材に、筆者が行ったマスタリング例を紹介します。まずはEqualizerをセットして、4kHzより上をシェルビング・タイプで3dBブーストし、抜け感を出しました（**画面②**）。06_FamigliaTrueman_2mix_EQ.wavでそのサウンドをチェックしてみてください。

　次にMaximizerをセットして、モードはIRC ⅣのModernを選択し、Thresholdを－4dBに設定しました。Characterは2.00です（**画面③**）。これは自動マッチングを使って、比較試聴を行いながら慎重に調節した結果です。07_FamigliaTrueman_2mix_Maxi.wavで、その仕上がりを確認してみてください。とても自然に音圧感が上がり、なおかつオリジナルとの質感の差はほとんどないことがわかると思います。

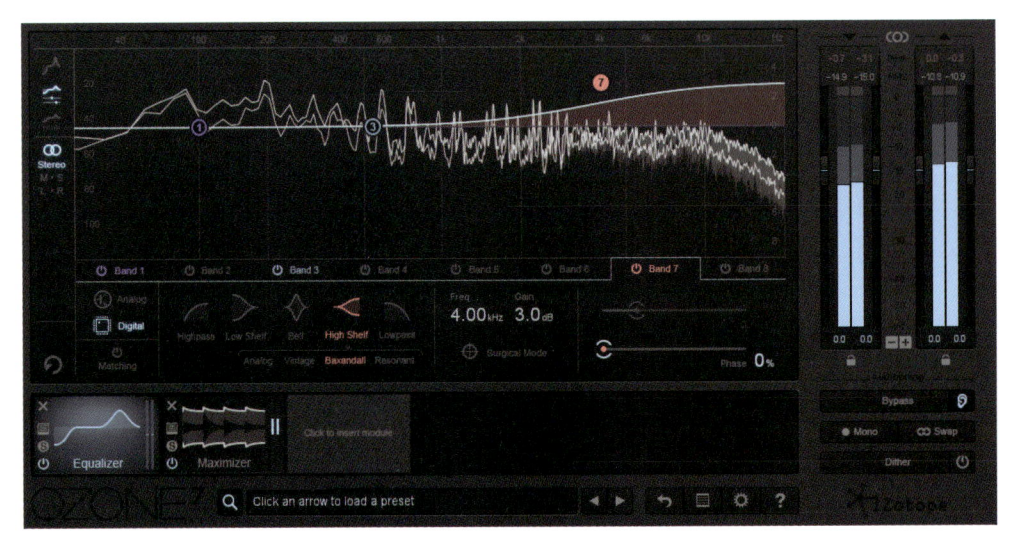

▲**画面②**　イコライジングは高域の抜け感調整のみ

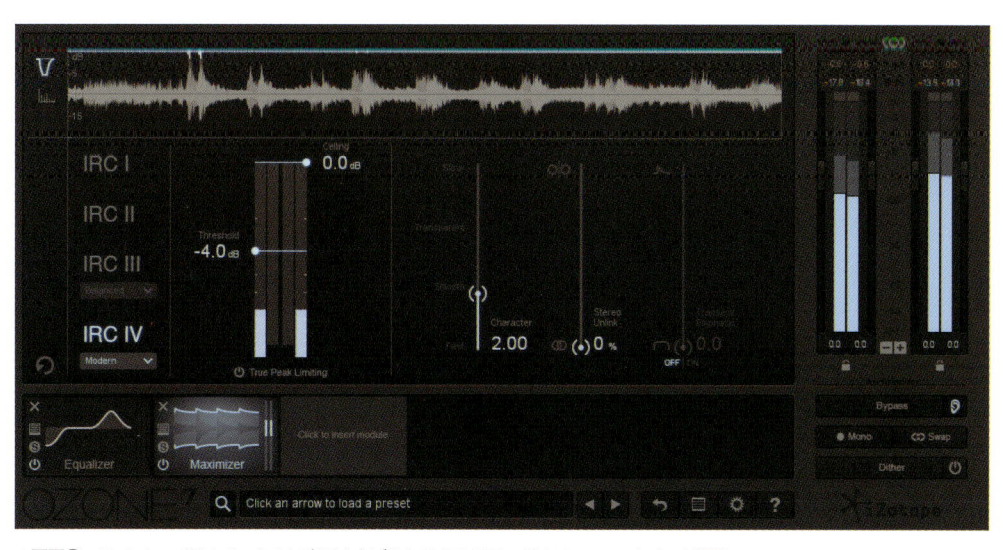

▲画面③ Maximizerではナチュラルに音圧を上げられるIRC IVモードのModernスタイルを選択

chapter 29 その他のお薦めプラグイン

ビギナーに使ってほしい9選

定番系を中心にセレクト

　本書ではDAW付属のプラグインを使用する前提で解説してきましたが、OZONEのほかにも、マスタリングに使えるプラグインは多数リリースされています。すべてを取り上げるのは紙面スペース的に難しいので、よく知られているものを中心に紹介していきましょう。

リミッター／マキシマイザー／サチュレーター系

WAVES L2

● プロご用達の超有名マキシマイザー

　WAVESと言えば、マキシマイザーのL1をはじめ多数のプラグインで知られるメーカーです。L1の発表時には世界中が驚き、たくさんのエンジニアやプロデューサーがこぞって使い、音圧を上げていきました。そして、より効果的かつ自然に音圧を上げるためにリリースを自動化するシステム、ARC（Automatic Release Control）を採用したのがこのL2です。音圧を上げても音が割れにくい、歪みにくいといった近年のマキシマイザーの方向性を決定付けたパイオニア的存在と言えるでしょう。現在でも多くのエンジニア／クリエイターに使われていて、筆者もよく使用します。クセが少なくすっきりまとまる印象で、EQやサチュレーターでサウンドをまとめた後に、軽く音圧を上げていく際にはとても有効なプラグインです。

WAVES L3-LL

●ダンス・ミュージック系にもオススメ

　WAVESからはさまざまなマキシマイザーがリリースされていますが、中でも音の良さから評価の高いのがこのL3-LL Multimaximizerです。5バンド仕様でキレイに音圧が上がっていく印象のプラグインです。個人的にはプリセットの「Loud and Proud」がとても効果的に音圧を上げてくれるので、これを選んでからパラメーターをエディットしていくことが多いです。ダンス・ミュージックなどでパンチを加えたいときにはぜひ試してもらいたいプラグインです。

dotec-audio DeeMax

●簡単&強力な音圧上げツール

　操作がとても簡単なマキシマイザーです。スライダーを上げていくだけで音圧を稼げます。感覚的に操作できるのでビギナーにとっても使いやすいでしょう（ちなみにアウトプットは−0.1dB固定になっています）。また、TURBOボタンをオンにすると、音にパンチ力を与えることもできます。RMSメーターを見ていると、あっという間に音圧が上がっていくことがわかるでしょう。SAFEスイッチを入れるとサチュレーションによるひずみを軽減し、ナチュラルに音圧を上げられます。

chapter 29
その他のお薦めプラグイン

IK Multimedia T-RackS Stealth Limiter

● 原音に忠実なマキシマイザー

「透明感のある、豊かなダイナミクス表現を維持」と謳うこのマキシマイザーは、実際、原音にとても忠実に音圧を上げることができます。派手な変化がない分、ミックス・バランスを崩すことがないので、できるだけ色付けをせずに音圧を上げたいときにはとても有効です。またunity gain monitorスイッチを入れると、オリジナルと同じ程度の音量になり、音圧アップによる音の変化を簡単に比較できます。軽くサチュレーションを加えたいときはHarmonic1（チューブ・タイプ）またはHarmonic2（ソリッドステート・タイプ）を選ぶこともでき、音質に個性を加えられます。またinfrasonic filterスイッチを入れると、22Hz以下をカットするフィルターがオンになります。音圧を上げたいときに、超低域のエネルギーが邪魔をして聴感上の音圧が上がりにくいことがよくありますが、そんなときはこのスイッチを使うとよいでしょう。

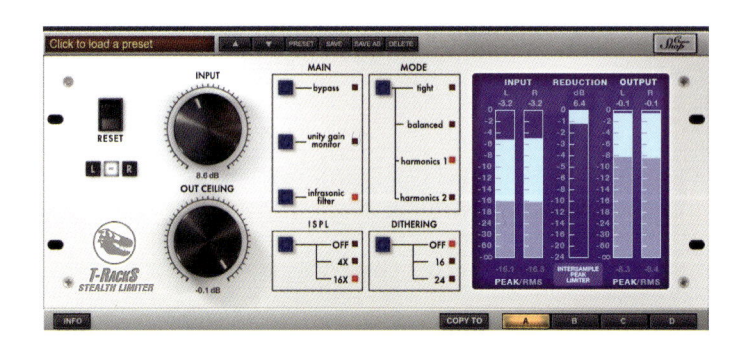

IK Multimedia Lurssen Mastering Console

● 有名エンジニアたちのノウハウを凝縮

多数のグラミー作品を手掛けているロサンゼルスのマスタリング・スタジオ、Lurssen Masteringの機材をモデリングして再現したプラグインです。複数のプロセッサーが複雑にルーティングされているのですが、それらを有機的かつ直感的にコントロールできるように設計されている点が大きな特徴。Styleと呼ばれる25ジャンルに細分化されたプリセットを選んで、INPUT DRIVEおよびPUSHというノブを調整していけば、簡単にマスタリングできてしまいます。各プロセッサーのエディットも可能ですが、パラメーターは最小限に抑えられています。もちろん音圧も十分上がりますが、簡単な操作でバランス良くプロのマスタリング・サウンドを実現できる点が魅

力です。音圧重視のマスタリングと音質重視のマスタリングを誰にでも両立できる数少ないプラグインといえるでしょう。

brainworks bx_limiter

● サチュレーターとリミッターを統合したプラグイン

　brainworksはマスタリング系プラグインで有名なブランドです。本プラグインはリミッターとサチュレーターの複合タイプで、パラメーター数が少ないため誰にでも使いやすい仕様になっています。32ステップのアンドゥ／リドゥに対応し、思い切ったエディットをしても簡単に元の設定に戻れるのも親切です。リミッターとしてはとてもクリーンに音圧を上げていけるのが特徴ですが、サチュレーション量を設定するXLノブを上げていくと強いサチュレーション感が足されていき、パンチや派手さを加えることができます。XLノブを上げすぎると歪み感も強くなってしまうので注意が必要ですが、リミッターとサチュレーターの良いところを兼ね備えたプラグインです。

chapter 29
その他のお薦めプラグイン

DADA LIFE Sausage Fatner

● マスタリングにも使えるサチュレーター

　EDMシーンで有名なDJ／プロデューサーのDada Lifeがプロデュースしたサチュレーター$です。過激かつ個性的に変化するので、マスタリングに使用するときは歪みに要注意ですが、クセをつかむと音圧をかなり上げられ、サウンドも派手に仕上がります。特にEDM系独特の音圧感、サチュレーション感を得たいときにはとても有効です。Colorという音色を変えるノブは過激に変化させたいときに有効ですが、マスタリングではミックス・バランスに影響してしまうので、あまりドラスティックに変化させない方が無難でしょう。

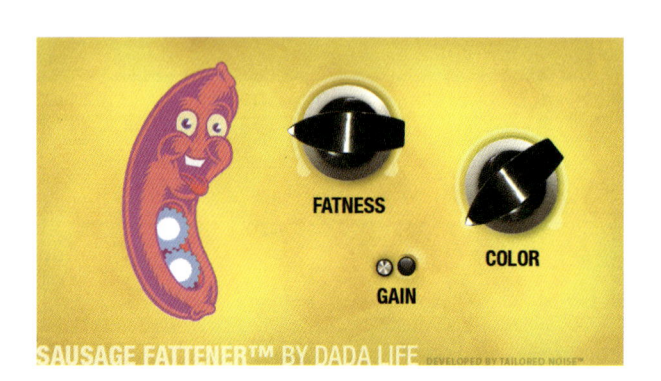

フリーウェアのお役立ち系ツール

FLUX:: StereoTool V3

● ステレオ幅も変更可能な位相メーター

　位相メーターやリサージュ・メーターなどのステレオ音場をチェックできるメーター系です。MS処理などの際に重宝するでしょう。L/Rのゲインや位相、パン、ステレオ幅の位相反転スイッチや、ステレオ幅の調整機能など、メーター以外の機能も充実しています。https://www.fluxhome.com/downloadでFluxCenter.appをダウンロード＆インストールした後に同アプリケーションを起動すると、StereoTool V3をインストールできます。

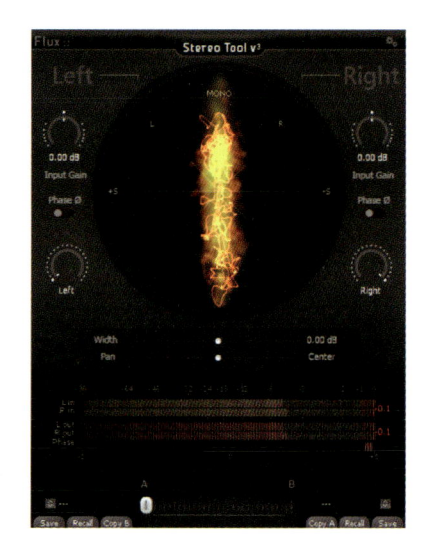

IK Multimedia T-RackS Custom Shop

●RMSメーターやMS処理が可能なEQを装備

　T-RackS Custom Shopは、8つのプラグイン・スロットを持ち、最高12台のエフェクト・モジュールを内部で接続できるプラットフォーム的なプラグインです。各モジュールは有償なのですが、このプラットフォーム自体は無償でダウンロードでき、そこにはRMSメーターをはじめ、ピーク・メーター、位相メーター、スペクラム・アナライザー、それにMS処理が可能なEQまで付属しています。前述したT-RackS Stealth LimiterはT-Racks Custom Shopをインストールしていると14日間試用可能です。http://www.ikmultimedia.com/products/trcs/ でダウンロードできます（事前にアカウントを作成し、ログインしてからダウンロードが可能になります）。

● COLUMN

音圧リファレンス・ディスク・ガイド④

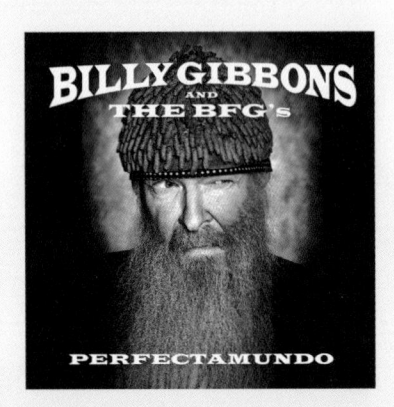

『PERFECTAMUNDO』
BILLY GIBBONS AND THE BFG's

●エッジーかつまとまりの良いサウンド

伝説のロックバンド、ZZ Topのギター・プレーヤー、ビリー・ギボンズのソロ・ユニット・プロジェクト・アルバム。この作品はダイナミクス・レンジがとても上手に取られていて、RMSの最大値こそ大きいところはあるものの、全体的には音圧も適度に抑えられ、とてもバランスの良い仕上がりになっています。そして何よりも、バランスの良いミックスのため、独特のコンプ・サウンドが、とてもエッジの効いたサウンドにまとめられています。ボーカルのダイナミクス処理も素晴らしく、サウンド的にはオールドなロック・テイストな部分もありつつ、AutoTune的サウンドも取り入れられており、仕上がりはとても現代的でメリハリがあります。特にコンガ、ティンバレスといったパーカッション・サウンドのミックスが素晴らしく、ディストーション・ギターとのコントラストが、ラテン・ロック感を強く印象付けています。

PART 6

CD&配信用ファイルの作り方

音質や音圧の調整が終わっても、まだマスタリングは終わりではありません。DAWからマスターとなるファイルを書き出して、その後はCDやMP3などの発表メディアへの変換作業を行います。マスタリングは最終的なメディア用のマスターを作って、はじめて終了となる作業です。本章ではこれらの仕上げの作業について解説していきます。また、ここまでは触れてこなかった複数楽曲をアルバムにまとめていくためのマスタリング方法も紹介しましょう。

chapter 30	アルバム制作時における複数楽曲のマスタリング	P200
chapter 31	マスタリング済みファイルのバウンス方法と曲間について	P206
chapter 32	CD用ファイルへのコンバートとライティング方法	P212
chapter 33	ネット配信について	P220
chapter 34	商品として市場へ流通させるCD&配信用ファイルの作り方	P224
chapter 35	CDマスタリングが終了した後の作業	P226

chapter 30 アルバム制作時における複数楽曲のマスタリング

1トラックに1曲ずつ読み込む

曲を読み込んだらまずはミュート

　ここまでは1曲単位での音圧＆音質調整について紹介してきました。しかし、マスタリングではアルバム制作など、複数の楽曲を扱うことが多いでしょう。ここではその場合の方法を解説していきます。なお、音圧と音質を調整する具体的な方法は1曲単位でも複数楽曲でも違いはありませんので、PART 3とPART 4を参照してください。

　複数楽曲をマスタリングするときは、新規のプロジェクトを立ち上げたら各トラックに2ミックスを読み込んでいきます。すなわち、1トラックにつき1曲です。曲順が決まっていればトラック1から順番に並べてください。そして全トラックをミュートして同時再生されないようにしておきます。これを忘れると全トラックが同時に鳴り爆音で再生されてしまい、スピーカーを破損する危険性もあるので忘れずにミュートしておきましょう。

　次にマスターへRMSメーターをインサート、そして各トラックには必要に応じて音質調整と音圧アップのためのEQやリミッター、マキシマイザーなどをインサートしていきます。

　さらにリファレンス曲を新規トラックに読み込みましょう。アルバム制作におけるリファレンス曲はchapter 16（P122）で説明した通り、そのアルバムで最も核となる曲、あるいは1曲目に対して選びます。もちろん、このトラックもミュートしておくのを忘れずに。

SOLOボタンで再生し比較試聴を行う

　画面①が複数楽曲をマスタリングするときのDAW画面です。作業を行う曲のトラックのみをSOLOボタンで再生できるようにします。

　マスタリングはリファレンス曲を選んだ曲から開始してください。最初にマスタリングする曲が、アルバム全体の音圧や音質の基準となるので慎重に行いましょう。また、これもchapter 16で述べましたが、曲調が大きく変わる場合には、その都度リファレンス曲を選んだ方が仕上がりは良くなると思います。

最初の曲のマスタリングが終わったら、後は曲順通りに進めていきます。もし、途中で曲順を変えたくなった場合はトラックを上下に移動させておくと混乱を避けられるでしょう。次の曲へ移るときは前の曲との音圧差や音質差を常にチェックしてください。SOLOボタンで切り替えれば即座に比較できるので便利です。何曲か進んだら最初から聴き直すようにすると客観性を保ちやすいと思います。

　そのほか、気になる個所にはマーカーを打っていつでも試聴できるようにしておくとよいでしょう。音圧もさることながら質感を合わせていく際には何度も特徴的な部分を繰り返し聴いて確認してください。また、音圧をどうしても上げられない曲があったら、無理して上げずにメモなどを取って一度作業を止めましょう。

　全曲のマスタリングが終わったら、再度、全曲を比較試聴して音圧と音質の差をチェックします。DAWでマスタリングを行うメリットは、ミキサー画面で各曲のエフェクト設定を簡単に比較できたり、SOLOボタンで即座にAB比較ができるところです。納得のいくまでチェックを繰り返してください。

　音圧を上げられなかった曲はミックスに戻って再度バランスを見直してみましょう。そこでミックス自体に問題が無いと判断したら、アルバム全体の音圧をその曲に合わせて調整し直した方がよいでしょう。または曲順などを見直すことでバラつきを抑える効果があります。

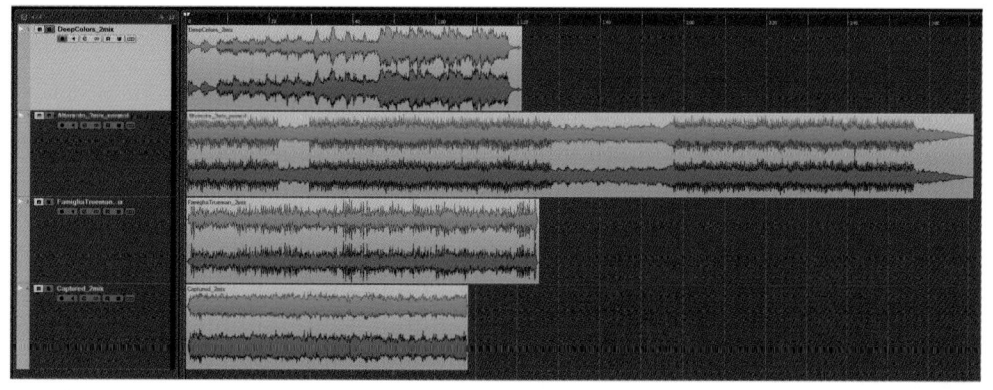

▲画面① アルバムなどの複数楽曲をマスタリングする際のDAW画面。各トラックに1曲ずつ並べてSOLOボタンで切り替えて再生していく。マスターにはRMSメーターを、各トラックには音圧＆音質調整に必要なプラグインをインサートする

chapter 30
アルバム制作時における複数楽曲のマスタリング

コンピレーション作品のマスタリング

音圧調整の方法

　最近はコンピレーション・アルバムも多数リリースされています。レーベルを主宰されているような方は、特にコンピ作品を作る機会が多いでしょう。その場合もマスタリング作業を行いますが、多くの場合は既にマスタリング済みの楽曲を扱うことになると思います。こうしたマスタリングでは、通常のアルバム作品とは多少異なる工程が必要になります。

　まず全楽曲の中から聴感上で最も音圧が高いと感じる楽曲を選んでリファレンス曲とします。このときはRMSメーターも参照しますが、RMS値が最も高いからといって聴感上の音圧も同じように感じるとは限りません。必ず、自分の耳でも確認するようにしてください。

　次に、全作品の音圧のばらつきをチェックしてメモしていきましょう。もちろん、これも最終的には耳で確認してください。そして音圧を低く感じたものから順番にマキシマイザーなどでRMS値が2〜3dB程度上がるように処理します。これで聴感上の音圧がリファレンス曲と同等になり、曲のニュアンスやバランスを崩していないのであれば、次の曲に進みます。もしリファレンス曲以上に音圧が上がってしまった場合は、同じ程度の音圧まで下げていきましょう。

　ここで問題となるのは2〜3dBのアップでは音圧的に足りない場合です。筆者の経験としてはマキシマイザーで3dB以上の音圧アップを行うと、バランスが崩れてしまったり、当初の制作意図とは違った作品になってしまうことが多いようです。3dB以上のアップが必要な場合は音圧アップを諦めて、リファレンス曲のゲインを下げましょう。多くのDAWには"TRIM"あるいは"GAIN"といった名前の、ゲイン調節用の機能やプラグインが装備されています（**画面①**）。そうしたシンプルなプラグインをインサートして1〜2dBの範囲内でゲインを下げてみてください。

　大抵は、ここまでの作業で音圧のバラつきを抑えることができると思います。もし、これでも音圧差を解消できないときは、音圧の低い楽曲を再度マスタリングし直した方がよいでしょう。

質感はそのままで

　コンピレーションとして集められた曲に質感のばらつきがあるのは当然と言えます。それぞれのアーティストが意図を持ってミックス・バランスを作り、質感を調整しているわけですから、どれか1つの曲を基準に質感を合わせることはできません。無理にEQをすれば、もともとアーティストが意図していた質感を変えてしまうことになり、マスタリングの目的からすれば本末転倒になってしまいます。基本的にはEQなどによる質感の調整は避けた方がよいでしょう。どうしても気になる場合は曲順を再考して、できるだけ質感の違う曲を離す方向で構成を組み立て直してみるのも良い方法です。

　もし、アーティスト側から質感調整のリクエストがあった場合は、EQを使って補正するとよいでしょう。音圧を稼いだマスタリング済みの曲をさらにEQしようとすると、音が割れたり歪んだりすることがあるので、ゲインを1〜2dB程度落としてから作業を行い、最終的に音圧的に不足があればマキシマイザーで1〜2dB程度の範囲で上げるとよいでしょう。ただ、これはあくまでもアーティストの意向を汲んで行ってください。くれぐれもEQ時はオリジナルの質感を損なわないように"軽い"処理を心がけることが基本です。

◀画面① Cubaseでは各トラックにゲインが装備されている

chapter 30
アルバム制作時における複数楽曲のマスタリング

コンピ・マスタリングの実践

　コンピレーション作品におけるマスタリングの基本が分かったところで、マスタリング済みのファイルをコンピ作品に見立ててマスタリングしてみましょう。ダウンロード素材から以下のファイルをDAWへ読み込んでください。

- 歌もの系：01_DeepColors.wav
- インスト系：02_Captured.wav
- 打ち込み系：03_Alternate_normal.wav
- 生音系：04_FamigliaTrueman.wav

　最初に各曲の音圧と質感を聴き比べて曲順を考えます。本来はコンピ・アルバムとしての作品的な意図も考慮して曲順を考えるべきですが、ここでは分かりやすさを優先して、音圧と質感で曲順を決めてみましょう。

　各曲を比較試聴してみると、インスト系の音圧を最も高く感じると思います。反対に歌もの系は後半こそ音圧が上がりますが、前半は静かな印象なので、この2曲は対照的な質感と言えます。曲順的にはこの2曲の位置を離した方が聴きやすそうなので、歌もの系を1曲目、インスト系は4曲目にします。また歌もの系の質感に近いのは生音系なので2曲目に、残りの打ち込み系を3曲目にしました（**画面②**）。

　この曲順でもインスト系の音圧を高く感じます。しかし、ほかの曲も音圧を稼いでいるので、これ以上は望めません。そこでインスト系のトラックのゲインを1.5dBほ

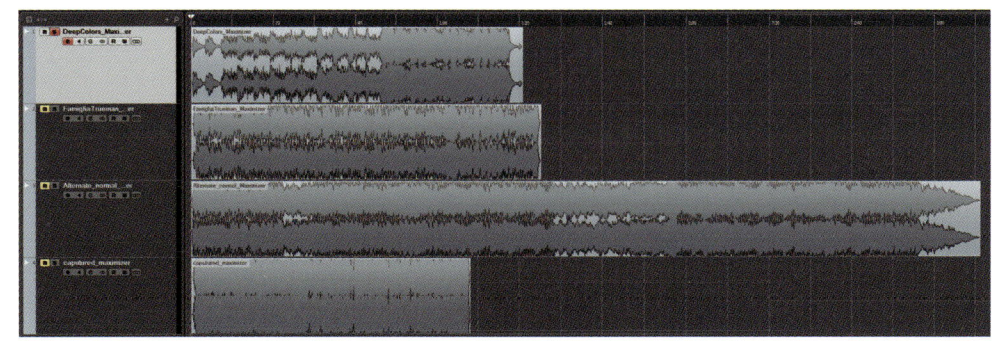

▲**画面②**　マスタリング済み曲をCubaseに読み込み、曲順を決めたところ。上から1曲目の歌もの系、生音系、打ち込み系、インスト系と並んでいる

```
┌──────────┐ ┌─[Cubase]→[30]──────────────────┐ ┌─[Other_DAW]→[30]─────────────┐
│ダウンロード│ │→ 01_DeepColors.wav~08_compi_Capt│ │→ 01_DeepColors.wav~08_compi_Capt│
│  素材    │ │ured.wav（オーディオ・ファイルのみ）│ │ured.wav                      │
└──────────┘ └────────────────────────────────┘ └──────────────────────────────┘
```

ど下げます。これでインスト系楽曲がほかの曲となじむようになりました（**画面③**）。

さらにモニター音量を小さくして各曲の音圧差をチェックしてみましょう。これで音圧のバラつきを感じないようであれば作業は終了です。大きなモニター音量では質感をチェックし、小音量のモニターで音圧をチェックすると、スムーズに確認作業を行えると思います。ヘッドホンも使用して同じチェックを繰り返しましょう。ここまでの過程で作成した4曲分のファイルが、05_compi_DeepColors.wav～08_compi_Captured.wavです。これを参考に、皆さんもご自身でマスタリングしてみてください。

なお、コンピレーションのマスタリングに限ったことではありませんが、長時間の作業は客観性を失うこともあるので、休憩をこまめに入れたり、一段落したら時間を置いて聴いてみましょう。可能であれば、ほかの人に聴いてもらって意見を聞いてみることも重要です。

PART 6　CD&配信用ファイルの作り方

◀**画面③**　マスタリング終了時のCubaseのミキサー画面。インスト系のみチャンネル・ストリップのゲインを1.5dB下げている

chapter 31 マスタリング済みファイルの バウンス方法と曲間について

マスター・ファイルを作る

多様化する発表形態に対応するために

　音圧や音質の調整が終了したからといって、マスタリングは終わりではありません。アルバムであれば曲間を設定したり、最終的なマスター・ファイルをバウンスする作業が残っています。曲間の設定は次ページからを参照していただくとして、まずバウンスの基本について解説します。

　従来のマスタリングでは、マスター・ファイルを書き出すときに、最終的な発表形態に合わせてオーディオ・フォーマットをコンバートするのが一般的でした。しかし、最近はCD以上のクオリティ、いわゆるハイレゾで配信可能なサイトもありますし、個人的に配信するのであれば、極端な話、どんなフォーマットでも可能です。将来的なことを考えるとマスタリングを行ったフォーマットのまま、マスター・ファイルを作成しておいた方がよいでしょう。その後、必要に応じてさらにコンバートを行うわけです（図①）。

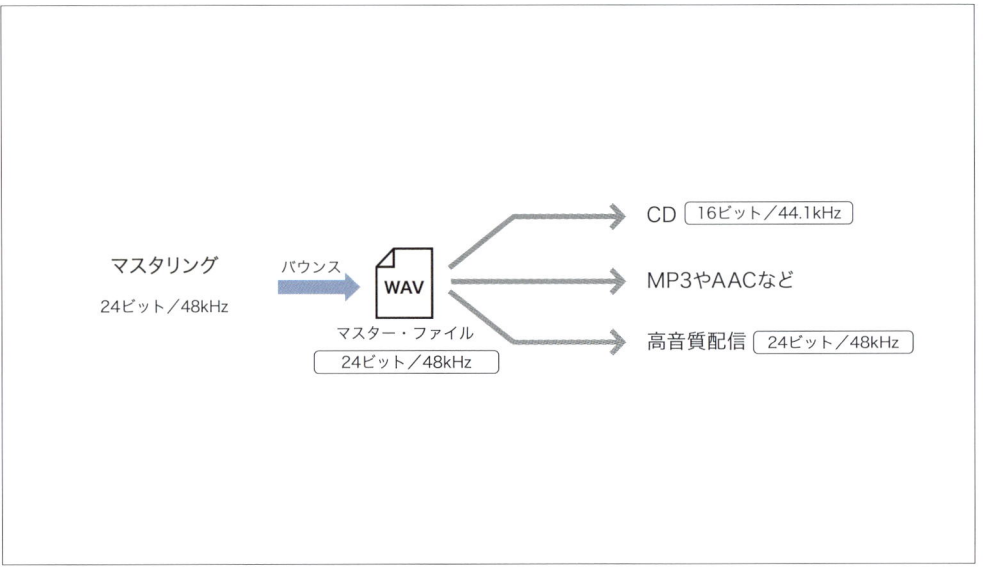

▲図① マスタリング時の音質のままマスター・ファイルを作成し、各発表形態に応じてコンバートしていく例

保存先や名前付けにも気を配ろう

　バウンスを行う際は、書き出そうとしているトラック以外のプラグイン、それにマスターへインサートしたRMSメーターなどはすべてオフにしておきましょう。ミックス時に比べて使用プラグイン数はそれほど多くないためノイズが入ったりする問題が起きることはほぼ無いと思いますが、パソコンに余計な負荷は与えない方がよいのは言うまでもありません。もしバウンス後のファイルにノイズが混じっていた場合にも原因を絞りやすくなります。もちろん、バウンス中はパソコンに負荷をかけないためにも、ほかの作業をしないようにしましょう。

　そのほか、マスター・ファイルの保管場所やファイル名の付け方には、自分なりのルールを作っておくことを勧めます。筆者はマスタリングのプロジェクトで使用しているフォルダに"MASTER"という名前のフォルダを作り、"曲順_曲名.wav"あるいは"曲順_アーティスト名_曲名.wav"といった名前を付けて保存しています（**画面①**）。ファイル名に日付を入れておいてもよいでしょう。また。マスター・ファイルは必ずコピーしてバックアップを取るようにします。できれば、外付けハード・ディスクやDVD-Rなどで二重にバックアップしておくとデータ消失の危険を最小限に抑えられます。

▲画面①　マスター・ファイルの保存例

chapter 31
マスタリング済みファイルのバウンス方法と曲間について

曲間の設定について

曲の頭は0.5s

　マスター・ファイルを作るときにはもう一つ重要なポイントがあります。それは曲の前後に無音の時間を設けることです。

　まず曲の頭には無音部分を0.2〜0.5s前後入れておきます。これはCDプレーヤーなどで再生するときに頭が欠けないようにするためです。CDを制作する際はCDライティング・ソフトやマスタリング・ソフトで曲の頭にスタート・ポイントなどと呼ばれるマーカーのようなものを入力しますが、これがCDプレーヤーではトラックの先頭になります。もしスタート・ポイントと曲の始まりの間に無音部分が無いと、特に古いCDプレーヤーでの再生時に曲の頭が欠落して再生されたり、プチッというノイズが入ったりする場合があるので注意してください。

　この問題は、自分でCDを焼いてパソコンで再生した場合には気付かないことも多いのですが、必ず無音部分を入れるようにして、最終的にはCDプレーヤーでチェックするようにしましょう。

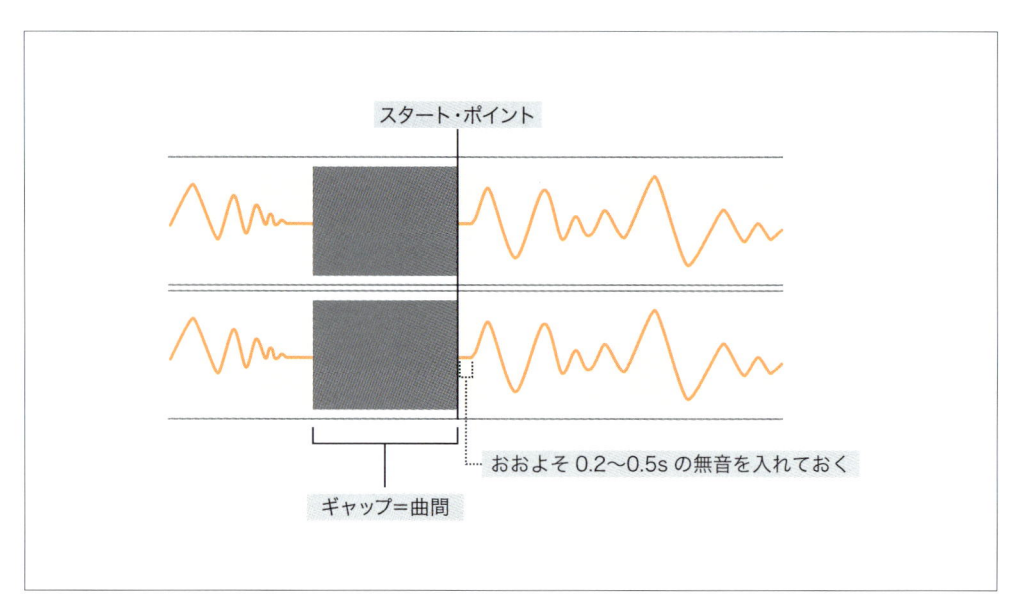

▲図① 従来のマスタリングでは曲の終わりとスタート・ポイントの間にギャップと呼ばれる時間を設けて曲間を設定する

曲の終わりの無音が曲間になる

　曲が終わった後の無音部分はいわゆる"曲間"になります。リスニングがCD中心で行われていた時代はCDライティング・ソフトやマスタリング・ソフト上で曲のファイルの最後とスタート・ポイントの間にギャップやポーズと呼ばれる時間を設けて曲間を設定していました（図①）。現在でもこの方法が使われることもありますが、近年のCDの多くはギャップを作らずに、その代わりに曲の終わりに無音部分を入れて曲間とするケースが多くなっています。

　この方式のメリットは、CDをリッピングして携帯音楽プレーヤーなどで再生するときに、アーティストが意図した曲間を反映できる点です。リッピング・ソフトではギャップをCDと同じように扱うものもあれば、そうでないものもあります（ユーザーが選択できるリッピング・ソフトも多いようです）。ここで問題となるのはギャップを無視されてしまう場合です。せっかくアルバムの流れを考えて設定した曲間も無意味になってしまいます。最近はアルバム単位で音楽を聴くリスナーも減っているので、曲間という概念を持って聴いてもらえるかも不安です。しかし、あらかじめ曲の中に曲間を入れておけば、リッピングされたときにもアーティストの意図通りにアルバムが再生されることになります（図②）。

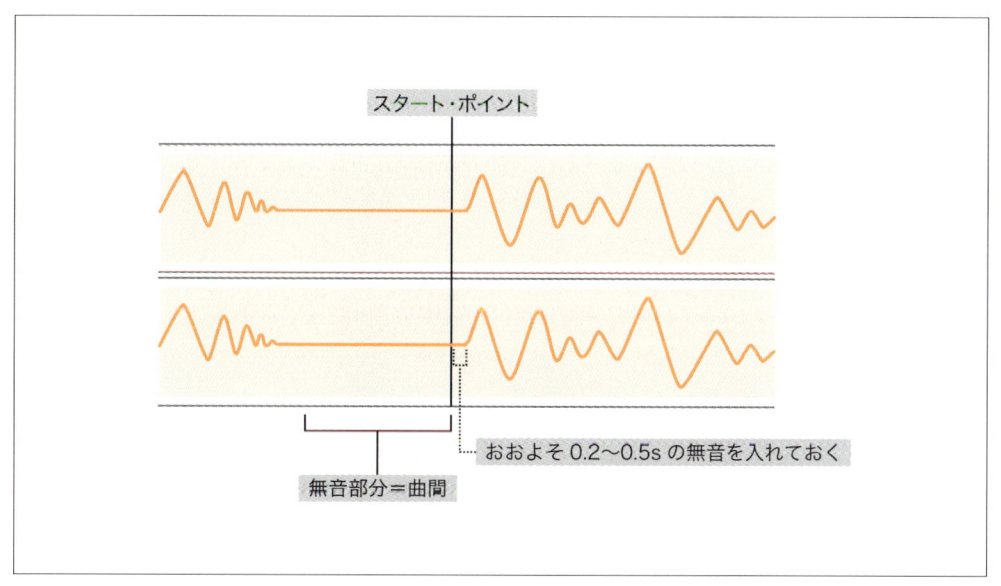

▲図② 現在のCDの多くはギャップを無くして曲の終わりの部分の無音で曲間を作ることも多くなった

chapter 31
マスタリング済みファイルのバウンス方法と曲間について

マスタリング用のプロジェクトで曲間チェック

　音圧と音質の調整が終わったら、曲間を考えながらバウンス範囲を設定し、各曲をバウンスします。そして同じプロジェクト・ファイルに新規トラックを作り、バウンスしたファイルをトラックの先頭から曲順通りにすき間なく並べましょう（**画面①**）。あとは再生しながら曲間の長さをチェックしていきます。気に入らなければ、バウンス範囲を変えて書き出し、差し替えて再びチェックしましょう。

　曲間の長さに決まりはありませんし、曲の終わり方や始まり方によって千差万別です。もちろん、極端に長い曲間を取るようなことはよほど意図的でない限りありません（隠しトラックくらいでしょうか）。イメージが湧かなければ、好きなアルバムをチェックしてみるとよいでしょう。多くは数秒前後になっていると思います。ほんの数秒ではありますが、この曲間がアルバム全体の印象につながることも多いので、できるだけ明確な意図を持って設定するようにしましょう。

曲間の設定例

　参考までに曲間の作り方の例を幾つか挙げてみます。フェード・アウトで終わる曲の場合は、次の曲までの無音部分を長く取り過ぎると間の抜けた印象になりがちです。

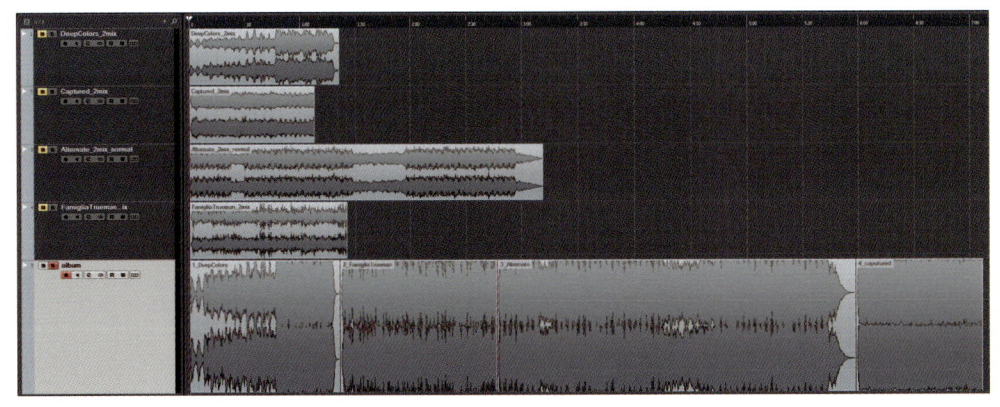

▲**画面①**　曲間をチェックする際のDAW画面。上がマスタリングを行ったトラックで、一番下がそれらをバウンスして並べた曲間チェック用のトラック

またフェード・アウトのカーブの設定によっても印象は変わります。基本的には直線ではなく、**画面②**のように終わりかけがゆっくりと減衰するようなカーブにすると自然に聴こえることが多いようです。既にミックスにおけるバウンス時に直線のフェード・アウトで書き出していることも多いと思いますが、マスター・ファイルを書き出す際にはまず**画面②**のようなフェード・アウトのカーブを加えて試してみてください。フェード・アウトする曲以外では、曲の余韻の残し方が重要になります。例えばリバーブ成分が残る場合は曲のテンポと残響の長さに合わせて、例えば2小節から4小節くらいでリバーブの残響が消えるようにフェード・カーブを描き、その後に無音部分を設定してみましょう（**画面③**）。前の曲の余韻がほとんどなく次の曲へテンポよく移りたいときは、前の曲のテンポで曲終わりから2拍、あるいは4拍くらいの長さの曲間にしておくとDJミックス的な仕上がりにもなります。

　そして、最終的なマスター・ファイルには、フェード・アウトが終わった後へさらに0.2sほどの無音を付け足しておくと、古いCDプレーヤーなどでの再生時のノイズを避けることができます。最終的には、曲頭の無音部分と曲終わりの無音部分を足した時間が曲間となります。携帯音楽プレーヤー等でシャッフルされると曲間は変わってしまうので、厳密に小節数や拍を合わせる必要はありませんが、一つの目安にしてみてください。

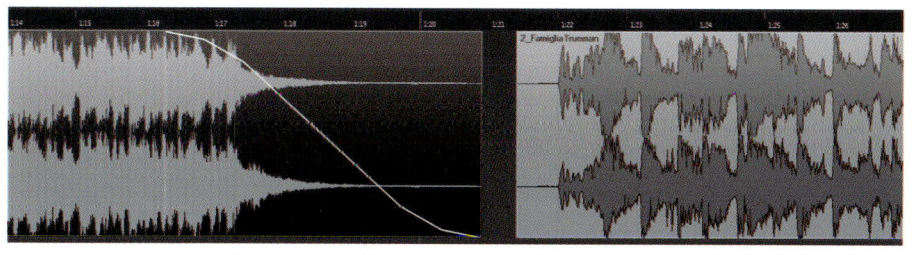

▲**画面②**　フェード・アウトで終わる曲の曲間設定。ここでは無音部分を0.5sとしている。自然に聴こえるフェード・カーブを選ぶのも大切だ

▶**画面③**　余韻が長い曲の曲間設定。無音部分は0.5sより少し長いくらいになっており最後のリバーブ成分をほんの少しだけフェード・アウトして無音部分へのつながりの違和感を無くしている

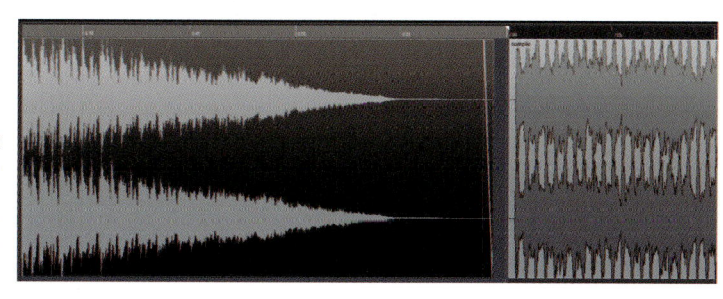

chapter 32 CD用ファイルへのコンバートとライティング方法

16ビット／44.1kHzのファイルを作成

コンバートで音は変わる

　ここではマスター・ファイルをCD化する方法を紹介していきます。マスター・ファイルを16ビット／44.1kHzで作成した場合は、そのままCDライティング・ソフトに読み込めばOK（P216以降を参照）。しかし、24ビット／48kHz以上の場合はコンバートが必要になります。まずはその工程を解説しましょう。

　DAWでは2ミックスのバウンス時にオーディオ・フォーマットを選択できます（**画面①**）。最も単純な方法はマスター・ファイルをDAWに読み込み、16ビット／44.1kHzでバウンスすることです。このときバウンス範囲はマスター・ファイルの長さと一致させないと、曲間が変わってしまうので気を付けましょう。

　コンバート自体は単純かつ簡単な作業です。しかし、大きな問題があります。それは音質の変化です。これは残念ながら避けられません。ハイビット／ハイサンプリング・レートの情報を16ビット／44.1kHzに落とし込むわけですから、同じ音質というわけにはいかないのです。DAWに内蔵されたサンプリング・レート・コンバーター

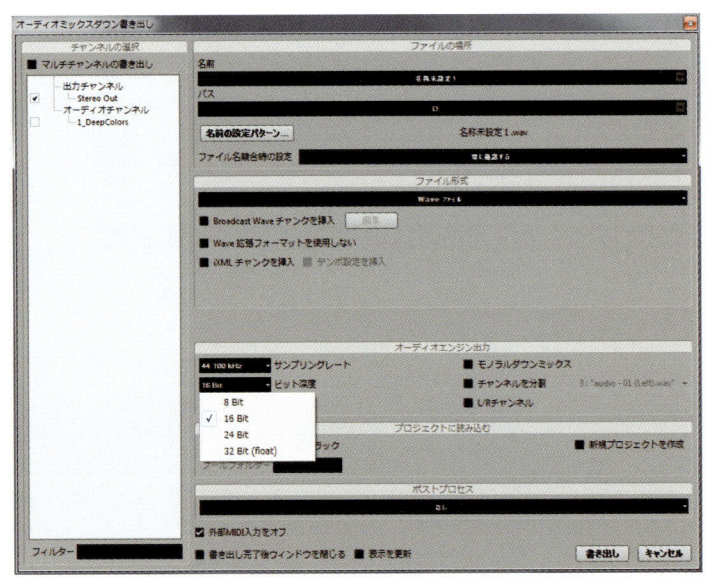

▲画面① Cubaseのオーディオ・フォーマット設定画面

の中には高品質なものもあるので、まずはどれくらい音質が変化するのかをバウンス前後で聴き比べてみるとよいでしょう。

ビットを落とす際はディザーを試してみよう

　ビットに関してはディザー、もしくはディザリングと呼ばれるツールで音質変化を最小限に抑えられる場合があります。特殊なノイズを元音に混ぜることで、元のビット数で表現されていた滑らかさなどを再現してくれる機能で、DAWによっては付属のプラグインやバウンス時の機能として用意されていたりします。ちなみに、ディザーは音声に限らず画像の処理などでもよく使われる技術です。画像の場合はビットを落とすことで階調が粗くなってしまうのを防ぐために、やはり特殊なノイズを混ぜて中間色や滑らかさを表現します。

　音声用のディザーとして有名なのはAPOGEE UV22HRやpow-r（**画面②**）、それにWAVES IDRなどです。CubaseにはプラグインのUV22HRが付属しています。次ページではこれを使ってその効果を試してみましょう。

　なお、ディザーは万能ではありません。素材によってその効果はまちまちです。ディザーを使用する場合は、使用しないファイルも作成して両者を聴き比べるようにしましょう。

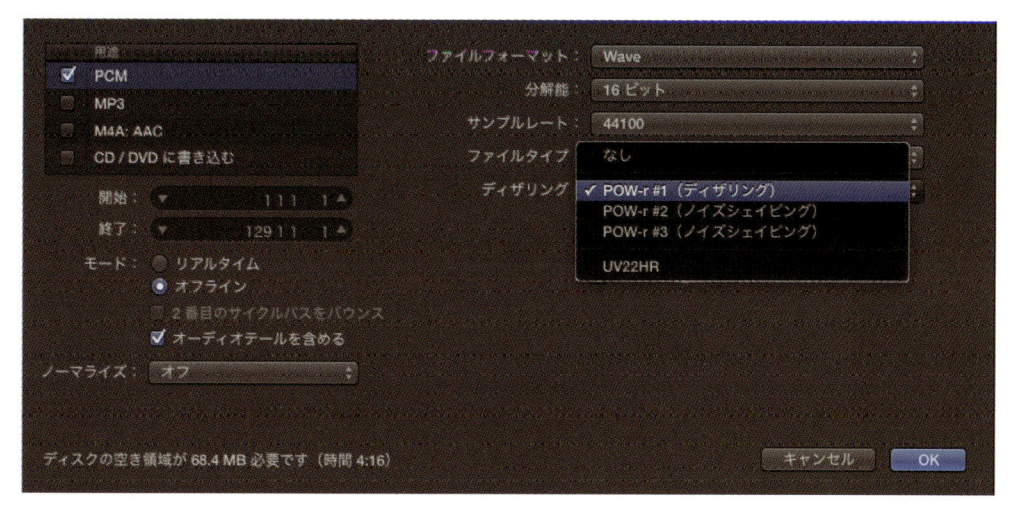

▲**画面②**　APPLE Logic Pro XではAPOGEE UV22HRやpow-rを選択できる

chapter 32
CD用ファイルへのコンバートとライティング方法

ディザーの効果を体験!

24ビットから16ビットへ

　では、UV22HRプラグインをマスターへインサートし、ディザーの有無で音質がどのように変化するのか試してみましょう（**画面①**）。ここでは24ビット／44.1kHzのマスタリング済み素材を16ビット／44.1kHzへとコンバートしました。皆さんもDAWにディザーがあれば、DAWを24ビット／44.1kHzに設定して試してみてください。

＜歌もの系＞

- 元（24ビット）：01_DeepColors_Master_24.wav
- ディザー無し（16ビット）：02_DeepColors_Master_16.wav
- ディザー有り（16ビット）：03_DeepColors_Master_16Dither.wav

　ディザーをかけた場合は24ビットの質感を保持し、リバーブ感などもしっかりと伝わる透明感のある仕上がりとなりました。しかし、ディザー無しではリバーブ感が変化して余韻の印象が変わっています。このような楽曲では残響などの比較的小さい音に対して、その効果の差が出てくるようです。リバーブは奥行感やハイファイ感を演出する大切な要素なので、ハイビット環境で行った作業を生かすためにはディザーの効果は大きいと思います。

＜インスト系＞

- 元（24ビット）：04_Captured_Master_24.wav
- ディザー無し（16ビット）：05_Captured_Master_16.wav
- ディザー有り（16ビット）：06_Captured_Master_16Dither.wav

　ディザーの有無で主にスネアの音色に変化が出ました。ディザー有りでは24ビット時の明瞭感がしっかりと残る印象です。ところがディザー無しではスネアの音色が若干変化しました。

＜打ち込み系（ノーマル・ミックス）＞

- 元（24ビット）：07_Alternate_Master_normal_24.wav
- ディザー無し（16ビット）：08_Alternate_Master_normal_16.wav
- ディザー有り（16ビット）：09_Alternate_Master_normal_16Dither.wav

パーカッションの音色に少し変化が表れました。ディザー有りでは滑らかな印象ですが、無しでは輪郭が際立ったサウンドになります。どちらが良いかは好みの問題と言えそうです。

＜打ち込み系（ラウド・ミックス）＞
- 元（24ビット）：10_Alternate_Master_loud_24.wav
- ディザー無し（16ビット）：11_Alternate_Master_loud_16.wav
- ディザー有り（16ビット）：12_Alternate_Master_loud_16Dither.wav

ラウド・ミックスではディザー無しだとギターのリバーブ感が少し減り、その分だけ少し前に出てくる感じになります。これも好みで選んでみてください。

＜生音系＞
- 元（24ビット）：13_FamigliaTrueman_Master_24.wav
- ディザー無し（16ビット）：14_FamigliaTrueman_Master_16.wav
- ディザー有り（16ビット）：15_FamigliaTrueman_Master_16Dither.wav

リバーブを深くかけたパーカッションの音色に変化が見られました。ディザーをかけると残響が自然に仕上がりますが、ディザー無しだと残響感が減った印象になります。この場合はディザーをかけた方がよいでしょう。

▲画面① 各マスター・ファイルのディザーとして使用したCubase付属のプラグイン、APOGEE UV22HR

chapter 32
CD用ファイルへのコンバートとライティング方法

CDライティングの方法

DAO対応のソフトであれば何でもOK

　いよいよCDライティングの作業です。使用するソフトはディスク・アット・ワンス（disc at once、DAO）と呼ばれる方式に対応していれば、どんなものでも構いません。筆者はSteinberg WaveLabを使用しています。最近はDAWにもCDライティングの機能を装備している場合があります。そうした製品を使えばまさにDAWだけでマスタリングを完結できます。

　ライティング時はマスター・ファイルを曲順通りに読み込んで、ギャップやポーズの時間を設定できるタイプであれば"無し"や"0s"に設定すればOKです（**画面①**）。CDテキストに対応したソフトであれば、アーティスト名や曲名なども入力しておきましょう（P224のchapter 34も参照してください）。

　そのほかマスターCDをプレス工場へ持ち込む場合は、ソフトからキュー・シート（PQシート）を書き出して添付しましょう。ここにはトラックの開始時間やギャップ時間などの各種情報が記載されています（**画面②**）。

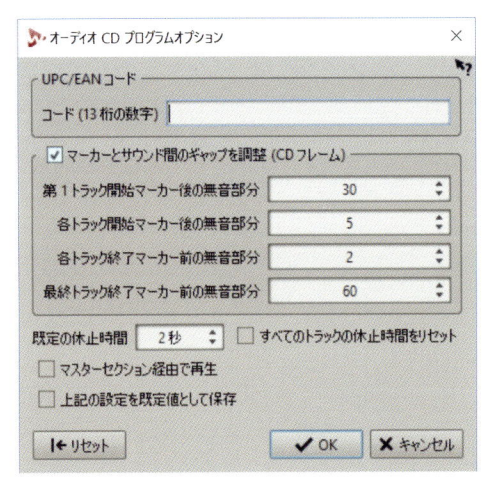

◀**画面①**　筆者が使用しているソフトのSteinberg WaveLabでのギャップ設定画面

▶**画面②**　キュー・シート。トラック名や各種の時間情報などが記載されている

できれば高品位なドライブとディスクを

　マスターCDを作成するCD-Rドライブは、できれば高品位な外付けタイプのものをお勧めします。ただ、残念ながら音楽制作シーンで定評のあったCD-Rドライブのほとんどは生産を終了しています。筆者はPLEXTOR PlexWriter Premium2（**写真①**）を使用していますが、これも既に販売終了です。

　なお、CD-Rは低速でライティングした方が良いと一般的に言われていますが、最近のDVD-RやBD-Rと共用になっている高速なドライブでは、低速よりもある程度の速度でライティングした方が良い結果が得られる場合もあります。いろいろな速度で試してみてください。ちなみにPlexWriter Premium2は高速ではありませんが、4倍速で高品位に仕上がることが多いです。

　そのほか、CDを市場へ流通させる場合はISRCコードをCD内へ収めなくてはいけません。これについてはchapter 34（P224）で解説します。

◀**写真①**　筆者が使用しているCD-Rドライブ、PLEXTOR PlexWriter Premium2。人気のあった製品だが、今は販売終了となっている。なお、写真では同製品をオリジナルのケースに収納している

PART 6　CD＆配信用ファイルの作り方

chapter 32
CD用ファイルへのコンバートとライティング方法

DDPについて

イメージ・ファイルにサウンドを格納

　CDをプレスする際は、プレス工場へマスターCDを持ち込む以外にも方法があります。それがDDPファイル形式です。プロの現場ではマスターCDではなく、DDPが用いられることも増えてきているので紹介しておきましょう。

　DDPとはDisc Description Protocolの略で、マスタリングした音源の音質をいかに変化させずにプレス工場に納品するかを考えて開発された方法です。ディスク・イメージのようなファイルを中心とした4つのファイルで構成されていて、日本では2005年くらいからプロの現場で使われるようになりました。

　DDPはファイルなので、CD-ROMやDVD-ROMなどメディアを問わずに記録でき、マスターCD作成時の音質変化などを気にする必要が無いのがメリットです。また、サーバー経由でプレス工場に納品することもできるので、納品時間の短縮にもつながると言われています。

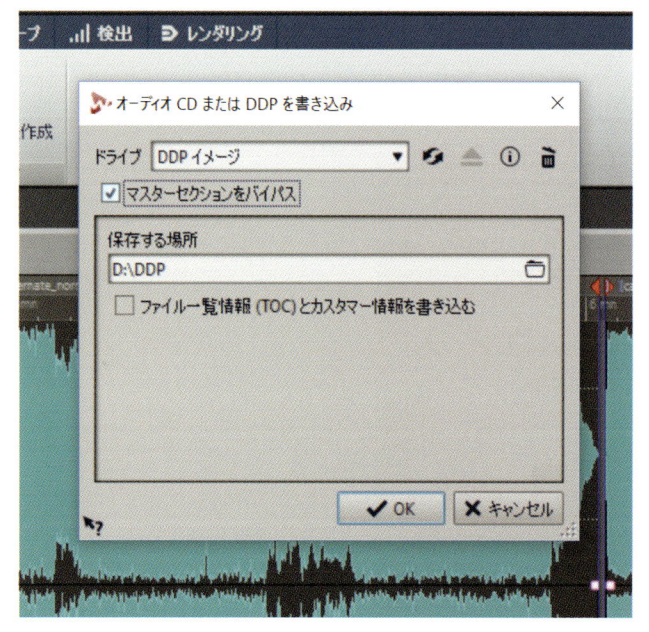

▲画面① WaveLabでのDDP書き出し機能

DDPが登場した当初はファイルを生成可能なマスタリング・ソフトが少なく、また高価でもあったために一般的にはあまり知られていない方法でしたが、近年はSteinberg WaveLabなど比較的アマチュアにも手の届くソフトにもDDPを書き出す機能が搭載されています（**画面①**）。

4つのファイルで構成

　4つのファイルの構成ですが、1つはすべての楽曲を包含したイメージ・ファイル（IMAGE.DAT）、残りはDDPID、DDPMSというディスクの基本情報が収められたファイルとPQDESCRというトラック・インデックスやISRCなどの情報が収められたファイルです（**画面②**）。イメージ・ファイル以外はテキスト・エディターで開いて中身を確認できます。

　DDPのデメリットは、イメージ・ファイルに格納されたサウンドを確認するためにはDDP対応のソフトが必要な点です。最近ではDDP再生用の簡易的なプレーヤー・ソフトも登場しています。

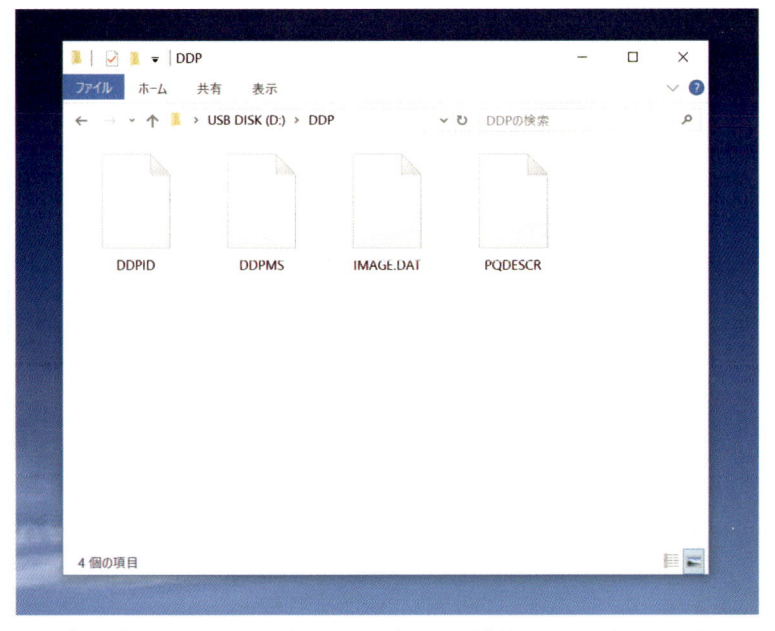

▲画面② 生成したDDPファイル。左から3つめがサウンドを格納したイメージ・ファイルだ

chapter 33 ネット配信について

配信サイトと配信フォーマット

ネット上で作品を発表するには？

　ネットで自作曲を発表するには幾つかの方法があります。最も手軽なのはSoundCloud (https://soundcloud.com/) のような音楽専用の配信サイトを利用する方法でしょう。ファイル・フォーマットもMP3やAACなどの圧縮形式だけでなく、WAVやAIFFなどの非圧縮にまで対応しています。

　また、YouTube (https://www.youtube.com/) やニコニコ動画 (http://www.nicovideo.jp/) のような動画配信サイトを利用するのも一般的です。動画ファイルを作成する必要はあるものの、静止画を利用した音楽メインの動画も多数アップされています。

　iTunes StoreやBeatportなどの企業が運営する配信サイトで有料配信するには、アグリゲイターと呼ばれる流通業者を介したり、レーベルとしての契約が必要な場合もあります。しかし、TuneCoreのように個人で登録が可能なサービスもあるのでチェックしてみてください（**画面①**）。

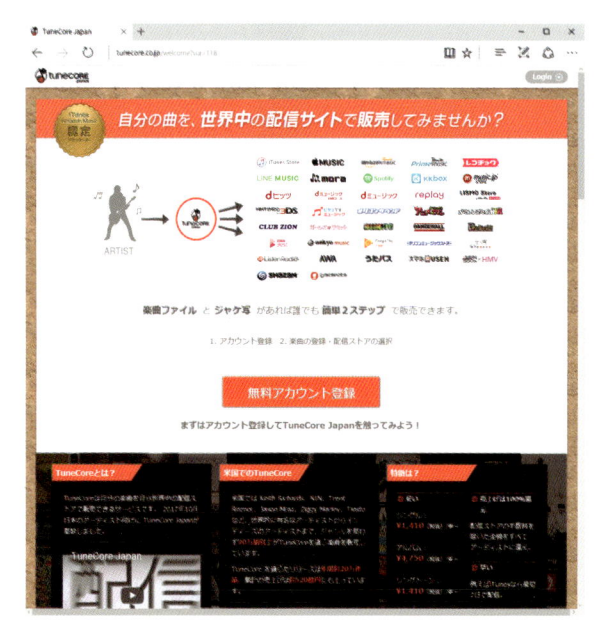

◀**画面①**　iTunes Storeをはじめとする多彩な配信サイトでの楽曲販売が可能なサービス、TuneCore（http://www.tunecore.co.jp/）

ファイル・フォーマットについて

　ファイル・フォーマットは各配信サイトの規程もしくは推奨仕様に従うのが基本です。SoundCloudでは非圧縮フォーマットも可能ですが、多くの場合はMP3やAACなどの圧縮フォーマットに変換するのが一般的と言えます。音質は変化しますが、容量的に負荷が小さくなるので、リスナー側としてもダウンロードやストリーミング再生のストレスを軽減できるというメリットがあります。DAWにはMP3の書き出し機能が装備されているものも少なくないので確認してみてください。また動画形式でアップロードする場合はAACが一般的で、動画編集ソフトで変換可能です。

　MP3やAACへ変換する場合はサンプリング・レートとビット・レートを設定します。これも配信サイトに推奨設定があればそれに従いましょう。サンプリング・レートは44.1kHzもしくは48kHzが一般的です。ビット・レートは、例えばMP3の320kbpsでは圧縮前の音質をかなり保持できますが、容量的にはWAVの1/4ほどにしか圧縮されません。128kbpsだと1/11程度まで圧縮できますが、音質的にはかなり変化してしまいます。配信サイト側でルールがなければ実際に幾つかの設定を試してみて自分の耳で確認してみることをお薦めします。ちなみに、YouTubeではステレオで384kbpsが推奨されています。

YouTubeの音量規制について

　YouTubeは音楽発表の場としても非常に魅力的ですが、1つ注意点があります。それは"ラウドネス基準"が導入されている点です。

　"ラウドネス"とは"人間が耳で感じる音の大きさ"の単位で、その基準がYouTubeで設定されているのです。簡単に言えばこれは"音量の規制"で、どれだけ音圧を上げたとしても、YouTubeの基準へ自動的に下げられてしまいます。

　YouTubeにはさまざまな動画がアップされていて、その音量もバラバラです。その中に大音量のコンテンツがあると、視聴者はいちいち音量を調節しなければなりませんし、その手間はユーザーにとって煩雑です。そんな音量差による違和感をできるだけ回避するために、このラウドネス基準が導入されたようです。

　では、どれくらいの音量になるかというと、おおよそ－13LUFS近辺まで下げられるようです。"LUFS"とは"Loudness Unit Full Scale"の略で、前述したラウドネスの単位です。一般的な音楽作品の中で音圧が高いものは、－5LUFS近辺にまで推

chapter 33
ネット配信について

移することもあるので、随分と下がることになります。

　ちなみに日本の放送では、基本的に各コンテンツのラウドネス値が－24LKFSを超えてはいけないと規定されています（LUFSとLKFSはともにラウドネスの単位で、現在は同じ単位と考えて問題ありません）。

音圧を上げた作品をYouTubeへアップした場合

　ラウドネス基準で定められた音量以上の作品をアップした場合、何が起こるでしょうか？　単純に音量が下がるだけなら「仕方ないか」で済ませてもよさそうですが、実は音質に問題が生じる可能性があります。

　例えばミックス終了時が**画面②**のような波形の作品があるとします。これをマキシマイズして可能な限り音圧を稼いだものが**画面③**です。これがラウドネス基準に従って－8dB下げられたと仮定すると**画面④**のように約8dBのヘッドルームが生まれます。しかし、当然のことながら**画面②**の時点であったようなダイナミクスは再現されず、ピーク部分がバッサリとカットされたような波形になっています。ダイナミクスを失っているので、音質的にも伸びやかさや奥行きが感じられません。その上、音量も小さくなるわけですから、これでは何のために音圧を上げたのかという本末転倒の状態です。以上のことから、YouTubeへ作品をアップする際には必要以上に音圧を上げすぎないほうが良いといえるでしょう。

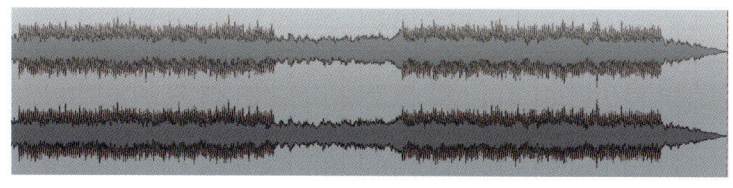

◀**画面②**　ミックス終了時の波形。ダイナミクスがしっかり残った仕上がりになっている

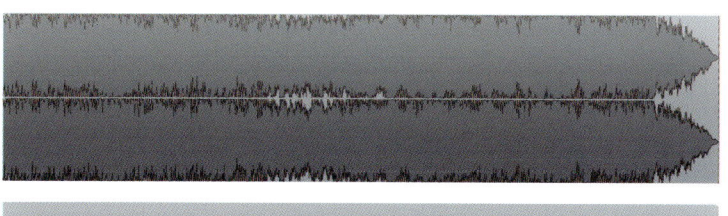

◀**画面③**　マスタリング終了時の波形。限界まで音圧を稼いでいるので、波形の上下がつぶれている

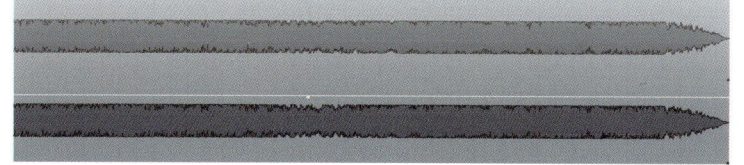

◀**画面④**　ラウドネス基準に従って音量を下げられた波形。ダイナミクスが失われて、なおかつ音量感もない

ラウドネス・メーターを活用しよう

　ダイナミクスを圧縮して音圧感を出すことは必ずしも悪いことではありません。音にパンチが加わったり、場合によっては聴きやすくなることもあります。問題はそのバランスです。このバランスを取るときに有効な手段の一つがラウドネス・メーターです。

　最近のDAWにはこのラウドネス・メーターを標準で装備しているものも増えてきました。メーター系のプラグインで表示可能な場合もありますし、Cubaseではピーク／RMSメーターをラウドネス・メーターにタブで切り替えられます（**画面⑤**）。ラウドネス・メーターを確認すれば必ずうまくいくわけではありませんが、YouTube用の作品をマスタリングするときは活用してみてください。ピーク・メーターとRMSメーター、それにラウドネス・メーターがそれぞれ示す値を見ると、音圧と音質のバランスについて考えるきっかけになるかと思います。

　また、今後はYouTube以外の配信サイトでもラウドネス基準が導入されるかもしれません。その意味でも音圧に頼らない作品作りが重要といえるでしょう。

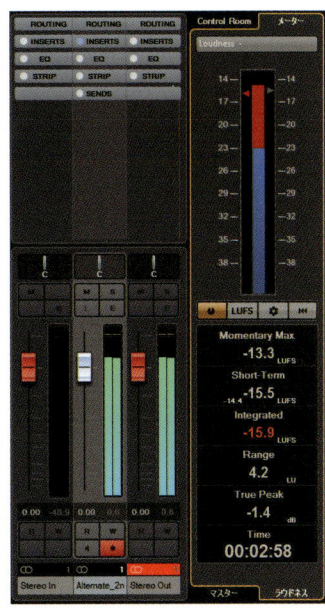

▲**画面⑤**　右端がCubaseのラウドネス・メーター。Momenary Max.では400ms単位でのラウドネス値、Short-Termでは3s単位でのラウドネス値、Integratedでは計測時間内のラウドネス平均値を示す。基本的にはIntegratedの値を参考にするといいだろう

音圧との付き合い方を考えてみよう

　CDには放送やYouTubeのようなラウドネス基準による規制はないので音圧をどのように扱うかは自由です。ただしラウドネス規制が導入されたプラットフォームや、ハイレゾ作品を制作する上で音圧を競い合うのはナンセンスかもしれません。良い音は、"音が大きいこと"だけではなく、いろいろな要素が絡み合って生まれてくるものだと筆者は思っています。"音が小さい"と思ったときは少しボリュームを上げてみると、気付かなかった音の良さがわかってくるかもしれません。将来的にはいろいろな配信サイトでラウドネス基準が導入されることも十分考えられます。これを機会に、ぜひ上手な音圧との付き合い方を考えてみてください。

chapter 34 商品として市場へ流通させるCD&配信用ファイルの作り方

▍CDやファイルに各種情報を埋め込む

ISRCについて

　CDおよび配信用ファイルを商品として流通させる場合には、それぞれにISRC（International Standard Recording Code、国際標準レコーディングコード）と呼ばれる12ケタのコードを埋め込んでおくことが必要とされています。

　このコードは、その楽曲を識別する唯一の国際コードとして著作権管理システムなどに利用されているそうです。日本では日本レコード協会がISRCに関するユーザー登録や申請を取り扱っているので、詳細は日本レコード協会のWebサイト（https://isrc.jmd.ne.jp）を参照してみてください。

　また、登録には楽曲数や費用に応じて2種類のプランが用意されていて、そのうちの一つは1曲単位での申請も可能です。個人ベースのレーベルなどであれば、こちらの方が費用的にも負担が少ないでしょう。なお、場合によってはアグリゲーターなどの流通業者が付番してくれることもあるので、2重登録にならないように確認するようにしましょう。

▲画面① Steinberg WaveLabのISRC入力画面（番号はダミー）

ISRCの埋め込みには、多くのライティング・ソフトやマスタリング・ソフトが対応しています（**画面①**）。またMP3ファイルなどを作成するときも、対応するソフト上ではISRCをファイルに格納することが可能です。

ID3タグを入力しよう

　ここからは市場流通させない場合であっても、ネットで作品を発表する場合に行っておいた方がよいことを紹介しておきましょう。

　MP3ファイルにはID3タグと呼ばれる規格が設けられていて、ファイルの中に曲名やアルバム名、アーティスト名、トラック番号、作曲者などの各種情報を入力することができます（**画面②**）。そして、これらの情報は対応するプレーヤー・ソフトや携帯音楽プレーヤーなどでも表示されます。曲名やアーティスト名がプレーヤーで表示されないと、ダウンロード先のユーザーのライブラリーの中で迷子になってしまうこともあるので、必ず入れておきましょう。このID3タグの情報をきっかけに、新たな仲間とのつながりができるかもしれません。

　ちなみに、ソフトによっては日本語が文字化けすることもあるので、入力した後はプレーヤー・ソフトなどに読み込んで、間違いなく表示されるかどうか確認するようにしてください。

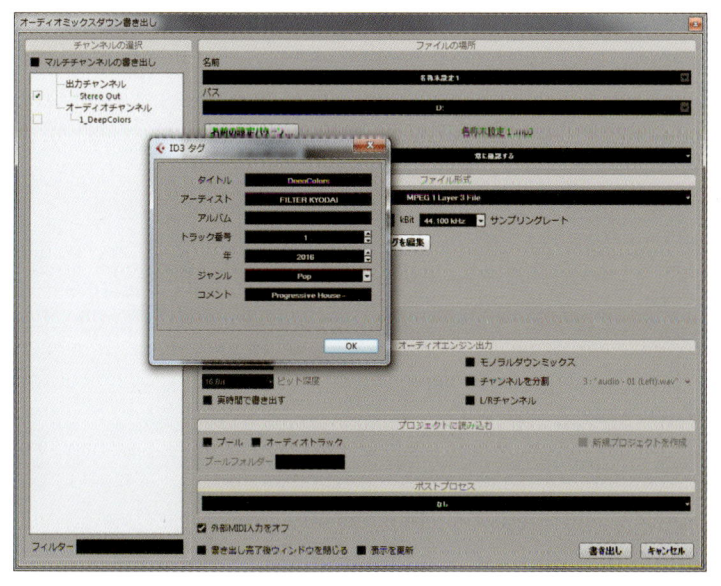

▲**画面②** CubaseでのID3タグ入力画面

chapter 35 CDマスタリングが終了した後の作業

■ CDデータベースへの登録

ネット上のサービスを利用する

　MP3はエンコード時にID3タグを使って曲の情報をファイルに埋め込むことができますが、CDはライティング・ソフトなどの"CDテキスト"という機能で、タイトルや曲名を埋め込むことができます（画面①）。しかし、このCDテキストの情報は対応するCDプレーヤーでなければ表示されません。

　そこで、最近はネット上のCDデータベース・サービスを利用するのが一般的です。よく"CDDB"と呼ばれますが、これはCDデータベース・サービスを提供している会社の一つ、Gracenoteの登録商標です。このCDDBはiTunesやWinampといったプレーヤー・ソフトが対応しています。そのほかにもWindows Media Playerなどが採用しているallmusic、CDexやB's Recorderが採用するFreeDBといったサービスがあります。

　リスナーがこれらの情報を取得するには、ネットに接続されたパソコンやデータベースを格納したカーナビなどの再生機器にCDをセットします。後はソフトによって手順は異なりますが、CDをセットした際に自動的にCDデータベースへ照合するようになっていることが多く、曲名やアーティスト名などの情報が表示されます。

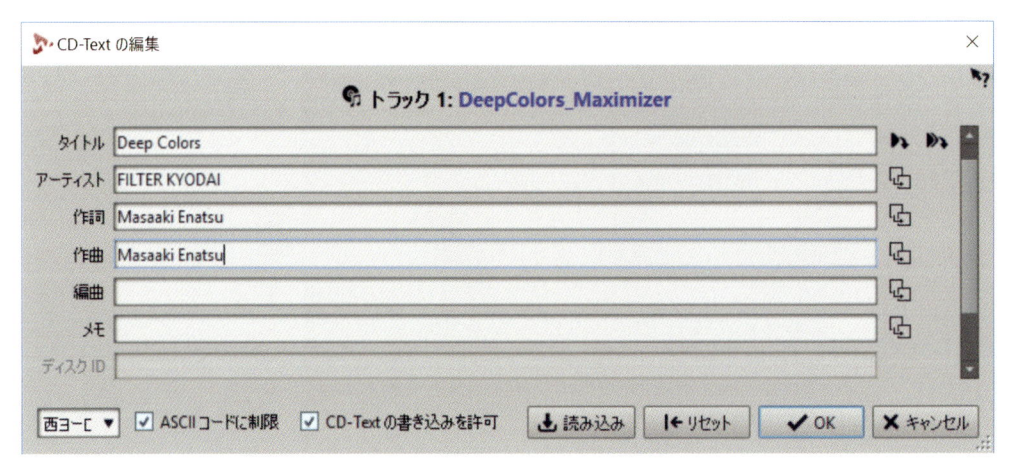

▲画面① Steinberg WaveLabでのCDテキスト入力画面

ID3タグへの反映も可能

　これらのCDデータベースには誰でも無償で曲の情報を登録することが可能です。ソフト上で曲名やアルバム・タイトル、アーティスト名などを入力し、情報を送信すればよいだけですので、ぜひ登録しておきましょう（**画面②**）。

　この登録は、たとえそれが自主制作によるたった1枚だけのCD-Rでも可能です。プロモーションのためにCD-Rを配って、見知らぬ人が受け取った場合なども、パソコンにCDを入れるだけでアーティスト名や曲の情報が出てくると、気にも留めてもらいやすくなります。多少手間ではありますが、3つのソフトを使ってGracenote、allmusic、FreeDBのすべてに登録しておくと、より多くのリスナーに認知してもらいやすくなるでしょう。

　さらにCDデータベースに情報を登録しておくと、CDをリッピングしてMP3などのファイルを作る際、ID3タグにこれらの情報が反映されます。なお、CDデータベースが一般的になったとはいえ、マスターCDを作成する際はCDテキストも入れておくと親切でしょう。ただしCDテキストは日本語に対応していないプレーヤーで再生すると文字化けすることも多く、CDテキストを入れる際にはローマ字を使うなどしてトラブルを回避するようにしましょう。

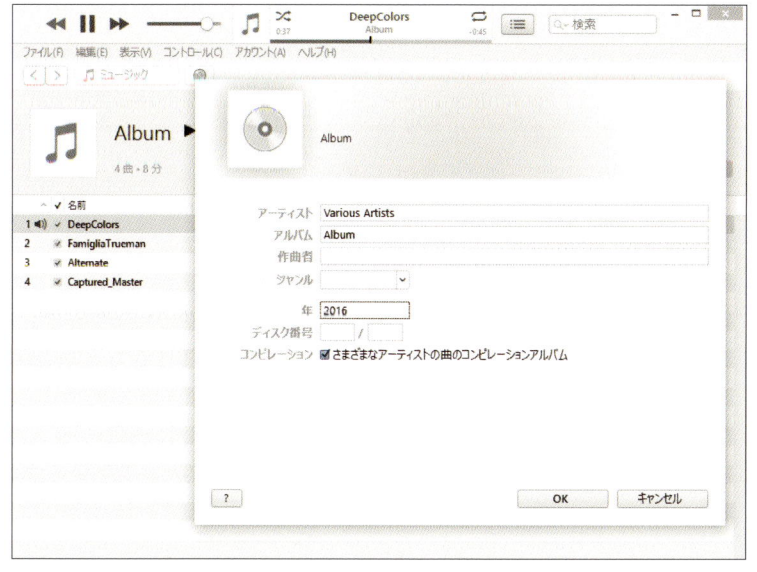

▲画面② 　iTunesでのGracenoteへの送信

◎ COLUMN

音圧リファレンス・ディスク・ガイド⑤

『SONORITE』
山下達郎

『桜咲く街物語』
いきものがかり

●ハイファイで現代的な音圧感

　山下達郎の作品は昔からハイファイ・サウンドで有名ですが、この作品はハイファイ感もさることながら、音圧的にもお手本的な仕上がりで、RMSメーターを見ると−10dB近辺で整理されており音圧感もしっかり感じます。また、リバーブ感の少ない現代的なドライなミックスと昔ながらのウェットなミックスが交錯するこのアルバムは、絶妙なミックス・ワークを垣間見ることができます。特にボーカルをミックスする際にはぜひ参考にしてみてください。

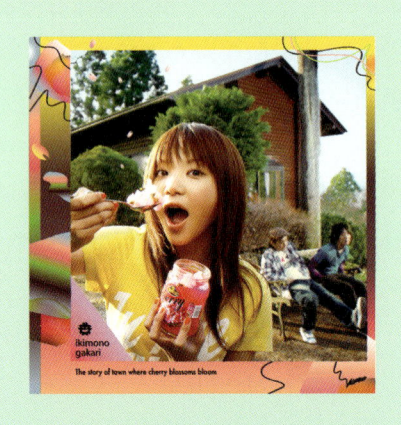

●ボーカルを主体とした音圧調節

　最近のJポップはリバーブの少ないミックスが多いのですが、本作はその中でもボーカルが映えるドライなミックスで、まさに現代風のJポップな仕上がりと言えるでしょう。音質も非常に良く、ボーカルの息遣いや楽器のディテールもしっかりと表現されています。音圧的には高めの楽曲もありますが、主にボーカルが音圧を上げるようなミックスになっているので、うるさく感じることはありません。ボーカルを前に出したいときに参考になるアルバムです。

PART 7
マスタリング・エンジニア対談

本書の最後を飾るのは、著者の江夏正晃氏とサイデラ・マスタリングのチーフ・エンジニア、森崎雅人氏による対談です。サイデラ・マスタリングは、ミュージシャン／録音エンジニア／空間デザイナーとして著名なオノ セイゲン氏によって立ち上げられたスタジオで、マスタリングのみならずDSDレコーディングの分野においても広く知られています。実は、江夏氏は本書執筆中に自身のユニットであるFILTER KYODAIの作品『BULL & BEAR』のマスタリングを森崎氏に依頼されたそうです。というのも、今回の作品では客観性を保つため、あえて自分では行わず、ほかの方にマスタリングをお願いしたかったとのこと。この作業を通じて、江夏氏は森崎氏のマスタリングに対するストイックとも言える取り組み方に強い感銘を受け、その姿勢をぜひ読者の方にも伝えたいという想いから本対談が実現することになりました。プロフェッショナルならではの音に対する真摯な姿勢を参考にしていただければと思います（編集部）。

▲左が森崎雅人氏、右が江夏正晃氏

マスタリング・エンジニア対談
森崎雅人 × 江夏正晃

音を大きく聴かせるにはEQが大事
きっちりやれば2割増しくらいになります

音量のスイートスポット

江夏 本日はよろしくお願いします。いきなりですが、森崎さんは"マスタリング"とは、どういうものだと考えていらっしゃいますか？

森崎 極論を言えば、音楽の感動レベルをギリギリまで引き上げる作業だと思っています。それは"引き上げる余地があれば"の話で、ミックス・マスターが最高に良い場合は"何もしないでOK"と決断する勇気も重要です。一番良いDAコンバーターの選択、一番良いADコンバーターの選択、そして一番良いケーブルの選択などを行い、それらを通して録音し、最後のボリューム調整だけで終わったほうがよい曲があるんですよね。もちろん、中にはしっかり調整すべき曲もあるのですが、その判断がとても大切だと思っています。

江夏 そこが森崎さんの最も信頼できるところの一つだと思います。今回は自分の作

| PROFILE | 森崎雅人●サイデラ・マスタリングのチーフ・エンジニア。1994年に音響ハウスにてキャリアをスタートし、レコーディング・エンジニアとして6年間在籍。その後、サイデラ・マスタリングにて、マスタリング・エンジニアに転身。マスタリングのポリシーは「楽曲が持つ魅力を最大限に引き出すこと」「少ないプロセスで鮮度のいい音を作ること」。音響芸術専門学校 客員講師。|

品ということで、客観性を保つためにあえて自分ではマスタリングせず、森崎さんにお願いしたのですが、曲によっては「江夏さん、これは何もしないほうがいいよ」と言ってくださって、すごく感謝しています。しかも、ハイレゾとCDの2種類でリリースするので、当初は「CD用は音圧を突っ込みましょう」とか「ハイレゾ用は突っ込まないようにしましょう」なんて話をしていたんですよね。

森崎 そうですね。

江夏 それぞれが聴かれる環境を考えると、CDは少し派手な仕上がりに、ハイレゾはダイナミクスを十分に残した音量にしたほうが、リスナーの皆さんが聴きやすくなるだろうと思っていたのですが、最終的には森崎さんからの提案でハイレゾとCDの両方に使える最良のマスター1種類のみを作ることになったんですよね。

森崎 作業を進めていたら音量のスイートスポットに入ってしまったんです。アナログ機材を通すことで一番いい音量が見つかったんですよね。料理にたとえれば焼き加減です。一番いい焼き加減の手前で火を落としてしまったら生焼けになってしまうし、焼きすぎると焦げますよね。そういう意味でのベストなポジションが見つかったので、CDとハイレゾの両方ともその状態が良いのではと思いました。

江夏 マスタリングをお願いしたのは『BULL & BEAR』という2枚組のアルバムで、『BULL』はダンス・ミュージックを中心としたエレクトロ作品、『BEAR』はスコアリングやサウンドトラック等が中心とした少し落ち着いたクロスオーバーですけど、『BEAR』の作業中にベストな音量を見つけられたそうですね。

森崎 はい。0.1dBの音量を入れるか入れないかで、かなりニュアンスが違いました。ハイレゾはできるだけ曲の深いところまでわかるというか、質感の一番いいところをキープしたいと思っていたのですが、その質感を変えてまでCDでパンチを出す必要があるのだろうか？と感じたんです。0.5dB上げるだけでも「あ、曲が死んだな」という感じだったんですね。特にピアノの柔らかいタッチなどには、CDの44.1kHzでも十分に表現できている繊細さがあって、それを殺す必要はないなと思い提案させていただきました。

江夏 0.1dBでも違うわけですね。どうすればそのような微細な音の差を判断できるようになるのでしょうか？

森崎 一番大事なのはモニター環境です。まずはスピーカーをシビアに置くことが大切ですね。あとは慣れている道具を使うことも重要だと思います。高級なものを使うとか、すごく安いものを使うとか、いろいろあると思いますけど、ある程度のクオリ

PART 7 マスタリング・エンジニア対談

森崎雅人 × 江夏正晃

ティがあれば、慣れているもの勝ちですね。

江夏 サイデラ・マスタリングではモニター・スピーカーにPMC MB1を使われていますよね、僕も気になって、森崎さんに「PMCのスピーカーって良いんですか?」と聞いたことがありますが、「いや慣れてるんです」とおっしゃいましたよね。そして「僕は何を使ってもやりますよ」と。

森崎 セッティングのノウハウがあるので、どこのメーカーのスピーカーを置いても必要なレンジとグルーブを持った同じ音にはできるんです。また例えば、ヘッドホンだったら1曲聴けば十分慣れることできます。いつも聴き慣れている曲を再生することで、体の中に"軸"を作ることができるんですね。そうすれば「このヘッドホンはボーカルが大きめで、キックが小さい」ということがわかって、それを基準にほかの

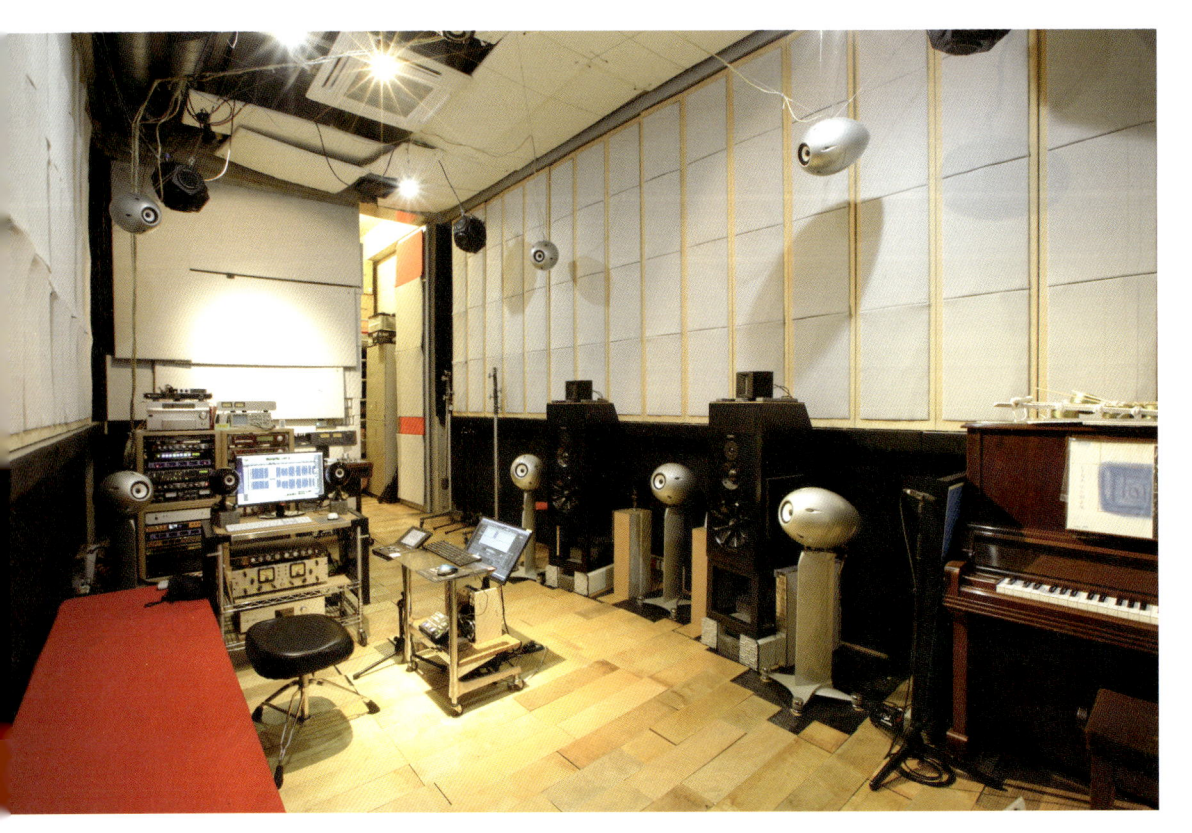

▲サイデラ・マスタリング全景。4.4mの天井高を持ち、マスタリングのみでなくレコーディングに使用されることもある。2ミックス用のラージ・スピーカーはPMC MB1で、サラウンド用にECLIPSE TD 712Z MK2、TD 510 MK2、SOLID ACOUSTICS 755 Professionalが配されている

曲も判断できるわけです。ちなみに、マスタリングの仕上がりはスピーカーやヘッドホンの特徴とは逆になりやすいということを覚えておいたほうがいいと思います。例えばボーカルが聴こえにくいヘッドホンで作業していたら、必然的にボーカルを上げるようにオペレーションしていきますから、仕上がりはボーカルが大きくなりがちです。そんなときは、ボーカルが聴こえにくいように仕上げるのがポイントですね。

機材選択で方向性を決める

江夏　マスタリングでは、まずどこに着目して曲を聴きますか？

森崎　バランスで言えば、歌の大きさと低域の質感ですね。曲を並べたときに、歌ものだったらボーカルの聴こえ方をそろえるのが基本になります。また、例えばクラブものだったらビートの立ち方はある程度そろえる必要があります。もちろん、アーティストの方などがマスタリングに立ち会う場合は、「どこを重要視していきましょうか？」という話をします。

江夏　再生はどのようなシステムで？

森崎　江夏さんの作品の場合はAvid Pro Toolsで再生しました。RME HDSPe AESというカード型のインターフェースを使ってAES/EBUでアウトプットしています。そのアウトプットはモニター・コントローラーのGRACE DESIGN m906に入力して、そこからデジタル・アンプのSONY TA-DA9100ES経由で、モニター・スピーカーのMB1に入力しています。

江夏　サイデラ・マスタリングでは複数のDAコンバーターやADコンバーターを用意されていますが、どのようにセレクトしていくのですか？

森崎　エンジニアの方やアーティストの方が立ち会う場合は、ミックス・マスターを一緒に聴いて、どのような方向性にするかを1曲につき1時間くらいかけて話し合います。そのときにDAコンバーターやアナログ・ケーブルなども、じっくりセレクトするんです。それには2つの目的があります。1つはまずこの場にくつろいでもらうということ、そしてもう1つはマスタリングを観察するような聴き方になってもらうことです。ケーブルの聴き比べを行ったりすると、シビアに聴いてくれるようになるんですよね。

江夏　耳の使い方が変わるわけですね。コンバーター類はどのようなものがあるのですか？

PART 7　マスタリング・エンジニア対談

233

森崎雅人 × 江夏正晃

森崎 LAVRY Quintessence、db Technologies DA924、db-4496、PrismSound ADA-8、emmLabs DAC8 Mk IV、emmLabs ADC8 Mk IV、dCS 905ADC、FERROFISH A16 MK-IIなどですね。これらのラックの後ろには簡単に入れるようになっていて、ケーブルをすぐにつなぎ変えられるんです。常時、4〜5種類を用意しているのですが、あまりいろいろ提案するとアーティストの方も迷ってしまうので、慣れていない方には2種類くらい、よく知っている方でも3種類くらいを聴き比べてもらうようにしています。それで、例えば「もう少し歌が大きいほうがいいです」と言われたら、別のものに変えてみたりします。ADコンバーターとDAコンバーターのセレクト、それにアナログのEQとコンプで微調整することで音の土台を作っていく形ですね。ただアナログ・コンプレッサーはほとんどスルーしているだけです。例えば、PrismSound MLA-2を使うときは、このコンプレッサーのキャラクターが欲しいだけなんです。アナログEQもローエンドの18Hzから下をちょっとだけ切るとか、そういう使い方です。

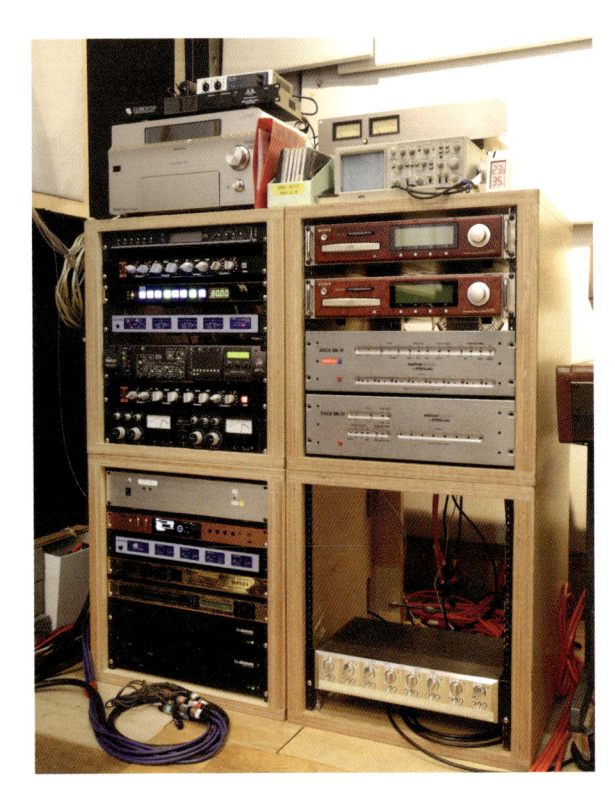

◀取材時にセットされていたアウトボード類。左のラック上はRME MADIface XTとFERROFISH A16 MK-II、SONY TA-DA9100ES。ラック内は上からdCS 905 ADC、DANGEROUS BAX EQ、LAVRY Quintessence、db Technologies db-4496、PrismSound ADA-8、DANGEROUS BAX EQ、PrismSound MLA-2、TASCAM CG-1800、db Technologies db-4496、DA924、3000S、tc electronic SYSTEM6000。右のラック上はVUメーターとAND AD-5131。ラック内は上からSONY DRE-S777×2、emmLabs ADC8 Mk IV、DAC8 Mk IV、GRACE design m906

▶モニター・スピーカーの正面はコンソールを置かずに、DAW用のディスプレイと必要最小限のコントローラーを配置するというスタイル。右側のディスプレイには録音用のDAW、MAGIX Sequoiaが表示されており、モニター・コントローラーのm906のコントローラー部がデスクの下部に、SYSTEM6000のコントローラーがデスクの左手に見える。また、左側のディスプレイに表示されているのは再生用のAvid Pro Toolsで、左右のスピーカーはECLIPSE TD-M1。その下はDANGEROUS BAX EQ、Rockruepel: COMP. ONE、SONY HAP-Z1ES

OZONEで多段EQ

江夏　録音用のDAWは何を使われているんですか？

森崎　MAGIX Sequoiaで、32ビット／96kHzで録っています。Sequoiaの一番のメリットは32ビット／96kHzから、直接16ビット／44.1kHzのDDPファイルを書き出せるところですね。ディザーも優秀なものが6タイプ入っていますし、あとは内部処理が64ビットということも大きいです。音質は本当にびっくりしました。ピアノと弦の音がすごく自然なんです。

江夏　では、最後の仕上げはSequoia上で行われるわけですね。

森崎　そうです。Sequoiaに録った段階ではレベルはまだ低いので、iZotope OZONE 7 ADCANCEDで音圧を上げていきます。OZONEを使う前はtc electronic SYSTEM6000を使用していたのですが、これを今でも使うこともあります。SYSTEM6000は音が太いんですよね。

江夏　OZONEを使い出したのは、どういうきっかけだったのですか？

森崎　自然な音に仕上がるリミッターをずっと探していたところ、サンレコ（月刊誌『サウンド＆レコーディング・マガジン』）に、スターリング・サウンドのマスタリング・エンジニア、グレッグ・カルビがOZONEを使っていると書いてあったんです。僕はグレッグの大ファンなので、彼が使っているんだったら間違いないだろうということで導入しました。

江夏　OZONEでよく使うプロセッサーは何ですか？

森崎　最初にVintage Limiterを入れてピークを抑えます。すると、すごく良い状態

森崎雅人 × 江夏正晃

▲森崎雅人氏

でその後のEqualizerやDynamicsに受け渡せるんです。Equalizerは複数使うこともあって、その後にDynamicsを入れることもあります。最後はMaximizerですね。

江夏 Equalizerを複数使ってイコライジングされているのが印象的でした。これは僕もよく行うアプローチなんです。

森崎 近い周波数をEQしたいときに、1つだけでやろうとすると山や谷の稜線部分がきれいにつながらないので別のEQを使うんです。かなり複雑な処理になりますが、この方法だと例えばボーカルだったら母音と子音、体の共鳴、倍音などをすべてバラバラに調整できます。だから「声の輪郭が欲しい」と言われたときにも瞬時にアプローチできるんですね。キックだったら8バンドくらいEQします。キックが部屋に置いてある状況をイメージすると、キック自体の鳴りとビーターのアタック、部屋鳴りなど幾つかの要素がありますよね。それらを個別に調整するためには複数のEQが必要になるんです。ちなみに、EQのゲインは小数点以下5ケタまで入力できるので、フィーリングで操作してしまうと「前の方がよかった」と言われたときに戻せなくなってしまいます。そこで僕はすべて数字で入力しています。

江夏 1つの目的に1つのEQを使うという感じですね。そういう使い方をするとゲインの増減にも慎重になって、1dBの差でも大きく音が変わるということがわかるようになりますよね。

最も低い帯域には
コンプをかけちゃだめなんです

江夏 森崎さんは音圧を上げるときもEQを駆使されますよね。

森崎 聴感上で音を大きく聴かせるにはEQが大事です。きっちりやれば2割増しく

らい大きく聴こえるようになります。コツは例えば机をたたいたときのような音、つまり音の芯をしっかり出してあげることなんです。

江夏 大きく聴こえるポイントをEQするということですね。

森崎 そうです。野球のピッチャーでいうところの"球は速いんだけど打ちやすい"とか"球は速くないけど重いストレート"とかあるじゃないですか。それと似てる感じがします。僕は音圧上げも大好きなんですよ。ただ、楽曲にふさわしい上げ方というのもあるので、アーティストの方が賛同してくれるのであれば喜んで下げますけどね。いずれにしても色付けはなるべくしないようにしています。写真でいえばモノクロでも勝負できるようにするっていうのが、マスタリングの基本だと思うんです。いろいろなモニター・スピーカーがあり、それぞれにキャラクターがありますから、その中で勝負しようと思ったら色を作りすぎるとだめなんですよ。

江夏 先ほど曲によってはDynamicsも使われるとおっしゃっていましたが、Dynamicsに装備されているマルチバンド・コンプレッサーも使われますか？

森崎 使いますよ。これもコツがあって、4バンドのマルチバンド・コンプレッサーであれば、最も低い帯域にはコンプをかけちゃだめなんです。かけると硬くなってキックの弾力がなくなるんですよ。特にダンス・ミュージックはここを緩めないとだめです。逆にその1つ上、例えば一番低い帯域が130Hz未満だとして、その上の130Hzから500Hzくらいには、ビーターのアタックなどの低域の音の芯があるんです。そういう部分にはレシオ2:1で強くかけたりします。さらにその上の帯域は上モノになるんですが、ここの調整でボーカルを前に出したり、引っ込めたりということができます。そして、10kHz以上の一番高い帯域はディエッサー的な使い方をしています。

江夏 Maximizerでよく使うモードは？

森崎 Sequoia上で使うときはIRC IIIがいいですね。また歌ものやピアノのように歪みやすいものでは、IRC IVを使え

▲江夏正晃氏

PART 7 マスタリング・エンジニア対談

森崎雅人 × 江夏正晃

ばほとんど歪むことはありません。しかも、僕のやり方だと前段のEqualizerで微調整しているので、ほとんどリダクションはかからないんです。

江夏 ムダにスレッショルドを下げることなく音圧を上げられるわけですね。

自分自身のコンディションも整えることが重要

江夏 最後に読者の方へアドバイスをいただきたいのですが、マスタリングがうまくなるにはどうしたらいいでしょう？

森崎 まずはモニター環境を整えて軸を作るということでしょうか。同じスピーカーを使っていても、ただ目分量で置いたのと、メジャーで測定して置いたのとでは全然音色が違います。スピーカーの間隔もcm単位なのか、mm単位で調整するのかで音が変わります。そういうことに意識を向けると音のクオリティは格段に上がりますね。

江夏 そういう経験を重ねることで、細かい違いが見えてくるようになりますよね。

森崎 そうなんです。スピーカーの角度を変えてみるとか、がっちりした台の上に置くとか、そういうことでも全然変わってきます。あと結局操作するのは人間、自分自身なので、そのコンディションをコントロールすることも大事です。例えば、僕はスタジオを出てから家に帰るまで耳栓をして、耳を使わないようにしています。またマスタリング中にも体の中でのオン／オフを切り替えているんです。例えば、音量を調整するときには最初から最後まで聴いていないんですね。1曲の中で、1秒間の集中を5回くらいするだけで、あとはシャットダウンしています。Aメロを聴いて、サビを聴いてという、その瞬間しか耳は働いていない感じです。そういう短期の集中力のほうが持つと思いますし、耳も疲れないんですよ。

江夏 モニター環境の構築と自分自身のコンディション作りの両方が、良い音を生み出す秘訣なんですね。読者の皆さんもぜひ試していただければと思います。

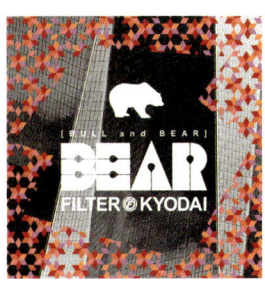

『BULL & BEAR』
FIRTER KYODAI

本書著者の江夏正晃氏と、映像制作の分野で活躍する弟の由洋氏からなるユニット、FILTER KYODAIのアルバム。マスタリングは森崎雅人氏の手によるもので、合計36曲、2時間31分という大作。

● 著者紹介

江夏正晃 MASAAKI ENATSU

1970年東京生まれ。音楽家、DJ、プロデューサー、エンジニア。エレクトロユニット FILTER KYODAI や XILICON のメンバーとして活動する一方、Charisma.com やサカモト教授、小比類巻かほるなどの多くのアーティストのプロデュース、エンジニアなども手掛ける。また株式会社マリモレコーズの代表として、映画音楽、CM、TV番組のテーマ曲など、多方面の音楽制作も行う。関西学院大学の非常勤講師も勤める。

● 本書で使用した楽曲

「Deep Colors」奥山友美
Music/Words：Masaaki Enatsu
Vocal：Tomomi Okuyama

11月27日生まれ、北海道帯広市出身。14歳のときに受けたソニーのオーディションをきっかけとして地元の北海道を中心に、ラジオ・パーソナリティ、テレビ番組出演、ライブ活動などを行う。2002年7月に avex io より発売の『世界がもし100人の村だったら〜little wings〜』が各所で話題に。今までにアルバム、シングルを多数発表。現在は、音楽活動のほか、ナレーター、モデルなども務め幅広く活動の場を広げている。

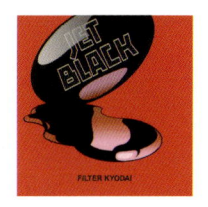

「ALTERNATE」FILTER KYODAI
Music：FILTER KYODAI
アルバム『JET BLACK』(mR007) 収録曲

筆者のプロジェクト、FILTER KYODAI の作品。

「Famiglia Trueman」檜山学
Music：Mamabu Hiyama
アルバム『Debut』(BOSC 2001) 収録曲

1976年、岡山市生まれ。幼くして父親の影響でアコーディオンを始める。高校卒業後はイタリアに渡り、ローマ近郊のポルトグルアーロにあるサンタチチリア音楽院アコーディオン科に入学。Gianni Fassetta氏に師事。1997年、全イタリア・アコーディオン・コンクール第1位。同年ジョヴァンニ・ボルトーリ杯アコーディオン・コンクール第2位。2000年、パリに渡りボタン式アコーディオンに転向。現在は都内を中心に、オペラ／舞台音楽での演奏、TV／CM音楽、数々のセッション、レコーディング、ライブ活動などで活躍中。ジャンルやアコーディオン音楽のイメージにとらわれない幅広い活動を展開している。2011年念願のファースト・アルバム『Debut』を発表。

「Captured」Goo Punch!
Music：Goo Punch!
アルバム『2nd』(mR008) 収録曲

さまざまなバックボーンを持つミュージシャンが集まったことで、ジャズ、ロック、ファンクなど多彩な音楽性を内包する。攻撃性の高いファンク・サウンドを得意とし、ライブは毎回オーディエンスを圧巻する。2004年にファースト・アルバム『GOO PUNCH!』を発表。アルバムより、マンダム「ギャツビー」のCM楽曲として採用される。2009年にはセカンド・アルバム『2nd』をリリース。ゲストにパラダイス山元（パーカッション）を迎え、さらなるスピード感溢れるファンクを展開。渡辺ファイアー(alto sax)、テディー熊谷(tenor sax)、松尾ひろよし(g)、今福知己(b)、竹内勝(ds)、進藤陽悟(k)

おわりに

　この本の元となった『DAW自宅マスタリング』が発売されたのが2011年。自分でマスタリングすることがまだとてもハードルが高く感じられる時代でした。あれから5年。音楽の制作環境はどんどん進化し、制作環境は当然のこと、マスタリング環境も大きく変わりました。アーティスト自身がDAWを使ってマスタリングに関わることは決して珍しいことではなく、作品をトータルにプロデュースする時代に入っていることは間違いなさそうです。もちろんマスタリングというプロセスは、誰にとってもハードルの高いもので、たくさんのノウハウや知識が必要な大切な工程です。ただ、マスタリングとは何か、何をするべきなのか、しっかりとその工程や目的を理解すれば、パソコンやソフトを使ってクオリティの高い作品を作れる時代になりました。

　2011年当時、正直ここまでDAW周りの技術が進化するとは思いもしませんでした。ただ、マスタリングに関しての基本的な考え方は当時と何も変わっていません。今回改訂版を出版するにあたって、必要なものは残し、新しいことはたくさん書き加えました。音楽も多様化が進み、音圧競争も当時よりかは落ち着いてきているように思います。ハイレゾといった音質、クオリティを重視した作品もたくさん出てきました。多様化する音楽に対して、制作環境、そしてマスタリングも多様化が求められているように思います。私も自分の作品を制作するにあたって、マスタリングエンジニアにお願いすることもあります。作品の出来上がりの客観性を保つためにも、多様化するマスタリングの技術を知るためにも、必要なことだと思うからです。

　もし、マスタリングがもっと上手になりたい、的確にこなしたいと思うのであれば、お友達や知り合いの方の作品をマスタリングさせてもらってはどうでしょう。きっとわからなかったことや、新しい発見があるかと思います。その時に、改めてこの本が皆様のお役に立てれば幸いです。

　最後にこの本を執筆するにあたって協力してくれた、多くのミュージシャン、エンジニア、そして株式会社マリモレコーズのスタッフの方々には心より感謝致します。

2016年9月　江夏正晃

DAWではじめる自宅マスタリング
ミックス段階から「楽曲タイプ」別に徹底解説

2016年9月8日 第1版1刷発行
2021年11月1日 第1版3刷発行
定価2,200円（本体2,000円＋税10%）
ISBN978-4-8456-2835-3

著者：江夏正晃

[発行所]
株式会社リットーミュージック
〒101-0051 東京都千代田区神田神保町一丁目105番地
https://www.rittor-music.co.jp/

発行人：松本大輔
編集人：野口広之

[乱丁・落丁などのお問い合わせ]
TEL：03-6837-5017／FAX：03-6837-5023
service@rittor-music.co.jp
受付時間／10:00-12:00、13:00-17:30（土日、祝祭日、年末年始の休業日を除く）

[書店様・販売会社様からのご注文受付]
リットーミュージック受注センター
TEL：048-424-2293／FAX：048-424-2299

[本書の内容に関するお問い合わせ先]
info@rittor-music.co.jp
本書の内容に関するご質問は、Eメールのみでお受けしております。お送りいただくメールの件名に「DAWではじめる自宅マスタリング」と記載してお送りください。ご質問の内容によりましては、しばらく時間をいただくことがございます。なお、電話やFAX、郵便でのご質問、本書記載内容の範囲を超えるご質問につきましてはお答えできませんので、あらかじめご了承ください。

編集担当：永島聡一郎
デザイン／DTP：折田 烈（餅屋デザイン）
撮影：八島 崇／石井加奈子
編集協力：marimoRECORDS／北口大介
印刷／製本：中央精版印刷株式会社

©2016 Masaaki Enatsu　©2016 Rittor Music, Inc.
Printed in Japan

※本書は2011年5月25日初版発行の書籍『DAW自宅マスタリング』の改訂版です

落丁・乱丁本はお取り替えいたします。
本書記事の無断転載・複製は固くお断りいたします。

JCOPY ＜(社)出版者著作権管理機構 委託出版物＞